高等职业教育系列教材

计算机电路基础

翟文正　编著

机械工业出版社

本书采用项目化教学模式，基于工作过程的工学结合、任务引领与实践为导向的课程设计思想；坚持理论知识"必需、够用"的原则，以培养学生实践能力为中心。全书以 8 个典型性项目组织紧密关联的知识点和 Proteus 电子设计与仿真软件的应用。每个项目分解为若干个任务，以任务驱动的方式，由浅入深将知识和技能渗透到项目的实施过程中，融"教、学、做"为一体，充分体现了高职改革的新理念。

本书可作为高职高专院校计算机专业和相关专业的教材，也可作为其他非电类专业的相关课程教材或参考书。

本书配有授课电子课件，需要的教师可登录 www.cmpedu.com 免费注册、审核通过后下载，或联系编辑索取（QQ：1239258369，电话：010-88379739）。

图书在版编目（CIP）数据

计算机电路基础/翟文正编著 . —北京：机械工业出版社，2019.3
（2023.7 重印）
高等职业教育系列教材
ISBN 978-7-111-62111-9

Ⅰ. ①计… Ⅱ. ①翟… Ⅲ. ①电子计算机-电子电路-高等职业教育-教材 Ⅳ. ①TP331

中国版本图书馆 CIP 数据核字（2019）第 037060 号

机械工业出版社（北京市百万庄大街 22 号 邮政编码 100037）
策划编辑：王海霞 责任编辑：王海霞 韩 静
责任校对：张 薇 责任印制：张 博
北京中科印刷有限公司印刷
2023 年 7 月第 1 版第 3 次印刷
184mm×260mm · 14.5 印张 · 359 千字
标准书号：ISBN 978-7-111-62111-9
定价：49.00 元

电话服务　　　　　　　　网络服务
客服电话：010-88361066　机 工 官 网：www.cmpbook.com
　　　　　010-88379833　机 工 官 博：weibo.com/cmp1952
　　　　　010-68326294　金 书 网：www.golden-book.com
封底无防伪标均为盗版　机工教育服务网：www.cmpedu.com

高等职业教育系列教材
计算机专业编委会成员名单

出 版 说 明

党的二十大报告首次提出"加强教材建设和管理",表明了教材建设国家事权的重要属性,凸显了教材工作在党和国家事业发展全局中的重要地位,体现了以习近平同志为核心的党中央对教材工作的高度重视和对"尺寸课本、国之大者"的殷切期望。教材作为教育目标、理念、内容、方法、规律的集中体现,是教育教学的基本载体和关键支撑,是教育核心竞争力的重要体现。建设高质量教材体系,对于建设高质量教育体系而言,既是应有之义,也是重要基础和保障。为落实立德树人根本任务,发挥铸魂育人实效,机械工业出版社组织国内多所职业院校(其中大部分院校入选"双高"计划)的院校领导和骨干教师展开专业和课程建设研讨,以适应新时代职业教育发展要求和教学需求为目标,规划并出版了"高等职业教育系列教材"丛书。

该系列教材以岗位需求为导向,涵盖计算机、电子信息、自动化和机电类等专业,由院校和企业合作开发,由具有丰富教学经验和实践经验的"双师型"教师编写,并邀请专家审定大纲和审读书稿,致力于打造充分适应新时代职业教育教学模式、满足职业院校教学改革和专业建设需求、体现工学结合特点的精品化教材。

归纳起来,本系列教材具有以下特点:

1) 充分体现规划性和系统性。系列教材由机械工业出版社发起,定期组织相关领域专家、院校领导、骨干教师和企业代表开展编委会年会和专业研讨会,在研究专业和课程建设的基础上,规划教材选题,审定教材大纲,组织人员编写,并经专家审核后出版。整个教材开发过程以质量为先,严谨高效,为建立高质量、高水平的专业教材体系奠定了基础。

2) 工学结合,围绕学生职业技能设计教材内容和编写形式。基础课程教材在保持扎实理论基础的同时,增加实训、习题、知识拓展以及立体化配套资源;专业课程教材突出理论和实践相统一,注重以企业真实生产项目、典型工作任务、案例等为载体组织教学单元,采用项目导向、任务驱动等编写模式,强调实践性。

3) 教材内容科学先进,教材编排展现力强。系列教材紧随技术和经济的发展而更新,及时将新知识、新技术、新工艺和新案例等引入教材;同时注重吸收最新的教学理念,并积极支持新专业的教材建设。教材编排注重图、文、表并茂,生动活泼,形式新颖;名称、名词、术语等均符合国家有关技术质量标准和规范。

4) 注重立体化资源建设。系列教材针对部分课程特点,力求通过随书二维码等形式,将教学视频、仿真动画、案例拓展、习题试卷及解答等教学资源融入到教材中,使学生学习课上课下相结合,为高素质技能型人才的培养提供更多的教学手段。

由于我国高等职业教育改革和发展的速度很快,加之我们的水平和经验有限,因此在教材的编写和出版过程中难免出现疏漏。恳请使用本系列教材的师生及时向我们反馈相关信息,以利于我们今后不断提高教材的出版质量,为广大师生提供更多、更适用的教材。

机械工业出版社

前　言

科技兴则民族兴，科技强则国家强。党的二十大报告指出："必须坚持科技是第一生产力、人才是第一资源、创新是第一动力，深入实施科教兴国战略、人才强国战略、创新驱动发展战略，开辟发展新领域新赛道，不断塑造发展新动能新优势。"计算机电路基础是高职高专计算机、信息技术等相关专业必修的技术基础课。通过本课程的学习，学生可以掌握电路基础、模拟电子技术和数字电子技术的基础知识，为学习后续课程准备必要的知识，也为以后从事计算机硬件系统的应用和维护等工作打下基础。

本书根据高职高专教育的特点和人才培养目标，坚持"以就业为导向、以能力为本位、以学生为主体"的教学改革思路，以"做中学，学中做"的教学模式，全面推行项目教学、案例教学、情景教学、工作过程导向教学等教学方式，在深入开展教学研究和实践的基础上编写了本书。

本书按照项目引导、任务驱动的方式，设置8个"教、学、做"一体化的项目，引导读者学习计算机电路基础。具体内容包括：

项目1　简易电位器调光电路的搭建与调试；

项目2　荧光灯照明电路的安装与测试；

项目3　迷你音响电路的制作、调试与检测；

项目4　红外线报警器电路的制作、调试与检测；

项目5　智能小车电动机驱动电路的制作、调试与检测；

项目6　三人表决器的设计与制作；

项目7　三路抢答器的设计与制作；

项目8　定时器电路的设计与制作。

本书在项目和任务编写中设计了必备知识、技能训练、任务实现3个模块和习题，将理论知识融入项目实践中，循序渐进地引导学生进入各学习环节，力求突出知识的实用性，增强学习的目标性和趣味性，加强学生应用能力的培养。

为了便于阅读和理解，本书用Proteus仿真软件绘制的图采用了与仿真软件中一致的符号形式，不再按符号标准进行修改。

常州信息职业技术学院眭碧霞教授对本书涵盖的知识点的准确性、任务实现的合理性以及编写细节进行了指导和审核。

另外，在成书过程中，编者参考了许多文献资料。

在此，一并向他们致以衷心的感谢。

由于编者水平有限，加之时间仓促，书中难免存在不妥或错误之处，恳请读者提出宝贵意见和建议，以便再次修订完善（编者邮箱：493333151@qq.com）。

编　者

目　录

出版说明

前　言

项目1　简易电位器调光电路的
　　　　搭建与调试 ………………… 1

1.1　电路和电路模型 ……………… 2

　　1.1.1　电路及其作用 …………… 2

　　1.1.2　电路的组成 ……………… 3

　　1.1.3　电路模型 ………………… 3

　　1.1.4　电路的工作状态 ………… 3

1.2　电路的基本物理量 …………… 4

　　1.2.1　电流及其参考方向 ……… 4

　　1.2.2　电压及其参考方向 ……… 5

　　1.2.3　电流和电压的关联参考方向 … 6

　　1.2.4　电能与电功率 …………… 7

1.3　电路的几种基本元器件 ……… 8

　　1.3.1　负载 ……………………… 8

　　1.3.2　电源 ……………………… 12

1.4　基尔霍夫定律 ………………… 13

　　1.4.1　基尔霍夫电流定律（KCL）… 14

　　1.4.2　基尔霍夫电压定律（KVL）… 14

1.5　等效的概念及两种电源模型间的
　　　等效 …………………………… 15

　　1.5.1　电阻串联电路及其等效电路 … 15

　　1.5.2　电阻并联电路及其等效电路 … 15

　　1.5.3　两种电源模型间的等效 … 16

　　1.5.4　最大传输定理 …………… 16

1.6　支路电流法 …………………… 17

1.7　节点电压法 …………………… 17

1.8　叠加定理 ……………………… 18

技能训练1　Proteus 电子仿真软件的
　　　　　　使用 ………………………… 20

技能训练2　直流电路的分析与测试 … 26

任务实现　电位器调光电路的搭建与
　　　　　调试 ……………………… 27

习题一 …………………………………… 28

项目2　荧光灯照明电路的
　　　　安装与测试 ………………… 32

2.1　正弦交流电的三要素 ………… 33

　　2.1.1　频率 ……………………… 33

　　2.1.2　幅值 ……………………… 34

　　2.1.3　相位 ……………………… 34

2.2　正弦量的相量表示及运算 …… 35

　　2.2.1　相量表示法 ……………… 35

　　2.2.2　欧姆定律及基尔霍夫定律的
　　　　　 相量形式 ……………… 37

2.3　正弦稳态电路的相量分析法 … 40

2.4　正弦稳态电路的功率 ………… 41

2.5　串联谐振电路 ………………… 44

　　2.5.1　串联谐振的条件 ………… 44

　　2.5.2　串联谐振的特征 ………… 45

2.6　并联谐振电路 ………………… 46

技能训练1　数字示波器的调节与使用 … 47

技能训练2　电阻、电感、电容元件阻抗
　　　　　　特性的测定 ……………… 54

任务实现　荧光灯照明电路的安装与
　　　　　测试 ……………………… 56

习题二 …………………………………… 57

项目3　迷你音响电路的制作、
　　　　调试与检测 ………………… 60

3.1　电源指示电路的制作、
　　　调试与检测 ………………… 62

　　3.1.1　二极管的基本结构 ……… 63

　　3.1.2　二极管的基本特性 ……… 63

　　3.1.3　二极管的基本类型 ……… 64

　　3.1.4　二极管的主要参数 ……… 65

技能训练1　电路元件伏安特性的测定 … 65

任务实现1　市电指示电路的制作与
　　　　　　检测 ……………………… 68

3.2　桥式整流滤波电路的设计、
　　　安装与调试 ………………… 69

　　3.2.1　整流电路 ………………… 69

3.2.2 滤波电路 ·········· 71
技能训练2 桥式整流滤波电路的
仿真测试 ·········· 74
任务实现2 桥式整流滤波电路的制作与
检测 ·········· 76
3.3 稳压电路的制作、调试与
检测 ·········· 78
3.3.1 稳压管稳压电路 ·········· 78
3.3.2 串联型稳压电路 ·········· 79
3.3.3 三端固定式集成稳压电路 ·········· 79
3.3.4 三端可调式集成稳压电路 ·········· 81
3.3.5 开关稳压电源 ·········· 82
技能训练3 稳压电路的仿真测试 ·········· 83
任务实现3 桥式整流滤波集成稳压电路的
制作与检测 ·········· 85
3.4 基本放大电路的制作、
调试与检测 ·········· 87
3.4.1 半导体晶体管 ·········· 87
3.4.2 基本放大电路 ·········· 90
技能训练4 晶体管放大器的仿真测试 ·········· 95
技能训练5 晶体管开关电路的仿真测试 ·········· 97
任务实现4 分压式偏置共发射极放大电路的
测试 ·········· 100
3.5 功率放大电路的制作、
调试与检测 ·········· 102
3.5.1 功率放大电路概述 ·········· 102
3.5.2 集成功率放大器的特点和种类 ·········· 107
技能训练6 OTL功率放大电路的
仿真测试 ·········· 110
任务实现5 迷你音响的制作与调试 ·········· 112
习题三 ·········· 115

项目4 红外线报警器电路的制作、
调试与检测 ·········· 119
4.1 集成运算放大器 ·········· 120
4.1.1 集成运放的组成及特点 ·········· 120
4.1.2 集成运放的图形符号和
引脚功能 ·········· 122
4.1.3 集成运放的性能指标 ·········· 123
4.1.4 集成运放的电压传输特性 ·········· 124
4.2 放大电路中的负反馈 ·········· 124
4.3 基本运算电路 ·········· 125
4.3.1 比例运算 ·········· 125

4.3.2 加法运算 ·········· 126
4.3.3 减法运算 ·········· 127
4.3.4 积分运算 ·········· 128
4.3.5 微分运算 ·········· 129
4.3.6 测量放大器 ·········· 130
4.4 信号处理电路 ·········· 130
4.4.1 电压比较器 ·········· 130
4.4.2 滤波器 ·········· 133
4.4.3 A-D转换器和D-A转换器 ·········· 136
4.5 信号产生电路 ·········· 138
4.5.1 正弦信号产生电路 ·········· 138
4.5.2 方波发生器 ·········· 140
4.5.3 三角波发生器 ·········· 141
技能训练1 集成运算放大器线性应用
实验测试 ·········· 141
技能训练2 集成运放非线性应用——
电压比较器 ·········· 145
任务实现 红外线报警器电路的制作与
调试 ·········· 147
习题四 ·········· 148

项目5 智能小车电动机驱动电路的
制作、调试与检测 ·········· 152
5.1 脉冲波形及其参数 ·········· 153
5.2 RC电路的过渡过程 ·········· 154
5.2.1 换路定则 ·········· 154
5.2.2 零状态响应和零输入响应 ·········· 155
5.2.3 电容的阶跃信号响应 ·········· 155
5.2.4 电感的阶跃信号响应 ·········· 156
5.3 三要素法确定电容和电感的
阶跃信号响应 ·········· 157
技能训练 RC一阶电路的响应测试 ·········· 158
任务实现 智能小车电动机驱动电路的
制作、调试与检测 ·········· 161
习题五 ·········· 162

项目6 三人表决器的设计与制作 ·········· 164
6.1 数字逻辑 ·········· 165
6.1.1 数字信号与模拟信号 ·········· 165
6.1.2 数制 ·········· 166
6.1.3 码制 ·········· 168
6.2 逻辑代数基础 ·········· 168
6.2.1 基本逻辑运算 ·········· 169
6.2.2 复合逻辑运算 ·········· 171

6.2.3 逻辑代数基本定律和公式 ········ 172

6.2.4 逻辑函数的表示方法及
相互转换 ············· 173

6.2.5 逻辑函数的化简 ········· 174

技能训练 TTL 集成逻辑门的逻辑功能与
参数测试 ············· 176

任务实现 三人表决器的设计与制作 ······ 180

习题六 ············· 182

项目 7 三路抢答器的设计与制作 ······· 184

7.1 组合逻辑电路 ············· 184

7.1.1 组合逻辑电路的分析 ······· 185

7.1.2 组合逻辑电路的设计 ······· 187

7.2 编码器 ············· 188

7.2.1 4 线-2 线编码器 ········· 188

7.2.2 集成电路编码器 ········· 191

7.3 译码器 ············· 192

7.3.1 2 线-4 线译码器设计 ······· 192

7.3.2 74LS138 集成译码器 ······· 193

7.3.3 数字显示译码器 ········· 194

技能训练 七段数码管显示电路仿真 ····· 196

任务实现 三路抢答器的设计与制作 ····· 197

习题七 ············· 200

项目 8 定时器电路的设计与制作 ······· 201

8.1 各种触发器 ············· 202

8.1.1 基本 RS 触发器 ········· 202

8.1.2 同步 RS 触发器 ········· 203

8.1.3 JK 触发器 ············· 204

8.1.4 D 触发器 ············· 205

8.2 时序逻辑电路的设计与分析 ····· 205

8.3 计数器 ············· 209

8.3.1 同步二进制计数器 ········· 210

8.3.2 十进制计数器 ········· 211

8.4 555 定时器及其应用 ········· 212

8.4.1 555 定时器内部电路组成 ····· 212

8.4.2 555 定时器的应用电路 ····· 214

技能训练 1 触发器设计仿真 ········· 216

技能训练 2 计数器仿真 ········· 217

技能训练 3 计时器仿真 ········· 218

任务实现 定时器电路的设计与制作 ····· 220

习题八 ············· 223

参考文献 ···················· 224

项目1 简易电位器调光电路的搭建与调试

在日常生活和各种生产实践中，广泛应用着种类繁多的电路，如为采光而使用的照明电路、为把电信号放大而设计的放大电路、为实现各种自动化生产而设计的自动控制电路，还有人们日常用到的各种家用电器构成的电路，例如，电视机、音响设备、洗衣机、电风扇、微波炉、电冰箱等。本项目通过搭建与调试电位器调光电路，学习电路的基本知识，激发学生进一步学习电子技术的兴趣。

图1-1[⊖]所示的简易电位器调光电路，主要由发光二极管、电位器、限流电阻、按钮开关和3V电源组成。按下按钮开关接通电路，通过改变电位器的阻值大小来改变电路中的电流大小，发光二极管的亮暗程度受电位器的控制，从而实现电路的调光功能。

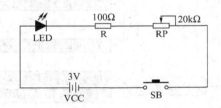

图1-1 简易电位器调光电路

知识目标

1. 掌握电路与电路模型的概念。
2. 掌握电路基本物理量的含义及电路基本元器件的常识。
3. 掌握电流源、电压源模型及其等效变换方法。
4. 掌握基尔霍夫定律的应用。
5. 掌握支路电流法、节点电压法等基本电路分析方法。
6. 掌握叠加定理求解电路的方法。

技能目标

1. 能运用常用电子测量仪器仪表对电子电路进行检测。
2. 能运用欧姆定律和基尔霍夫定律对电路进行分析。
3. 能灵活运用基本电路分析方法进行电路分析和求解。
4. 能运用 Proteus 仿真软件对电路进行仿真。

⊖ 该图为 Proteus 仿真软件绘制的图。本书后文其余项目中每个项目的第一个图均为仿真图。

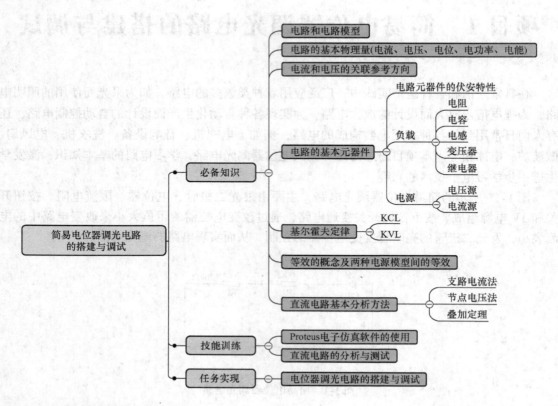

1.1 电路和电路模型

1.1.1 电路及其作用

电路是为实现某种功能，由各种电气元件和设备按一定方式连接而成的电流通路。从电路的几何尺寸来看，大的电路可达数千千米，如电力网、通信网、因特网；而小的电路如集成电路，虽然只有指甲大小，却是由成千上万的小电路集合而成的一个电路系统。如图1-2a所示的手电筒电路就是一个最简单的电路。

按照电路功能的不同，可把电路划分为实现能量转换、传输和分配功能的电路和实现信号处理与传递功能的电路这两类。日常用电照明利用灯泡将电能转换为光能和热能，是前一种类型的电路；电视机对接收信号进行调谐、滤波、放大等处理，再送到扬声器和显像管还原为原始信号，是后一种类型的电路。根据电路中电流与电压的类型不同，电路又分为直流电路、交流电路等；根据电路中的元器件是否是线性的，又将电路分为线性电路和非线性电路。

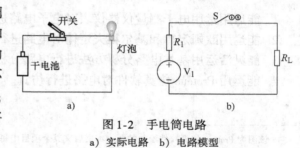

图1-2 手电筒电路
a）实际电路 b）电路模型

1.1.2 电路的组成

从电路组成来看，不管是简单的还是复杂的电路，电路至少包括三部分：一是向电路提供电能或信号的部分，称为电源或信号源，如图1-2a中的干电池；二是消耗或转换电能的部分，称为负载，如图1-2a中的小灯泡；三是连接及控制电路的部分，如开关、导线等，称为中间环节。

电路在电源或信号源的作用下，才会产生电压、电流，因此又称电源或信号源为激励，由激励所产生的电压和电流称为响应。

1.1.3 电路模型

组成实际电路的元器件种类繁多，电路元器件在工作时的电磁性质较复杂，为便于探讨和分析电路，用规定的图形符号表示电路连接情况，用具有某种确定的电磁性能的理想电路元器件或其组合作为实际电气元器件的模型，将实际电路理想化，得到实际电路的电路模型。图1-2b为图1-2a所示手电筒实际电路的电路模型。

理想电路元器件（简称电路元器件或元器件）是电路中最基本的组成单元。例如，理想电阻元件只消耗电能，理想电容元件只储存电能，理想电感元件只储存磁能。

电路元器件都要采用规定的图形符号表示，表1-1列举了部分电路元器件的图形符号。

表1-1　电路元器件的图形符号

名　　称	符　　号	名　　称	符　　号
电阻	 ─［ ］─	电压表	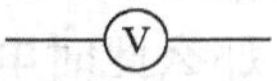 ─Ⓥ─
电池	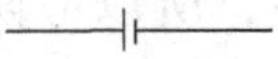 ─┤├─	接地	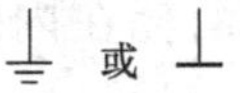 ⏚ 或 ⊥
灯	 ─⊗─	熔断器	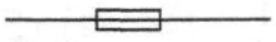 ─［ ］─
开关	 ─／─	电容	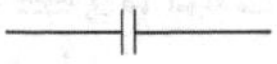 ─┤├─
电流表	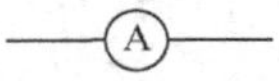 ─Ⓐ─	电感	 ─ⅿⅿⅿ─

根据元器件内部是否含有需要电源才能实现预期功能，又可将元器件分为无源元器件和有源元器件。电阻、电容和电感具备的功能（阻值、容值和电感值）是自带的特性，不需要电源即可拥有，属无源元器件；晶体管、集成电路等必须在供电情况下才能发挥其固有功能，属有源元器件。

1.1.4 电路的工作状态

1. 有载状态

如图1-3a所示，E为电源的电动势，R_0为电源的内阻，当电源与负载R_L接通时，电路中的电流I、电压U为

$$I = \frac{E}{R_0 + R_L}$$

$$U = IR_L = E - IR_0$$

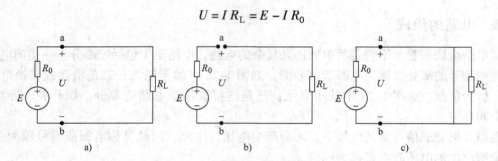

图 1-3 电路的三种工作状态
a）有载 b）开路 c）短路

电源输出的功率（即负载获得的功率）为

$$P = UI$$

若电源的额定输出功率 $P_N = U_N I_N$，当电源输出功率 $P = P_N$ 时称为满载，当 $P > P_N$ 时称为过载。过载会导致电气设备的损害，应注意避免。

2. 开路状态

如图 1-3b 所示，a、b 两点断开时，电源处于开路（空载）状态。此时外电路的电阻可视为无穷大（$R_L = \infty$），电路中的电流为零，因此电路中电源的输出功率和负载的吸收功率均为零。

3. 短路状态

如果把图 1-3a 中的负载电阻用可认为电阻值为 0Ω 的导线连接起来，即电阻的两端电压为零，那么此时电路就处于如图 1-3c 所示的短路状态，电路电流达到最大，电源产生的功率全部消耗在内阻上，造成电源过热而损伤或毁坏，所以应防止电路短路或采取保护措施。

1.2 电路的基本物理量

1.2.1 电流及其参考方向

1. 电流的定义

电荷在电场力作用下的定向移动形成电流，将正电荷运动的方向定义为电流的实际方向。电流的大小是指单位时间内通过导体横截面的电荷量，用 i 表示：

$$i = \frac{dq}{dt} \tag{1-1}$$

式中，dq 为导体横截面在 dt 时间内通过的电荷量。在国际单位制中，电流的单位为安培（A），简称安。常用的还有千安（kA）、毫安（mA）、微安（μA）。它们之间的转换关系为

$$1kA = 10^3 A$$

$$1A = 10^3 mA = 10^6 \mu A$$

当电流 i 的大小和方向均不变时，称为直流电流，常用大写字母 I 表示，相应地有

$$I = \frac{Q}{t} \tag{1-2}$$

2. 电流的方向

在电路分析中，为求出电流的实际方向和大小，必须首先任意选择一个方向作为电流的参考方向，用实线箭头表示。若计算结果中电流为正值，则说明实际方向与参考方向一致；若电流为负值，则说明实际方向与参考方向相反。根据电流的参考方向和电流计算值的正负，就能确定电路中电流的实际方向。

电流实际方向和参考方向的关系如图 1-4 所示。

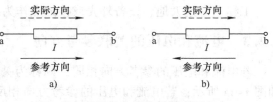

图 1-4　电流的参考方向和实际方向

a) $I > 0$　b) $I < 0$

1.2.2　电压及其参考方向

1. 电压的定义

电场力将单位正电荷从 a 点沿任意路径移动到 b 点所做的功定义为 a、b 两点间的电压，即

$$u_{ab} = \frac{\mathrm{d}w}{\mathrm{d}q} \tag{1-3}$$

式中，$\mathrm{d}w$ 是电场力在时间 $\mathrm{d}t$ 内将电荷 $\mathrm{d}q$ 从 a 点移动到 b 点所做的功，单位是焦耳（J）。电荷量 $\mathrm{d}q$ 的单位是库仑（C），电压的单位是伏特（V），简称伏。常用的单位还有千伏（kV）、毫伏（mV）、微伏（μV）。它们之间的转换关系为

$$1\mathrm{kV} = 10^3\,\mathrm{V}$$

$$1\mathrm{V} = 10^3\,\mathrm{mV} = 10^6\,\mathrm{\mu V}$$

当电压的大小和方向均不变化时，称为直流电压，用大写字母 U 表示，相应地有

$$U_{ab} = \frac{W}{Q} \tag{1-4}$$

2. 电压的方向

和电流一样，电压不仅有大小，而且有方向。电压的实际方向规定为正电荷在电场中受电场力作用而移动的方向。

同样，在分析计算电路中的电压前，先任意假定电压的参考方向，在电路选定两点，用"＋"代表高电位，"－"代表低电位，由"＋"指向"－"的方向就是电压的参考方向。在选定参考方向后，若计算出电压 $U_{ab} > 0$，表明电压的实际方向与参考方向一致；若 $U_{ab} < 0$，则表示电压的实际方向与参考方向相反，如图 1-5 所示。同电流一样，两点间电压数值的正负在设定参考方向的条件下才有意义。

任选电路中的一点为参考点，则从电路中点 a 到参考点之间的电压称为 a 点的电位，用 V_a 表示。电位的参考点可任意选取，通常规定参考点电位为零，电位的单位也是伏特（V）。

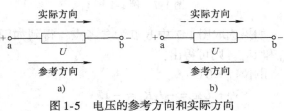

图 1-5　电压的参考方向和实际方向

a) $U_{ab} > 0$　b) $U_{ab} < 0$

电压与电位的关系是：电路中 a、b 两点之间的电压等于这两点之间的电位之差，即

$$U_{ab} = V_a - V_b$$

工程上常选大地、设备外壳或接地点作为参考点，参考点常用符号"⊥"表示。

1.2.3 电流和电压的关联参考方向

若电流和电压的参考方向相同，则称为关联参考方向，如图1-6a 所示；若电流和电压的参考方向相反，则称为非关联参考方向，如图1-6b 所示。

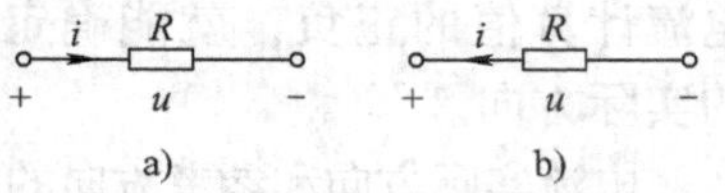

当采用关联参考方向时，电路中只要标出电流或电压中的一个参考方向即可。

要特别指出的是，欧姆定律在关联参考方向下才可写为

$$u = Ri \tag{1-5}$$

在非关联参考方向下，则写为

$$u = -Ri \tag{1-6}$$

图 1-6 电压和电流的参考方向

a) 关联参考方向　b) 非关联参考方向

【例1-1】 在图1-7 所示的电路中，$E_1 = 40V$，$E_2 = 5V$，$R_1 = R_2 = R_3 = 10\Omega$，$I_1 = 2.5A$，$I_2 = -1A$，$I_3 = 1.5A$。取 d 点为参考点，求各点的电位及电压 U_{ab} 和 U_{bc}。

解：设定 d 点为参考点，则各点电位为

$$V_d = 0V$$

$$V_b = U_{bd} = I_3R_3 = 1.5A \times 10\Omega = 15V$$

$$V_a = U_{ab} + U_{bd} = I_1R_1 + U_{bd} = 2.5A \times 10\Omega + 15V = 40V \quad 或 \quad V_a = U_{ad} = E_1 = 40V$$

$$V_c = U_{cb} + U_{bd} = I_2R_2 + U_{bd} = -1A \times 10\Omega + 15V = 5V \quad 或 \quad V_c = U_{cd} = E_2 = 5V$$

电压 $U_{ab} = V_a - V_b = 40V - 15V = 25V$

$$U_{bc} = V_b - V_c = 15V - 5V = 10V$$

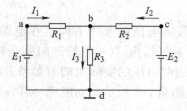

图 1-7　例1-1图1

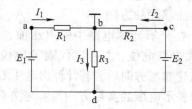

图 1-8　例1-1图2

如果选取图1-7 中 b 点为参考点，得到如图1-8 所示的电路，再求各点的电位及电压 U_{ab} 和 U_{bc}。则可得出：

电位 $V_b = 0V$

$$V_d = U_{db} = -I_3R_3 = -15V$$

$$V_a = U_{ab} = I_1R_1 = 2.5A \times 10\Omega = 25V$$

$$V_c = V_{cb} = I_2 R_2 = -1A \times 10\Omega = -10V$$

电压 $U_{ab} = V_a - V_b = 25V - 0V = 25V$

$$U_{bc} = V_b - V_c = 0V - (-10V) = 10V$$

利用电位的概念可将图1-7所示的电路简化为图1-9所示的形式，不画电源，只标出电位值。这是电子电路惯用的画法。

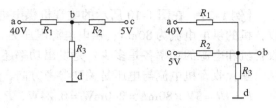

图1-9　例1-1图3

1.2.4　电能与电功率

1. 电能

当电流通过电路元器件时，电能将转换为其他形式的能量，如热能、化学能、磁能、机械能等。电能转化为其他形式能的过程，就是电场力做功的过程，因此消耗多少电能，可以用电场力所做的功来度量。

电能与电流、电压和通电时间成正比。设在 dt 时间内，有正电荷 dq 从元器件的高电位端移到低电位端，若元器件两端的电压为 u，则电场力移动电荷所做的功为

$$dw = udq = uidt$$

即在 dt 时间内，元器件消耗了电能 dw。电能的单位是焦耳（J），工程上也常用单位千瓦·时（kW·h），俗称度。

$$1\text{ 度电} = 1kW \cdot h = 3.6 \times 10^6 J$$

在直流电路中，电压 U 和电流 I 都是常量，则电场力所做的功为

$$W = UIt$$

2. 功率

电流在单位时间内所做的功叫作电功率，简称功率，用以表征元器件消耗或者提供电能的快慢，用字母 p 表示。即

$$p = \frac{dw}{dt} = ui$$

对于直流电，有

$$P = \frac{W}{t} = UI$$

电功率的国际单位是瓦（W），若电场力在1s内所做的功为1J，则电功率就是1W。常用的电功率单位还有千瓦（kW）、毫瓦（mW）等，换算关系为

$$1kW = 1000W$$

$$1W = 1000mW$$

在电路中，电源产生的功率与负载、导线及电源内阻上消耗的功率总是平衡的，遵循能量守恒和转换定律。

在电流和电压关联参考方向时，用公式 $p = ui$ 或 $P = UI$ 计算功率；在电流和电压非关联参考方向时，用公式 $p = -ui$ 或 $P = -UI$ 计算功率。若计算出的功率 $p > 0$（$P > 0$），表示该部分电路吸收（或消耗）功率，即消耗能量；若计算出的功率 $p < 0$（$P < 0$）时，表示该部分电路发出（或提供）功率，即产生能量。

【例1-2】 在图 1-10 所示的收音机供电电路中，用万用表测出收音机的供电电流为 80mA，供电电源电压为 3V。忽略电源的内阻，收音机和电源的功率各是多少？是发出功率还是吸收功率？

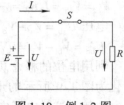

图 1-10　例 1-2 图

解： 收音机电流与电压是关联参考方向，

$P = UI = 3\text{V} \times 80\text{mA} = 240\text{mW} = 0.24\text{W}$，$P > 0$，说明收音机吸收（消耗）功率。

电池电流与电压是非关联参考方向，

$P = -UI = -3\text{V} \times 80\text{mA} = -0.24\text{W}$，$P < 0$，说明电池发出（提供）功率。

【例1-3】 在图 1-11 所示的给充电器充电的电路中，电池电压降为 2V，充电电流为 -150mA，问此时电池的功率为多少？是吸收功率还是发出功率？充电器的功率为多少？是吸收功率还是发出功率？

解： 电池电流与电压是非关联参考方向，

$P = -UI = -2\text{V} \times (-150\text{mA}) = 0.3\text{W}$，$P > 0$，说明电池吸收（消耗）功率。

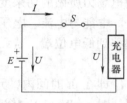

图 1-11　例 1-3 图

充电器电流与电压是关联参考方向，

$P = UI = 2\text{V} \times (-150\text{mA}) = -0.3\text{W}$，$P < 0$，说明充电器发出（提供）功率。

1.3 电路的几种基本元器件

1.3.1 负载

将电能转换为其他能量的电路元器件称为负载，最常见、最基本的负载是无源元器件电阻、电容和电感。负载的性质会因流过的电流形式而有所区别：当负载上流过直流电时，主要呈现电阻的性质；当负载上流过交流电时，就会呈现复杂的性质，既有电阻的性质，还有电容和电感的性质，称为阻抗的性质。

1. 电阻

电流通过导体时会受到一种阻碍作用，称这种对电流的阻碍作用为电阻。电阻主要用于控制和调节电路中的电流和电压（限流、分流、降压、分压、偏置等），或用作消耗电能的负载。

电路元器件上电压和电流的关系称为伏安特性，若伏安特性曲线是过坐标原点的直线，称这种电路元器件为线性元器件，否则称为非线性元器件。

如图 1-12a 所示的电阻元件，当电压和电流的参考方向相关联时，线性电阻元件的电压与电流成正比，即

$$u = Ri \tag{1-7}$$

这就是电阻元件的伏安关系，称为欧姆定律，比例常数 R 称为电阻，是表征电阻元件特性的参数。当电压单位为 V，电流单位为 A 时，电阻单位为欧姆（Ω），简称欧，常用的还有千欧（$k\Omega$）、兆欧（$M\Omega$）。图 1-12b 为电阻的伏安特性曲线。

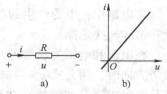

图 1-12　线性电阻元件

a）图形符号　b）伏安特性曲线

电阻的倒数称为电导，用符号 G 表示，即 $G = \dfrac{1}{R}$，电导的单位为西门子（S）。用电导表征线性电阻元件时，欧姆定律表示为

$$i = Gu \tag{1-8}$$

式(1-7) 和式(1-8) 只在关联参考方向时才成立。若电压和电流取非关联参考方向，则欧姆定律应写为

$$u = -Ri \quad 或 \quad i = -Gu$$

实际上，所有电阻元件的伏安特性曲线或多或少都是非线性的，但在一定条件下，这些元件的伏安特性曲线近似为一条直线，因而常用线性电阻元件作为它们的电路模型，并不会引起明显的误差。

电阻元件的功率为

$$p = ui = Ri^2 = \dfrac{u^2}{R} = Gu^2$$

计算所得总是吸收功率，可见电阻是一种耗能元件。

2. 电容

电容器是由两块相互绝缘且靠近的金属极板构成。极板间隔以绝缘介质（如空气、云母、绝缘纸、电解质等），当电容器的两块金属极板间加以电压时，在两块极板上聚集等量异性的电荷，从而建立起电场，储存电场能量。

电容器广泛应用于耦合电路、滤波电路、调谐电路、振荡电路等。当忽略其自身电阻和电感时，就可以把它当作是电容器的理想化模型——电容元件，电容器简称为电容。电容元件的电路符号及库伏特性曲线如图 1-13 所示。

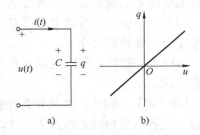

图 1-13　电容的电路符号及库伏特性曲线
a）电容电路符号　b）电容库伏特性曲线

电容两极间的电压 u 越高，所容纳电荷量 q 就越多，把 q 与 u 的比值称为电容元件的电容量（简称电容），用符号 C 表示，即

$$C = \dfrac{q}{u} \tag{1-9}$$

电容 C 是元件本身的一个固有参数，其大小取决于极板间的相对面积、距离以及中间的介质材料。电容 C 表征了电容元件储存电荷能力的大小。

当电压和电荷的单位分别用伏特（V）和库仑（C）表示时，电容的单位是法拉（F），常用的单位还有微法（μF）、皮法（pF），它们的换算关系为

$$1\text{F} = 10^6\,\mu\text{F} = 10^{12}\,\text{pF}$$

当电容两端的电压 u 发生变化时，聚集在极板上的电荷 q 也将发生变化，电容所在的电路就会形成电流。选定 u 和 i 的关联参考方向，设在 $\mathrm{d}t$ 时间内，电容 C 的极板上电压变化了 $\mathrm{d}u$，相应的电量变化了 $\mathrm{d}q$，则

$$\mathrm{d}q = C\mathrm{d}u \tag{1-10}$$

此时电容所在电路的电流为

$$i = \dfrac{\mathrm{d}q}{\mathrm{d}t} = C\dfrac{\mathrm{d}u}{\mathrm{d}t} \tag{1-11}$$

如果 $i > 0$，则表示电容在充电，电压升高，电流的实际方向与参考方向一致；如果 $i < 0$，则表示电容在放电，电压降低，电流的实际方向与参考方向不一致。

由式(1-11) 可知，流经电容的电流与电容上的电压变化率成正比，而与该时刻电压值的大小无关。当电压变化率为零，即直流情形时，电路中无电流，因此电容元件有隔直通交的特性。

在 u 和 i 取关联参考方向时，任一时刻电容元件吸收的瞬时功率为

$$p = ui = Cu\frac{\mathrm{d}u}{\mathrm{d}t} \tag{1-12}$$

当 $p > 0$ 时，表明电容实际为吸收功率，即电容充电；当 $p < 0$ 时，表明电容实际为发出功率，即电容放电。

在 $0 \sim t$ 时间内，电容元件吸收的能量为

$$w_C(t) = \int_0^t p\mathrm{d}t = \int_0^t ui\mathrm{d}t = \int_0^u Cu\mathrm{d}u = \frac{1}{2}Cu^2 \tag{1-13}$$

式(2-13) 表明，电容在某一时刻 t 的储能仅取决于该时刻的电压，而与电流无关，且储能 $w_C(t) \geq 0$。电容在充电时吸收的能量全部转换为电场能量，放电时又将储存的电场能量转换为电能还给电源，它本身不消耗能量，也不会释放多于它吸收的能量，所以电容是储能元件。

在实际应用电容时，主要考虑其电容量和额定工作电压是否满足电路要求。若单个电容容量或耐压不能满足要求，需要适当连接多个电容来使用，以满足电路工作要求。

当电容串联时，等效电容（总电容）的倒数等于各电容的倒数之和，每个电容上分担的电压与电容量成反比。

当电容并联时，等效电容（总电容）等于各电容的电容量之和，电容储存的电荷与其电容量成正比。

【例1-4】 在图 1-14 所示的电路中，已知 $U = 18\text{V}$，$C_1 = C_2 = 6\mu\text{F}$，$C_3 = 3\mu\text{F}$。求等效电容 C 及各电容两端的电压 U_1、U_2、U_3。

解： $C_{23} = \dfrac{C_2 C_3}{C_2 + C_3} = \dfrac{6 \times 3}{6 + 3}\mu\text{F} = 2\mu\text{F}$

$C = C_1 + C_{23} = 2\mu\text{F} + 6\mu\text{F} = 8\mu\text{F}$

$U_1 = U = 18\text{V}$

$U_2 + U_3 = 18\text{V}$

$U_2 : U_3 = \dfrac{1}{C_2} : \dfrac{1}{C_3} = 1 : 2$

$U_2 = 6\text{V}$，$U_3 = 12\text{V}$。

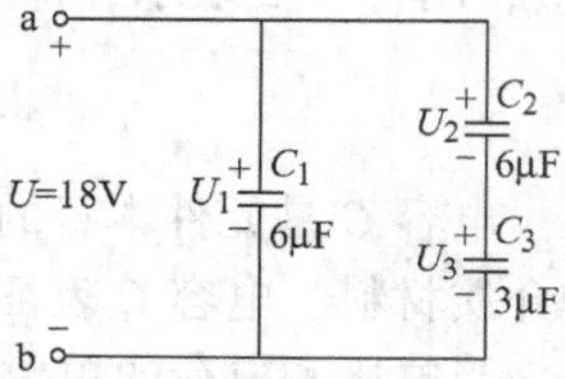

图 1-14 例 1-4 图

3. 电感

把绝缘导线绕在绝缘骨架或磁心、铁心上构成一个实际的电感器。当电流通过线圈时，线圈周围产生磁场，并储存磁场能量。若忽略电感器的导线电阻，电感器就称为理想化的电感元件，简称电感。电感用符号 L 表示，它在电路中的符号如图 1-15 所示。

当电感线圈通过电流 i 时，将产生磁通 Φ，设磁通通过每匝线圈，如果线圈有 N 匝，则电感元件的参数为

$$L = \frac{N\varPhi}{i} \qquad (1\text{-}14)$$

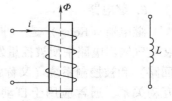

图 1-15　电感及其电路符号

显然，线圈匝数越多，其电感越大；线圈中单位电流产生的磁通越大，电感也越大。电感的单位是 H（亨），常用的单位还有毫亨（mH）和微亨（μH），它们的换算关系是

$$1\mathrm{H} = 10^3\mathrm{mH}, \quad 1\mathrm{mH} = 10^3\mathrm{\mu H}$$

当通过电感元件的电流 i 发生变化时，由该电流引起的磁场也相应发生变化，该变化会在元件内产生一个感应电动势，使电感元件两端具有电压 u。它们的关系如下：

$$u = L\frac{\mathrm{d}i}{\mathrm{d}t} \qquad (1\text{-}15)$$

由式(1-15) 可知：电感元件上任一时刻的电压与该时刻电感电流的变化率成正比，而与该时刻电流值的大小无关，电流变化率越大，电压也越大。在直流电路中，由于电流不随时间变化，电感元件两端电压为零，因此稳态时电感元件对直流电可视为短路；在交流电路中，电流变化越快，电压越大，近似开路。所以说电感元件是一个动态元器件，且具有隔交通直的特性。

电感元件吸收的能量为

$$w_L(t) = \int_0^t p\mathrm{d}t = \int_0^t ui\mathrm{d}t = \int_0^i Li\mathrm{d}i = \frac{1}{2}Li^2$$

上式表明，电感在任一时刻 t 的储能仅取决于该时刻的电流值，与电压和它的"历史状况"无关，只要电流存在，电感就储存磁场能，且 $w_L(t) \geq 0$。

4. 变压器

变压器也是一种电感器，图 1-16 所示的变压器是将两组及两组以上的线圈绕在同一线圈骨架上，或绕在同一铁心上制成的，是利用两个电感线圈的互感应现象来传递交流电信号和电能的。它在电路中可以起到电压变换和阻抗变换的作用，是电子产品中十分常见的无源元器件。

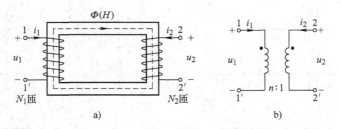

图 1-16　变压器及其电路符号

a) 变压器模型　b) 变压器电路符号

电力变压器把高压电变成低压民用市电，而日常生活中的许多电器都是使用低压直流电源工作的，需要用电源变压器把 220V 交流市电变换成更低电压的交流电，再通过二极管整流、电容器滤波，形成直流电供电器工作。

5. 继电器

继电器（Relay）是一种电控制器件，是当输入量（激励量）的变化达到规定要求时，在电气输出电路中使被控量发生预定的阶跃变化的一种电器。它具有控制系统（又称输入回路）和被控制系统（又称输出回路）之间的互动关系，通常应用于自动化的控制电路中。它实际上是用小电流去控制大电流运作的一种"自动开关"，故在电路中起着自动调节、安全保护、转换电路等作用。

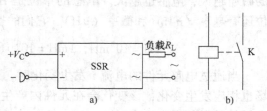

继电器是由线圈和触点这两部分组成的，触点分常开触点、常闭触点和转换触点。常开触点的继电器在不通电的时候两个触点是断开的，常闭触点则相反。

图 1-17　继电器及其电路符号
a）继电器模型　b）继电器电路符号

1.3.2　电源

电源是电路中提供电能的元件，是形成电路中电流的基本条件。根据电源提供电能的形式，把它分成电压源和电流源。

1. 电压源

一个理想的电压源，向外界提供一个恒定的电压值，即使流经它的电流发生改变，其电压值也保持不变。其电路符号如图 1-18a 所示，图中 U_s 表示直流电压源所产生的电压数值，"+""−"符号表示 U_s 的极性，即"+"端的电位高于"−"端的电位。理想电压源的伏安特性如图 1-18b 所示，是一条平行于 I 轴的直线。

实际上，理想电压源是不存在的，电源内部总存在一定的内阻，通常用一个理想电压源 U_s 串联一个电阻 R_s 的电路模型来表示实际电压源。如图 1-19a 所示。其关系式为

$$U = U_s - IR_s \tag{1-16}$$

由图 1-19b 所示的实际电压源伏安特性曲线可以看出，电源内阻越小，其特性越接近理想电压源。

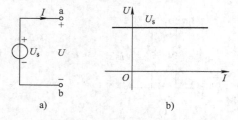

图 1-18　理想电压源及其伏安特性曲线
a）理想电压源模型　b）理想电压源伏安特性曲线

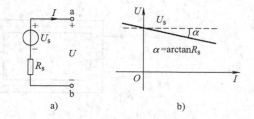

图 1-19　实际电压源及其伏安特性曲线
a）实际电压源模型　b）实际电压源伏安特性曲线

2. 电流源

一个理想的电流源，向外界提供一个恒定的电流值，即使它两端的电压发生改变，其电流值仍保持不变。其电路符号如图 1-20a 所示，图中 I_s 表示直流电流源所产生的电流数值，箭头表示 I_s 的方向。理想电流源的伏安特性如图 1-20b 所示，是一条平行于 U 轴的直线。

实际上，理想电流源是不存在的，由于内部电阻的存在，通常用一个理想电流源 I_s 并联一个电阻 R_s 的电路模型来表示实际电流源。如图 1-21a 所示，其伏安特性曲线如图 1-21b 所示。

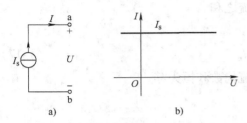

图 1-20 理想电流源及其伏安特性曲线

a）理想电流源模型 b）理想电流源伏安特性曲线

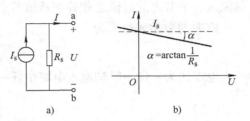

图 1-21 实际电流源及其伏安特性曲线

a）实际电流源模型 b）实际电流源伏安特性曲线

其中，I_s 是电源的短路电流，内阻 R_s 表明电源内部的分流效应。从图中看出，电流源的方向和电压取非关联方向，此时电流源发出的功率 $P = UI$，即为外电路吸收的功率。实际电流源的内阻越大，其伏安特性越接近理想电流源。

1.4 基尔霍夫定律

前面学习了电阻、电容、电感、电压源、电流源等基本元器件所具有的规律，也就是元器件本身特性对其电压和电流的约束关系，如欧姆定律给出的线性电阻上关联电压、电流的约束关系；而电路作为由元器件互连所形成的整体，也有其服从的约束关系，这就是基尔霍夫定律。

基尔霍夫定律是 1845 年德国物理学家基尔霍夫（Gustav Robert Kirchhoff, 1824—1887）提出的电路中电压和电流所遵循的基本规律，是分析和计算复杂电路的基础，包括基尔霍夫电流定律（KCL）和基尔霍夫电压定律（KVL）。

基尔霍夫定律既可以用于直流电路的分析，也可以用于交流电路的分析，还可以用于含有电子元器件的非线性电路的分析。

在叙述 KCL 和 KVL 之前先对电路中几个术语进行介绍和说明。

支路：电路中流过同一电流的分支（且该分支上至少有一个电路元件）。图 1-22 中共有 5 条支路。

节点：三条或三条以上支路的连接点。图 1-22 中共有 a、b、c 三个节点。

回路：由支路组成的闭合路径。图 1-22 中有 6 条回路。

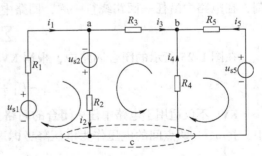

图 1-22 支路、节点、回路和网孔

网孔：不含有其他支路的回路称为网孔。图 1-22 中有 3 个网孔。

网孔一定是回路，但回路不一定是网孔。

1.4.1 基尔霍夫电流定律（KCL）

基尔霍夫电流定律用来确定连接在同一节点上各支路电流间的关系。其内容是：任一时刻流入一个节点的电流之和等于从该节点流出的电流之和。

KCL 的数学表达式为

$$\sum I_\mathrm{i} = \sum I_\mathrm{o} \tag{1-17}$$

也表述为：任一时刻流入电路中任一节点的电流代数和恒为零。

$$\sum_{k=1}^{n} I_k = 0$$

以图 1-23 所示流入、流出某节点的电流为例，根据 KCL 得

$$I_1 + I_2 = I_3 + I_4$$

KCL 通常用于节点，也可推广应用于包围着多个节点的封闭面（也称为广义节点），即流入一个封闭面的电流之和必等于流出该封闭面的电流之和。

如图 1-24 所示，对点画线画出的封闭面，根据 KCL 的推广形式，有

$$I_\mathrm{A} + I_\mathrm{B} + I_\mathrm{C} = 0$$

$$I = 0$$

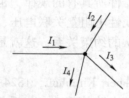

图 1-23　KCL 示意图

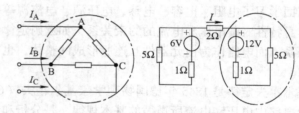

图 1-24　KCL 推广应用

1.4.2 基尔霍夫电压定律（KVL）

基尔霍夫电压定律用来确定连接在同一回路中各段电压间的关系。其内容是：在任何时刻，在电路中沿任一回路绕行一周，回路中所有电压降的代数和等于零。

$$\sum U = 0 \tag{1-18}$$

在图 1-25 所示的闭合回路中，根据 KVL 得

$$-U_{s1} - U_1 + U_2 + U_3 + U_{s4} = 0$$

KVL 不仅适用于电路中任一闭合的回路，且可推广应用于非闭合回路的情况。在图 1-26 中，将 a、b 两点间的电压作为电压降考虑进去，按照选取的绕行方向，有

$$U_{ab} - E - U = 0$$

在复杂电路中，要计算电流、电压和电功率等参数，往往不能通过简单的元器件串并联或等效变换求解，这时就需要根据基尔霍夫定律，建立网孔方程或节点方程，最终用解方程的方法完成计算。

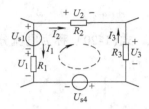

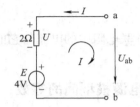

图 1-25　KVL 示意图　　　　　　图 1-26　KVL 推广应用

1.5　等效的概念及两种电源模型间的等效

只有两个端钮与外部相连的电路称为二端网络。如果两个二端网络图的伏安关系完全相同，即端口电压 u 与电流 i 分别相同，则称这两个二端网络等效。

等效电路的内部结构虽不同，但对外部电路而言，电路的影响是完全相同的。因此可用一个简单的等效电路来代替原来较复杂的网络图，从而将电路简化。

1.5.1　电阻串联电路及其等效电路

在电路分析中，经常遇到电阻的各种连接方式，最常见的有串联、并联和串并联的组合形式。这些组合有时比较复杂，分析时可以用等效变换的方法进行化简。

如图 1-27a 所示，n 个电阻 R_1、R_2、$\cdots$、R_k $\cdots$、R_n 首尾相接，称为串联。其特点是电路没有分支，通过各电阻的电流处处相同，图 1-27b 所示为其等效电路。

两电路中电阻之间的关系为

$$R = R_1 + R_2 + \cdots + R_k + \cdots + R_n$$

电阻串联时，各电阻上的电压为

$$U_k = R_k I = \frac{R_k}{R} U \qquad (1-19)$$

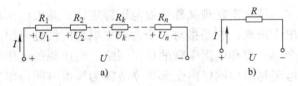

图 1-27　电阻的串联
a) 电阻串联电路　b) 等效电路

可见，各串联电阻的端电压与它的电阻值成正比，式（1-19）称为电压的分配公式，又叫分压公式。

1.5.2　电阻并联电路及其等效电路

如图 1-28a 所示，n 个电阻 R_1、R_2、$\cdots$、R_n 并排连接，称为并联，其特点是各电阻两端具有相同的电压，图 1-28b 所示为其等效电路。

上述两个电路中电阻之间的关系为

$$\frac{1}{R} = \frac{1}{R_1} + \frac{1}{R_2} + \cdots + \frac{1}{R_k} + \cdots + \frac{1}{R_n}$$

如果以电导形式表示，可以表示为

$$G = G_1 + G_2 + \cdots + G_k + \cdots + G_n$$

电阻并联时，各电阻上的电流为

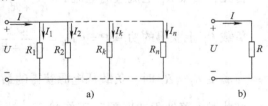

图 1-28　电阻的并联
a) 电阻并联电路　b) 等效电路

15

$$I_k = \frac{U}{R_k} \qquad\qquad (1\text{-}20)$$

可见，各并联电阻中的电流与它的电阻值成反比，式(1-20)称为电流分配公式，简称分流公式。

1.5.3 两种电源模型间的等效

电压源模型的外特性和电流源模型的外特性是相同的。因此，电源的两种电路模型可相互等效变换，如图 1-29 所示。

对于图 1-29a，其伏安特性为

$$U = U_s - IR_s$$

对于图 1-29b，其伏安特性为

$$U = R'_s I_s - R'_s I$$

根据等效的定义，若图 1-29a 的电压源要和图 1-29b 的电流源相互等效，则两者的伏安特性必须一致，比较上式可得

$$I_s = \frac{U_s}{R_s}, \; R'_s = R_s$$

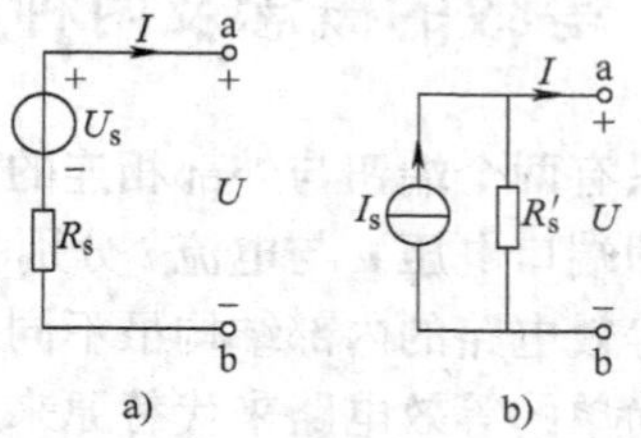

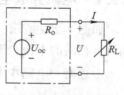

图 1-29 电压源和电流源等效示意图
a）电压源 b）电流源

这就是两种电源模型等效的条件。特别注意：（1）电压源 U_s 的"+"极是电源源 I_s 的流出端；（2）理想电压源（$R_i = 0$）与理想电流源（$R_i = \infty$）之间不能等效变换。

1.5.4 最大传输定理

戴维南定理又称等效电压源定律，是由法国科学家 L·C·戴维南于 1883 年提出的一个电学定理。它是指对一个含独立电源的线性电阻单口网络，就端口特性而言，可以等效为一个电压源和电阻串联的单口网络。电压源的电压等于单口网络在负载开路时的电压；等效的电阻是单口网络内全部独立电源为零值时所得单口网络的电阻。

在电子技术中，总希望负载能从信号源处获得最大的功率，而实际上电源总是有内阻存在的，电源在工作时提供的功率会不可避免地消耗在内阻上。

图 1-30 所示的等效电路中，对负载而言，电路中其余部分都可看作是含源二端网络，都可利用戴维南定理把复杂的含源二端网络简化为一个单回路电路求解。

讨论：当负载多大时，能够从电源获得最大功率？最大功率是多少？

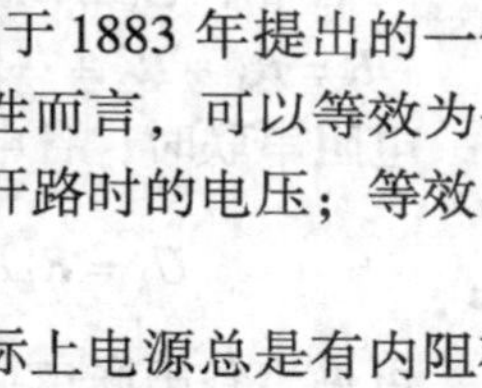

首先，负载 R_L 上流过的电流 $I = \dfrac{U_{oc}}{R_o + R_L}$

负载 R_L 上获得的功率 $P = I^2 R_L = \left(\dfrac{U_{oc}}{R_o + R_L}\right)^2 R_L$

图 1-30 等效电路

当满足 $R_L = R_o$ 时，负载从电源获得的最大功率为 $P_{max} = \dfrac{U_{oc}^2}{4R_o}$

称此时电路处于"匹配"工作状态。处于"匹配"状态的电路，电源本身要消耗一半的功率（电源效率只有 50%）。因此在电力传输系统中，电路一般不工作在最大功率匹配状

态，以避免造成能源的过度浪费。而在控制、通信等系统中，通常要求信号功率尽可能大，牺牲电源传输效率以换取大的传输功率。

当负载固定时，可通过调整电源内阻抗使负载获得最大功率。

当电源内阻抗及负载阻抗都不能调整时，为尽量满足匹配条件，往往在电源与负载之间加入阻抗匹配装置。例如在正弦稳态电路中，常使用变压器或互感器来实现匹配条件，使电源的输出功率被更有效地传递。

1.6　支路电流法

以支路电流作为变量列出电路方程，并以此求解电路的方法称为支路电流法。在图 1-31 所示网络中，支路数 $b=6$，节点数 $n=4$，以支路电流 i_1、i_2、i_3、i_4、i_5、i_6 为变量，需列写出 $n-1=3$ 个独立的 KCL 方程和 $b-(n-1)=3$ 个独立的 KVL 方程。各支路电流的参考方向如图 1-31 所示。

首先列出节点的 KCL 方程：

$$\begin{cases} i_1+i_3-i_5=0 \\ i_5-i_4-i_6=0 \\ i_2+i_6-i_3=0 \end{cases}$$

绕行 3 个回路，列出 KVL 方程：

$$\begin{cases} i_1R_1+i_5R_5+i_4R_4-u_{s1}=0 \\ i_2R_2-i_6R_6+u_{s6}+i_4R_4-u_{s2}=0 \\ i_3R_3+i_5R_5-u_{s6}+i_6R_6=0 \end{cases}$$

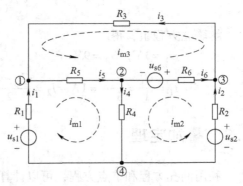

图 1-31　支路电流法

将 6 个独立方程联立求解，得出各支路的电流。若支路电流值为正，则表示支路实际电流方向与参考方向相同；若支路电流值为负，则表示支路实际电流方向与参考方向相反。

应用 KCL 和 KVL 一共列出 $(n-1)+[b-(n-1)]=b$ 个独立方程，它们都是以支路电流为变量的方程，因而可以解出 b 个支路电流。

1.7　节点电压法

该方法是以节点电压作为电路的未知量，直接应用基尔霍夫定律，列出 $(n-1)$ 个独立节点电压为未知量的方程，然后联立求解各节点电压的一种方法。

例如，在图 1-32 所示的电路中，可以假设 O 点为参考点，a 点的电位为 U_a，则

$$I_1=\frac{U_a-U_{s1}}{R_1};\ I_2=\frac{U_a+U_{s2}}{R_2};\ I_3=\frac{U_a-U_{s3}}{R_3};\ I_4=\frac{U_a}{R_4}$$

对节点 a，根据 KCL 列出节点电流方程：

$$I_1+I_2+I_3+I_4=0$$

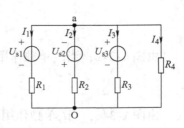

图 1-32　节点电压法

将 I_1、I_2、I_3、I_4 的表达式代入电流方程, 即可求出 U_a, 然后计算出各支路的电流和各节点电压。

【例1-5】 试用节点电压法求图 1-33 所示电路中的各支路电流。

解: 取节点 O 为参考节点, 设节点 1、2 的电位为 U_1、U_2, 则各支路电流的表达式为

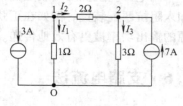

图 1-33　例 1-5 图

$$I_1 = \frac{U_1}{1} = U_1 \qquad I_2 = \frac{U_1 - U_2}{2} \qquad I_3 = \frac{U_2}{3}$$

节点 1 的电流方程为

$$I_1 + I_2 + 3 = 0$$

节点 2 的电流方程为

$$I_2 + 7 = I_3$$

将 I_1、I_2、I_3 代入电流方程得

$$\begin{cases} U_1 + \frac{1}{2}(U_1 - U_2) + 3 = 0 \\ \frac{1}{2}(U_1 - U_2) + 7 = \frac{1}{3} U_2 \end{cases}$$

解联立方程组, 得

$$U_1 = 1\text{V}, \quad U_2 = 9\text{V}$$

$$I_1 = \frac{U_1}{1} = \frac{1}{1}\text{A} = 1\text{A}, \quad I_2 = \frac{U_1 - U_2}{2} = \frac{1-9}{2}\text{A} = -4\text{A}, \quad I_3 = \frac{U_2}{3} = \frac{9}{3}\text{A} = 3\text{A}。$$

1.8　叠加定理

利用网孔方程和节点方程, 可以计算出任何电阻网络上的电流、电压参数。但由于计算量大, 因此人们又尝试用一些简便的方法对电路进行求解。叠加定理就是常用的方法。

叠加定理的内容是对于线性电路, 任何一条支路中的电流（电压）都可以看成由电路中的各个电压（流）源单独作用时, 在此支路中所产生的电流（或电压）的代数和。

如图 1-34a 所示电路, 试求解 I_1。

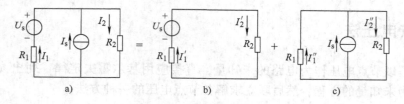

图 1-34　叠加定理

a）原电路　b）U_s 单独作用　c）I_s 单独作用

由图 1-34b, 当 U_s 单独作用时,

$$I_1' = \frac{U_s}{R_1 + R_2}$$

由图 1-34c, 当 I_s 单独作用时,

$$I''_1 = -\frac{R_2}{R_1 + R_2}I_s$$

根据叠加定理，图 1-34a 所示电路的电流 I_1 可看成是由图 1-34b 和图 1-34c 所示两个电路的电流叠加。

$$I_1 = I'_1 + I''_1 = \frac{U_s}{R_1 + R_2} - \frac{R_2}{R_1 + R_2}I_s$$

【例1-6】 在图 1-35 所示的电路中，已知 $U_1 = 14\text{V}$，$U_2 = 2\text{V}$，$R_1 = 5\Omega$，$R_2 = 2\Omega$，$R_3 = 4\Omega$，试用叠加定理计算三个电阻上的电流分别是多少？

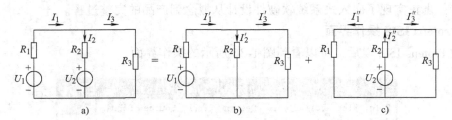

图 1-35　例 1-6 图

a）原电路　b）U_1 单独作用　c）U_2 单独作用

解：为方便分析，将图 1-35a 中的两个电源 U_1、U_2 单独作用时的电路图画出，如图 1-35b 和图 1-35c 所示。

$$I'_1 = \frac{U_1}{R_1 + (R_2 // R_3)} = \frac{14}{5 + (2 // 4)}\text{A} = \frac{42}{19}\text{A}$$

$$I'_2 = \frac{R_3}{R_2 + R_3}I'_1 = \frac{4}{2 + 4} \times \frac{42}{19}\text{A} = \frac{28}{19}\text{A}$$

$$I'_3 = \frac{R_2}{R_2 + R_3}I'_1 = \frac{2}{2 + 4} \times \frac{42}{19}\text{A} = \frac{14}{19}\text{A}$$

$$I''_2 = \frac{U_2}{R_2 + (R_1 // R_3)} = \frac{2}{2 + (5 // 4)}\text{A} = \frac{9}{19}\text{A}$$

$$I''_1 = \frac{R_3}{R_1 + R_3}I''_2 = \frac{4}{5 + 4} \times \frac{9}{19}\text{A} = \frac{4}{19}\text{A}$$

$$I''_3 = \frac{R_1}{R_1 + R_3}I''_2 = \frac{5}{5 + 4} \times \frac{9}{19}\text{A} = \frac{5}{19}\text{A}$$

$$I_1 = I'_1 - I''_1 = \frac{42}{19}\text{A} - \frac{4}{19}\text{A} = 2\text{A}$$

$$I_2 = I'_2 - I''_2 = \frac{28}{19}\text{A} - \frac{9}{19}\text{A} = 1\text{A}$$

$$I_3 = I'_3 + I''_3 = \frac{14}{19}\text{A} + \frac{5}{19}\text{A} = 1\text{A}$$

应用叠加定理时应注意以下几点：

1）定理只适于线性电路的电压和电流，不适于直接计算功率。

2）某一独立源单独作用时，其余独立源不起作用，是指将其余的电压源作短路、电流源作开路代替，电路其他部分不变。

3）叠加求解电压和电流时注意分电路与总电路对应电压和电流的参考方向，再求其代数和。

技能训练 1　Proteus 电子仿真软件的使用

Proteus 软件是英国 Lab Center Electronics 公司的 EDA（Electronic Design Automatic，电子设计自动化）工具软件，从原理图布图、代码调试到单片机与外围电路协同仿真，以及 PCB 设计，真正实现了嵌入式系统软硬件设计从概念到产品的完整过程。

1. Proteus ISIS 操作界面

启动 Proteus ISIS 以后，可以看到图 1-36 所示的操作界面。

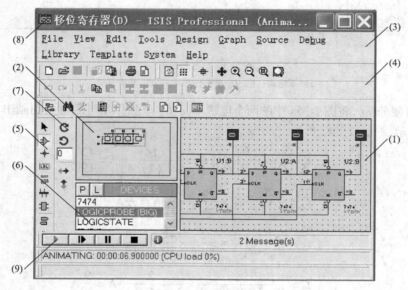

图 1-36　ISIS 编辑环境

Proteus ISIS 的操作界面可分为以下几个部分。

（1）编辑窗口

编辑窗口用于原理图绘制、元器件旋转、连线等操作。

（2）预览窗口

预览窗口用于显示将要放置的对象或正在编辑的图样及内容，并可通过此窗口快捷地预览在编辑窗口中进行的操作效果。

（3）菜单栏

ISIS 的主要操作都通过此菜单实现。菜单栏包括 File（文件）、View（视图）、Edit（编辑）、Tools（工具）、Design（设计）、Graph（图形）、Source（源）、Debug（调试）、Library（库）、Template（模板）、System（系统）和 Help（帮助）共 12 个菜单。

（4）工具栏

工具栏提供菜单命令的快捷键，以图标形式给出，对应 File、View、Edit、Library、Design、Tools 六个菜单中的部分命令（一个图标代表一个命令）。

（5）对象栏

对象栏用于选择进行原理图绘制、仿真所需的元器件、仪器等，每一个图标对应一类对象。表1-2列出了几个常用的图标。

表1-2 常用的对象图标

序　号	图　标	模　式	功　能	
1		选择模式	选择图样中的对象	
2		器件模式	放置器件	
3		节点模式	放置节点	
4		线标签模式	标注线段（相同标注的线段视为连接）	
5		文本编辑模式	输入文本	
6			POWER	放置电源输入
7		终端模式	GROUND	放置接地端
8			Input	输入端
9			Output	输出端
10		信号发生器模式	信号发生器（任何一个选项都可通过单击鼠标右键选择不同的信号输出，数字电路中最常用的是 CLOCK）	
11		电压探针模式	测量并记录探针处的电压	
12		电流探针模式	测量并记录探针处的电流	
13			OSCILLOSCOPE	示波器
14		虚拟仪器模式	LOGICANALYSER	逻辑分析仪
15			DC VOLTMETER	直流电压表
16			DC AMMETER	直流电流表
17	A	文本模式	输入文本（单行）	
18		线模式	画线	
19		矩形模式	画矩形	
20		圆模式	画圆	
21		弧模式	画弧	
22		闭合路径模式	画闭合线（可画出矩形、圆以外的形状）	

（6）对象选择窗口

根据对象栏中选中的对象类别列出所对应的具体对象名。

（7）对象操作工具栏

可通过此工具栏对在对象栏中选择的对象进行旋转和镜像操作。

（8）标题栏

标题栏主要显示正在编辑的原理图文件名、鼠标的当前坐标、仿真运行状态等。

（9）仿真工具栏

仿真工具栏用于启动和停止仿真操作。

2. Proteus ISIS 元器件库

为查找方便，Proteus ISIS 采取了按类存放的方法，具体结构为：类→子类（或厂家）→元器件。表 1-3 列出了元器件库分类和部分常用子类。

表 1-3　元器件库分类

序　号	类	类　含　义	子　类	子类含义
1	Analog ICs	模拟集成器件	Regulators	三端稳压器
2			Timers	555 定时器
3	Capacitors	电容	Generic	普通电容
4			Animated	显示充放电电容
5			Adders	加法器
6			Buffers&Drivers	缓冲器和驱动器
7			Comparators	比较器
8			Counters	计数器
9	CMOS 4000 series	CMOS 4000 系列	Decoders	译码器
10			Encoders	编码器
11			Flip − Flop&Latches	触发器和锁存器
12			Frequency Dividers&Timers	分频器和定时器
13			Gates&Inverters	门电路和反相器
14			Multiplexers	数据选择器
15			Multivibrators	多谐振荡器
16	Connectors	接头		
17	Data Converters	数据转换器		
18	Debugging Tools	调试工具	Logic Probes	逻辑电平探针
19			Logic Stimuli	逻辑状态输入
20	Diodes	二极管	Generic	普通二极管
21	ECL10000 series	ECL10000 系列		
22	Electromechanical	电机		
23	Inductors	电感	Generic	普通电感
24	Laplace Primitives	拉普拉斯模型		
25	Memory ICs	存储器		
26	Microprocessor ICs	微处理器		
27	Miscellaneous	混杂器件		
28	Modelling Primitives	建模源		
29	Operational Amplifiers	运算放大器		
30			7 − Segment Displays	7 段数码显示器
31	Optoelectronics	光电器件	Bargraph Displays	条形显示器
32			Lamp	电灯
33			LEDs	发光二极管
34	PLDs and FPGAs	可编程器件		

序　号	类	类 含 义	子　类	子类含义
35	Resistors	电阻	Generic	普通电阻
36	Simulator Primitives	仿真源	Flip – Flops	触发器
37			Gates	门电路
38	Speakers and Sounders	扬声器和蜂鸣器		
39	Switches and Relays	开关和继电器	Switches	开关
40	Switching Devices	开关器件		
41	Thermionic Valves	热离子真空管		
42	Transducers	传感器		
43	Transistors	晶体管	Generic	普通晶体管
44	TTL74 series	标准 TTL 系列		
45	TTL74 ALS series	先进低功耗肖特基 TTL 系列		
46	TTL74 AS series	先进肖特基 TTL 系列		
47	TTL74 F series	快速 TTL 系列	参考 CMOS 4000 系列	
48	TTL74 HC series	高速 CMOS 系列		
49	TTL74 HCT series	兼容 TTL 的高速 CMOS 系列		
50	TTL74 LS series	低功耗肖特基 TTL 系列		
51	TTL74 S series	肖特基 TTL 系列		

3. Proteus ISIS 的常用操作

（1）元器件的拾取

拾取窗口（图 1-37）可通过以下几种方式进入：

1）通过单击对象栏的拾取对象图标，再单击对象选择窗口中的"P"按钮。

2）选择"Library"菜单中的"Pick"选项进入。

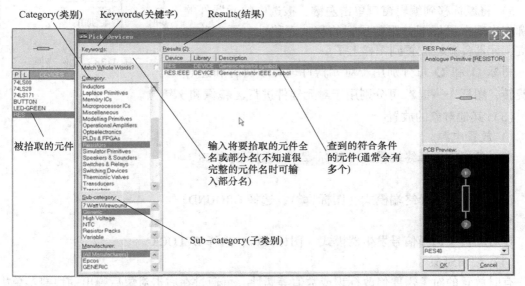

图 1-37　拾取窗口

3）用鼠标右键单击编辑窗口，在弹出的快捷菜单中选择 "Place" → "Component" → "From Libraries" 进入。

元器件的查找可通过三种方式进行，下面以电阻的查找为例说明元器件的查找方法。

（a）通过索引系统查找元器件

当用户不确定元器件的名字或描述时，可采用这个方法。首先清除 "Keywords" 文本框中的内容，然后选择 "Category" 窗口中的 "Resistors" 分类，再选择 "Sub–category" 窗口中的 "Generic"，然后在 "Results" 窗口找出需要的电阻（图1-36）。（如不操作 "Sub–category" 目录也可以，但那样 "Results" 窗口中的内容就会太多，查找不方便。）

（b）精确查找元器件

如果读者对元器件库非常熟悉，知道常用电阻类型就是 "Generic"，可直接在 "Key-words" 文本框中输入 "Generic"，然后在 "Results" 窗口找出需要的电阻。

（c）模糊查找元器件

在 "Keywords" 文本框中输入元器件类型或名称的部分，如输入 "resi"，此时 "Cate-gory"（类）"Sub–category"（子类）和 "Results"（查询结果）窗口中将显示相关类型元器件的信息，这时可根据读者对元器件名称的熟悉程度通过对这些窗口的操作进一步缩小查找范围，最终在 "Results" 窗口中找出需要的元器件。

双击查找到的元器件就可把它拾取到对象选择窗口。

（2）元器件的放置

放置元器件前一般应先把原理图所用元器件全部拾取到对象选择窗口，如图1-38所示。

1）在对象栏中选择放置元器件模式（图标 ⟶，一般情况下，拾取元器件后只要没有进行其他操作就在此模式）。

2）单击对象选择窗口中的元器件，这时预览窗口显示选中的元器件（74LS00）。

3）将鼠标移到编辑窗口单击左键，被选中的元器件的轮廓将出现在鼠标下并跟随鼠标的移动而移动，再次单击左键，元器件就被放置到图样上了。

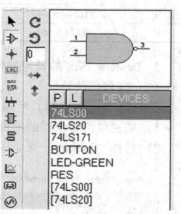

图1-38 元件选择

图标 C 和 D 可分别用于对元器件进行顺时针和逆时针旋转，图标 ↔ 和 ↕ 可分别用于对元器件进行 X 镜像和 Y 镜像。

（3）其他对象的放置

1）放置电源。

在对象栏中选择终端模式（图标 ☰），选择 POWER。

2）放置接地。

在对象栏中选择终端模式（图标 ☰），选择 GROUND。

3）放置信号源。

在对象栏中选择信号发生器模式（图标 ⊘），选择 DCLOCK。

（4）编辑对象

有时放置的对象需要修改标识或数值等属性，可通过在右击对象后弹出的快捷菜单中选择 "Edit Properties" 来实现。

窗口可方便地修改电阻的属性，并决定这些属性是否要在图中显示。除电阻的标注（R1）、阻值（300）两个属性需要根据电路原理、电路绘制需要进行必要的修改外，电阻的类型、封装（PCB 设计时用）等其他属性一般不需要修改。

（5）连线

放置好元器件以后，就可以开始连线了，连线时可通过"Tools"工具栏的"Wire Auto Router"选择是否采用自动连线。

连线时总是先把鼠标移动到线段（待画的）的一个端点（鼠标移到端点时会显示一个小框），鼠标左键单击该端点，然后将鼠标移动到线段的另一个端点（显示一个小框），松开鼠标，再次单击鼠标左键，一次连线就完成了。

（6）电路的仿真调试

电路的仿真运行既可以通过菜单栏实现，也可以通过仿真工具栏进行，因仿真工具栏位于屏幕左下方，操作方便，所以比较常用。

图标 ▶ 用于启动仿真，图标 ■ 用于停止仿真。

（7）用信号发生器仿真调试

对象栏中的图标 ⊗ 就是 Proteus ISIS 软件的信号发生器，包含多种信号，其中 DCLOCK 是一个方波信号，可通过属性编辑修改其频率。

（8）用虚拟示波器仿真调试

1）从对象栏中选择图标 ▱。

2）在对象选择窗口中选择 OSCILLOSCOPE（示波器）。

3）把示波器放置到图样上合适的位置。

4）在示波器的 A、B、C、D 输入端连接需要测试的输入输出信号。

启动仿真运行后，屏幕将自动跳出图 1-39 所示虚拟示波器运行界面，波形显示区将跟踪 4 个通道输入的波形。

虚拟示波器的操作区可分为通道设置区（图 1-40）、触发区和水平区三个部分，可根据实际观测需要进行相应调整。

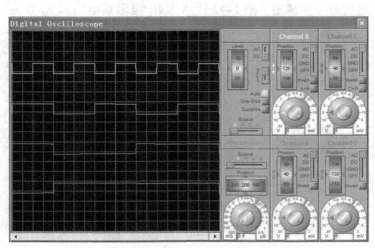

图 1-39 虚拟示波器运行界面

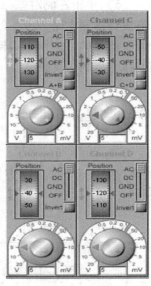

图 1-40 通道设置区

技能训练 2 直流电路的分析与测试

1. 任务要求

1）学习 Proteus ISIS 建立、仿真与分析直流电路的方法。

2）验证基尔霍夫定律的正确性，加深对基尔霍夫电压、电流定律的理解。

3）深入理解电流、电压参考方向与实际方向的关联一致性。

4）学会使用万用表测量电路的电压和电流。

2. 任务实施

1）打开 Proteus ISIS 程序，单击工具栏中的新建设计图标新建文件。

2）单击左侧对象栏中的图标 ⏵ 后，再单击 P 按钮，打开拾取窗口。按表 1-4 所示元器件清单，采用直接查询法，把所有元器件拾取到编辑窗口的元器件列表。

表 1-4 元器件清单

元 器 件 名	含 义	所 在 库	参 数
VSOURCE	直流电压源	ASIMMDLS	—
RES	电阻器	DECICE	1kΩ, 510Ω, 330Ω

3）把元器件从对象选择窗口中放置到编辑窗口。

4）调整元器件在编辑窗口中的位置，右击各元器件图标，在弹出的快捷菜单中选择"Edit Properties"修改各元器件参数，再将电路连接为图 1-41 所示的原理图。

5）单击左侧对象栏中的图标 📷 ，选取虚拟仪表直流电压计"DC VOLTMETER" ⊖ ，拖放到被测负载旁边，以参考方向并接于负载两端；默认显示单位为伏特，可通过右击并在弹出的快捷菜单中选择"编辑属性"进行进一步调整。

6）单击左侧对象栏中的图标 📷 ，选取虚拟仪表直流电流计"DC AMMETER" ⊖ ，拖放到待测支路旁边，以参考方向串接于电路；默认显示单位为安培，可通过右击并在弹出的快捷菜单中选择"编辑属性"进行进一步调整。图 1-42 所示为 R_1 电阻端电压和 R_3 所在支路电流的仿真测试。

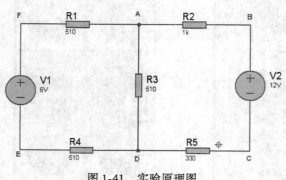

图 1-41 实验原理图

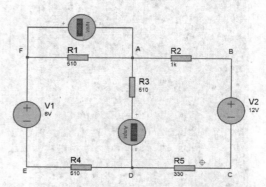

图 1-42 端电压、支路电流的仿真测试

7）单击仿真按钮，看到虚拟仪表的数值显示。当显示不正确时可调整仪表显示量程重复测试。

8）仿真、记录各被测量并填入表1-5相应栏目。

表1-5 电流、电压数值记录

被测量	I_{FA}/mA	I_{BA}/mA	I_{AD}/mA	U_1/V	U_2/V	U_{FA}/V	U_{AB}/V	U_{AD}/V	U_{CD}/V	U_{DE}/V
计算值										
仿真值										

3. 实验数据分析

1）误差分析

2）数据规律

4. 任务小结

本仿真任务使学生学习了 Proteus ISIS 建立、仿真与分析直流电路的方法，并使用虚拟仪表仿真的方法验证了基尔霍夫定律的正确性，使学生加深了对基尔霍夫定律的理解，进一步理解电流、电压参考方向与实际方向关联一致性的问题。

任务实现 电位器调光电路的搭建与调试

根据给定的元器件，按图1-1所示的原理图搭建电路，并测量相关量。

1. 主要设备及元器件

数字万用表、可调直流稳压电源、简易电位器调光电路元器件1套、电烙铁、焊丝、镊子等。

2. 实施指导

1）按照电路原理图在焊接板上对元器件布局并正确连线。

2）安装与焊接。

① 按工艺要求对元器件引脚成形加工。

② 按布局图在实验电路板上排布插装，电位器、发光二极管、按钮开关采用立式安装，安装按钮开关时尽量将其贴紧电路板。

③ 按工艺要求对元器件焊接。

3）电路检查无误后，接通电源，按下按钮开关，调节电位器阻值大小，观察发光二极管发光的明暗变化。

3. 检测评价

调节电位器使发光二极管发光，用万用表分别测量发光二极管、限流电阻器、电位器及电源两端的电压，并记录于表1-6和表1-7中。

表 1-6 测量表 1

代　号	名　称	规格/型号	检　测	
LED	发光二极管	φ5mm	正向电阻	
			反向电阻	
R	色环电阻	100Ω	实测值	
RP	电位器	20kΩ	实测值	
V_{cc}	电源	3V	实测值	

表 1-7 测量表 2

	测 量 项 目	万用表档位或量程	读数	测量值
电压	发光二极管两端电压 U_{LED}			
	限流电阻两端电压 U_R			
	电位器两端电压 U_{RP}			
	电源端电压 U			
电流	发光二极管正常发光时电路中的电流			
	电位器阻值为最小时电路中的电流			
	电位器阻值为最大时电路中的电流			

4. 思考

1）如何正确判断 LED 的正负极性？

2）简述电位器中间抽头的接法及意义。

3）LED 不能发亮的原因有哪些？

习 题 一

一、填空题

1. 电路的功能主要是_____、_____。

2. 电阻串联起_____作用；电阻并联起_____作用。

3. 电压和电流的方向一致，称为_____。

4. 关联参考方向下，元件上的功率 $P<0$，说明该元件_____功率；非关联参考方向下，元件上的功率 $P>0$，说明该元件_____功率。

5. 实际电压源可用一个_____和电阻_____的模型来表示，实际电流源可用一个_____和电阻_____的模型来表示。

6. KCL 定律指出，对于集总参数电路中的任一节点，任一时刻流过该节点全部支路_____的代数和等于_____。

7. KVL 定律指出，对于集总参数电路中的任一时刻，沿任一回路，全部支路_____的代数和等于_____。

8. 电路中任意两点间电压的大小与绕行路径_____。

9. 支路电流法中，应用 KCL 定律可列出_____个独立的节点电流方程，应用 KVL 定律可列出_____个独立的支路电压方程。

10. 对电路进行叠加计算时，要分别对理想电压源_____处理和对理想电流源_____处理。

11. 叠加定理适用于计算线性电路的_____和_____，不能用于计算_____。

二、选择题

1. 常用理想电路元件中，耗能元件是（　　）。

A. 开关　　　　　B. 电阻　　　　　C. 电容　　　　　D. 电感

2. 电感在直流稳态电路中相当于（　　）。

A. 短路　　　　　B. 开路　　　　　C. 负载　　　　　D. 以上都不是

3. 常用理想电路元件中，储存电场能量的元件是（　　）。

A. 开关　　　　　B. 电阻　　　　　C. 电容　　　　　D. 电感

4. 戴维南定理可把有源线性网络等效为（　　）和（　　）内阻连接起来。

A. 短路电流I_s　　　B. 开路电压U_{oc}　　　C. 串联　　　　　D. 并联

三、分析计算题

1. 在图1-43中，已知$I_1 = 2mA$，$I_2 = -1mA$。试确定电路元件3中的电流I_3和其两端电压U_3，并说明它是电源还是负载。

2. 如图1-44所示电路中，若已知元件A吸收功率为20W，求元件B和元件C吸收的功率。

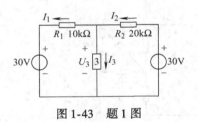

图1-43　题1图

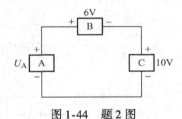

图1-44　题2图

3. 如图1-45所示电路，$E_1 = 40V$，$E_2 = 5V$，$R_1 = R_2 = 10\Omega$，$R_3 = 5\Omega$，$I_1 = 3A$，$I_2 = -0.5A$，$I_3 = 2A$。取d点为参考点，求各点的电位及电压U_{ab}和U_{bc}。

4. 有一个标示为220V、1000W的取暖器，如果把它接在200V的电源上，使用多少时间，它消耗1度电能？

5. 如图1-46所示电路中，已知a、b、c点的电位为$V_a = 10V$，$V_b = 20V$，$V_c = 15V$，其中d点为参考点，求电阻R_1和R_2上的电压。

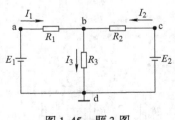

图1-45　题3图

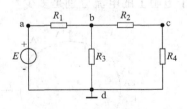

图1-46　题5图

6. 如图1-47所示电路中，$R_1 = 100\Omega$，R_2是一个阻值为300Ω的电位器，当输入电压U_1为12V时，试计算输出电压U_2的变化范围。

7. 如图 1-48 所示电路中，电压源电压 $U = 12\text{V}$，$R_1 = 100\Omega$，$R_2 = 300\Omega$，问：

（1）此时流过 R_1 的电流 $I_1 = ?$

（2）若想使电路的总电流 $I = 0.2\text{A}$，则 R_2 应如何改变？

（3）求电路的等效电阻 R。

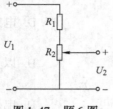

图 1-47　题 6 图

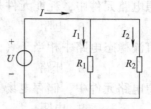

图 1-48　题 7 图

8. 求图 1-49 所示电路的等效电阻 R_{ab}（图中电阻阻值单位为 Ω）。

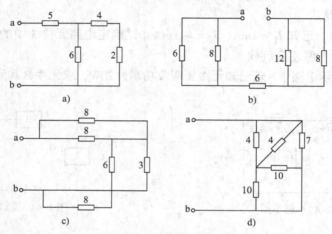

图 1-49　题 8 图

9. 已知电容 $C_1 = 4\mu\text{F}$，耐压值 $U_{M1} = 150\text{V}$，电容 $C_2 = 12\mu\text{F}$，耐压值 $U_{M2} = 360\text{V}$，问：

（1）将两个电容器并联使用，等效电容多大？最大工作电压是多少？

（2）将两个电容器串联使用，等效电容多大？最大工作电压是多少？

10. 求图 1-50 所示电路的电流 I。

11. 求图 1-51 所示电路中，已知 $U_1 = 2\text{V}$，$U_2 = 14\text{V}$，$R_1 = 5\Omega$，$R_2 = 4\Omega$，$R_3 = 2\Omega$，试计算三个电阻上的电流分别是多少？

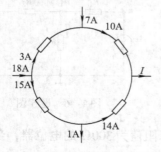

图 1-50　题 10 图

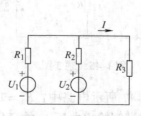

图 1-51　题 11 图

12. 试用叠加定理计算图 1-52 所示电路的 U。

13. 求图 1-53 所示电路中的电流 I。该 2Ω 电阻换为多大电阻时获得最大功率?

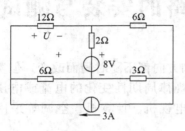

图 1-52　题 12 图

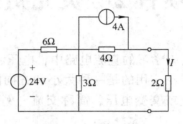

图 1-53　题 13 图

14. 如图 1-54 所示的电路，试求：

（1）R_L 为何值时获得最大功率?

（2）R_L 获得的最大功率；

（3）电压源的功率传输效率 η。

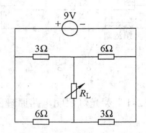

图 1-54　题 14 图

项目 2　荧光灯照明电路的安装与测试

　　项目 1 学习的直流电路中，电压和电流的大小和方向都不随时间而改变。但实际生产生活中广泛应用的是一种大小和方向随时间按一定规律周期性变化的电流或电压，称为交变电流或交变电压，简称交流。例如，照明灯、电视机、计算机、空调等采用的都是交流电。

　　项目 2 要求安装与测试如图 2-1 所示的荧光灯照明电路，学习交流电的基本知识，使学生进一步掌握相关技能。

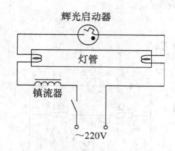

图 2-1　荧光灯照明电路原理图

知识目标

1. 理解荧光灯电路的组成及各部分功能。
2. 掌握荧光灯电路的原理、结构和安装方法。
3. 掌握正弦交流电的三要素、相位差和有效值的概念。
4. 掌握正弦量的相量表示及含义。
5. 掌握相量形式的基尔霍夫定律。
6. 正确理解交流电路中的瞬时功率、有功功率、无功功率和视在功率的内涵及三者之间的关系，理解功率因数的含义。

技能目标

1. 能熟练使用示波器。
2. 能进行等效复阻抗的计算。
3. 能分析电路中支路间电压、电流的相位关系。
4. 能运用基尔霍夫定律对正弦交流电路进行分析。
5. 能安装与测试荧光灯照明电路。
6. 能正确计算并测量正弦交流电路的功率。
7. 通过实用电路安装，提高学生的实践操作技能。

知识导图

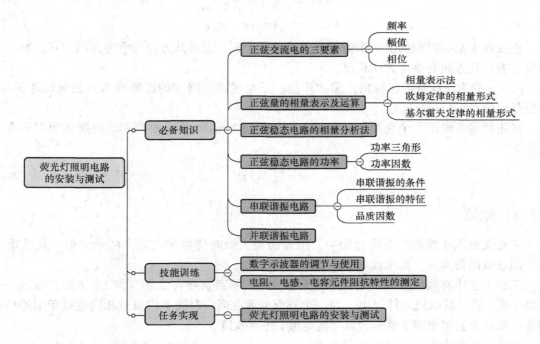

2.1 正弦交流电的三要素

如果电路中电流或电压随时间按正弦规律变化，则称其为正弦交流电路。一般所说的交流电均指正弦交流电。交流电的三要素：幅值、频率和初相。图 2-2 所示为正弦交流电流波形图，表示了电流的大小和方向随时间作周期性变化的情况。

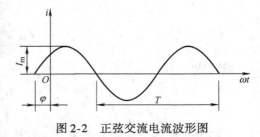

图 2-2　正弦交流电流波形图

2.1.1　频率

单位时间内交流电变化所完成的循环数称为频率，用 f 表示，据此定义，频率与周期互为倒数，即

$$f = \frac{1}{T} \tag{2-1}$$

频率的单位为 1/s，又称为赫兹（Hz）。工程实际常用的单位还有 kHz、MHz 及 GHz 等，它们的换算关系为

$$1\,\text{kHz} = 10^3\,\text{Hz}；1\,\text{MHz} = 10^6\,\text{Hz}；1\,\text{GHz} = 10^9\,\text{Hz}$$

相应的周期单位为 ms（毫秒）、μs（微秒）、ns（纳秒）。

当 $f = 50\,\text{Hz}$ 时，称为工频，是我国和大多数国家采用的电力标准频率，少数国家（如美国、日本）的工频为 60Hz。

按正弦规律变化的电流和电压通称为正弦量。对应于图 2-2，正弦量的一般解析式为

$$i(t) = I_m \sin(\omega t + \varphi_i) \tag{2-2}$$

$$u(t) = U_m \sin(\omega t + \varphi_u) \tag{2-3}$$

正弦量在某一时刻的值叫作瞬时值。瞬时值为正，表示其方向与参考方向相同；瞬时值为负，表示其方向与参考方向相反。

$\omega t + \varphi$ 称为正弦量的相位角，简称相位。正弦量相位增加的速率称为正弦量的角频率，单位是弧度/秒（rad/s）。

当正弦量每经历一个周期 T 的时间，相位增加 2π rad，所以角频率、周期和频率三者的关系为

$$\omega = \frac{2\pi}{T} = 2\pi f \tag{2-4}$$

2.1.2 幅值

正弦交流电在周期性变化过程中，出现的最大瞬时值称为交流电的最大值。从波形上看，即波幅的最高点，如电流幅值 I_m 和电压幅值 U_m。

工程上多用有效值来表示交流电的大小，用大写英文字母表示，如 U、I 等。如果一个交流电流 i 通过某电阻元件 R 时，与一个直流电流在同一时间 T 内流过相同电阻产生的热量相等，则这个直流电流 I 就称为该交流电流 i 的有效值。

交流电量最大值与有效值的关系为

$$U = \frac{U_m}{\sqrt{2}} \approx 0.707 \, U_m \tag{2-5}$$

$$I = \frac{I_m}{\sqrt{2}} \approx 0.707 \, I_m \tag{2-6}$$

或写成

$$U_m = \sqrt{2} \, U \tag{2-7}$$

$$I_m = \sqrt{2} \, I \tag{2-8}$$

一般电气设备上标明的电流、电压值均指有效值，例如"220V，40W"白炽灯指它的额定电压有效值为 220V。

2.1.3 相位

当 $t = 0$ 时的相位称为正弦量的初相位，简称初相，用 φ 表示。习惯上，初相角用小于 180°的角表示。

I_m 或 U_m 反映了正弦量变化的幅度，ω 反映了正弦量变化的快慢，φ 反映了正弦量在 $t = 0$ 时的状态。如果已知交流电的这三个要素，也就确定了电流或电压解析式。

【例 2-1】 某一正弦交流电的最大值为 310V，$t = 0$ 时的瞬时值为 269V，频率为 50Hz，写出其解析式。

解：设该正弦电流的解析式为 $u(t) = U_m \sin(\omega t + \varphi_u)$

由式（2-4）知，$\omega = 2\pi f = 314 \text{rad/s}$，又已知 $t = 0$，$u(0) = 269 \text{V}$，$U_m = 310 \text{V}$，即 269 =

$310\sin\varphi$，$\varphi = 60°$或$\varphi = 120°$，得到解析式

$$u = 310\sin(314t + 60°)\,\text{V} \quad \text{或} \quad u = 310\sin(314t + 120°)\,\text{V}$$

两个同频正弦量

$$u(t) = U_m\sin(\omega t + \varphi_u) \tag{2-9}$$

$$i(t) = I_m\sin(\omega t + \varphi_i) \tag{2-10}$$

相位差 $\varphi = (\omega t + \varphi_u) - (\omega t + \varphi_i) = \varphi_u - \varphi_i$，即它们的初相位之差。

当 $\varphi = 0$ 时，称两个正弦量同相；当 $\varphi = 180°$时，称两个正弦量反相；当 $\varphi_{ui} = (\varphi_u - \varphi_i) > 0$ 时，称 u 比 i 超前，反之称 u 比 i 滞后。

如图 2-3 所示，i_1 与 i_2 同相，i_2 与 i_3 反相；图 2-4 中，$i(t)$ 超前 $u(t)$。

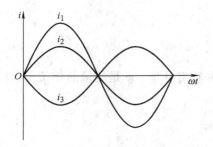

图 2-3 电流的同相与反相

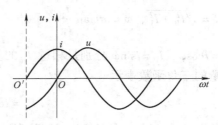

图 2-4 初相位不同的 $i(t)$ 和 $u(t)$

【例 2-2】 已知两个正弦交流电 $i_1 = 15\sin(314t + 60°)\,\text{A}$，$i_2 = 10\sin(314t - 45°)\,\text{A}$，求两者的相位差，并指出两者的关系。

解：相位差 $\varphi_{12} = \varphi_1 - \varphi_2 = 60° - (-45°) = 105°$

由于 $0° < \varphi_{12} < 180°$ 且 $\varphi_1 > \varphi_2$，因此 i_1 比 i_2 超前 $105°$。

2.2 正弦量的相量表示及运算

直接用正弦量的三角函数式或波形分析计算正弦交流电路，计算量大且烦琐。在线性交流电路中，所有的电流和电压与电路所施加的激励是同频率正弦量，因此可用一种简便的表示方法来分析交流电路，常用的方法为相量表示法。

2.2.1 相量表示法

设有正弦量 $i = I_m\sin(\omega t + \varphi)$，在平面直角坐标上作图 2-5 所示的矢量式 $\dot{I}_m$，其长度等于 $i(t)$ 的最大值 I_m，辐角等于 i 的初相 φ，因为角速度是固定的常量，不必再标明。这种仅反映正弦量的最大值和初相的"静止"矢量称为相量，表示为

$$\dot{I}_m = I_m \angle \varphi \tag{2-11}$$

I_m 称为相量的模，表示正弦量的幅值，$\angle \varphi$ 称为相量的辐角，表示正弦量的初相位，逆时针方向为正，顺时针方向为负。相量表示法就是用模值等于正弦量的最大值（有效值）、辐角等于正弦量的初相的一种表示方法。

相量的模等于正弦量的最大值时，叫作最大值相量，用 $\dot{I}_m$、$\dot{U}_m$ 等表示；相量的模等于正弦量的有效值时，叫作有效值相量，用 $\dot{I}$、$\dot{U}$ 等表示。

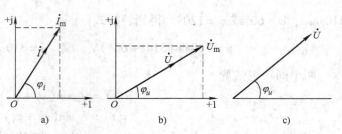

图 2-5　正弦量的相量表示
a）电流相量　b）电压相量　c）简化电压相量

由图 2-5 可知，按照矢量的分解，可将相量 $\dot{I}_m$ 分解为基准分量和垂直分量，将相量代数表示为

$$\dot{I}_m = I_R + j\,I_j$$

而 $I = \sqrt{I_R^2 + I_j^2}$，$\varphi = \arctan\dfrac{I_j}{I_R}$

$I_R = I\cos\varphi$，$I_j = I\sin\varphi$ 分别是相量 $\dot{I}_m$ 的基准分量和垂直分量，φ 是相量的相位角。因此，得出相量的三角函数表示

$$I_m = I\cos\varphi + jI\sin\varphi$$

正弦交流电流 i_1、i_2 和电压 u 的瞬时值表达式分别为

$$i_1 = I_{1m}\sin(\omega t + \varphi_1) = \sqrt{2}\,I_1\sin(\omega t + \varphi_1)$$
$$i_2 = I_{2m}\sin(\omega t + \varphi_2) = \sqrt{2}\,I_2\sin(\omega t + \varphi_2)$$
$$u_m = U\sin(\omega t + \varphi_u) = \sqrt{2}\,U\sin(\omega t + \varphi_u)$$

习惯上多用正弦量的有效值相量的极坐标形式，即

$$\dot{I}_1 = I_1 \angle \varphi_1 \tag{2-12}$$
$$\dot{I}_2 = I_2 \angle \varphi_2 \tag{2-13}$$
$$\dot{U} = U \angle \varphi_u \tag{2-14}$$

【例 2-3】　已知 $A_1 = 10 + j5$，$A_2 = 3 + j4$。求 $A_1 \cdot A_2$ 和 $\dfrac{A_1}{A_2}$。

解： $A_1 \cdot A_2 = (10 + j5)(3 + j4)$
$$= (10\times3 - 5\times4) + j(10\times4 + 5\times3)$$
$$= 10 + j55$$

$$\frac{A_1}{A_2} = \frac{10 + j5}{3 + j4} = \frac{(10 + j5)(3 - j4)}{(3 + j4)(3 - j4)}$$
$$= \frac{50 - j25}{3^2 + 4^2} = 2 - j$$

【例 2-4】　已知图 2-6a 所示的电路中，$i_1 = 8\sqrt{2}\sin(\omega t + 60°)\,\text{A}$，$i_2 = 6\sqrt{2}\sin(\omega t - 30°)\,\text{A}$，求总电流。

解： 由 KCL 定律知，总电流 $i = i_1 + i_2$，可用以下三种方法求总电流。

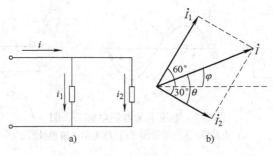

图 2-6　例 2-4 图

a) 电路　b) 相量图

（1）用三角函数式

$$i = i_1 + i_2 = 8\sqrt{2}\sin(\omega t + 60°)\,\mathrm{A} + 6\sqrt{2}\sin(\omega t - 30°)\,\mathrm{A}$$
$$= (4 + 3\sqrt{3})\sqrt{2}\sin\omega t\,\mathrm{A} + (4\sqrt{3} - 3)\sqrt{2}\cos\omega t\,\mathrm{A}$$

求得 $i = 10\sqrt{2}\sin(\omega t + 23.1°)\,\mathrm{A}$

（2）相量式求和

写出各自的相量形式 $\dot{I}_1 = 8\angle 60°\,\mathrm{A}$，$\dot{I}_2 = 6\angle -30°\,\mathrm{A}$

$$\dot{I} = \dot{I}_1 + \dot{I}_2 = 8\angle 60°\,\mathrm{A} + 6\angle -30°\,\mathrm{A}$$
$$= (4 + \mathrm{j}4\sqrt{3})\,\mathrm{A} + (3\sqrt{3} - \mathrm{j}3)\,\mathrm{A} = [(4 + 3\sqrt{3}) + \mathrm{j}(4\sqrt{3} - 3)]\,\mathrm{A} = 10\angle 23.1°\,\mathrm{A}$$

（3）用相量图求几何解

画出 i_1、i_2 的相量 $\dot{I}_1$ 和 $\dot{I}_2$，如图 2-6b 所示，按照矢量运算法则写出总电流的瞬时表达式

$$i = 10\sqrt{2}\sin(\omega t + 23.1°)\,\mathrm{A}$$

2.2.2　欧姆定律及基尔霍夫定律的相量形式

最简单的交流电路是由电阻、电容或电感中任一个元件组成的交流电路，称之为单一参数的交流电路。下面对此三种电路进行讨论。

1. 纯电阻电路

当电路中的电阻参数的作用最为突出，其他参数的影响可以忽略不计时，称此电路为纯电阻电路。如日常生活中的白炽灯、电阻炉、电饭锅、热水器等在交流电路中都可看成纯电阻元件。

当线性电阻 R 两端加上正弦电压 $u = U_\mathrm{m}\sin(\omega t + \varphi_u)$ 时，电阻中便有正弦电流 $i = I_\mathrm{m}\sin(\omega t + \varphi_i)$ 通过。电阻元件的电压和电流的参考方向一致时，两者的相量关系式为

$$\dot{U} = R\dot{I} \quad \text{或} \quad \dot{I} = \frac{\dot{U}}{R}$$

电阻上电压电流关系的相量图和波形图如图 2-7 所示，可见两者同频同相。

交流电通过电阻时，电阻所吸收的功率是随时间变化的。电阻在任一瞬间所吸收的功率

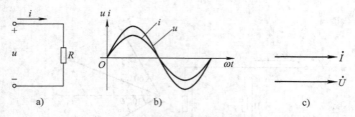

图 2-7　电阻上的电压电流关系图

a) 电路图　b) 波形图　c) 纯电阻电路相量图

称为瞬时功率，表示为 p，即

$$p = ui = U_{\mathrm{m}}\sin(\omega t + \varphi)I_{\mathrm{m}}\sin(\omega t + \varphi) = UI - UI\cos(2\omega t + 2\varphi) \qquad (2\text{-}15)$$

由此可见，电阻元件上的瞬时功率总是大于或等于零，说明电阻元件吸收电能，是电路中的耗能元件。

瞬时功率在它的一个周期内的均值称为平均功率或有功功率，用来衡量电路实际消耗的功率，用大写字母 P 表示，即

$$P = \frac{1}{T}\int_0^T p(t)\,\mathrm{d}t = \frac{1}{T}\int_0^T \left[\, UI - UI\cos(2\omega t + 2\varphi)\,\right]\mathrm{d}t = UI$$

式中，U、I 均指正弦量的有效值。

【例 2-5】　一个标称值为 "220V，40W" 的灯泡，其电压为 $u = 220\sqrt{2}\sin(100\pi t + 30°)\,\mathrm{V}$，试求它的电流有效值，并计算它使用一天的耗电量。

解：电流的有效值 $I = \dfrac{P}{U} = \dfrac{40\mathrm{W}}{220\mathrm{V}} \approx 0.18\mathrm{A}$

一天耗电能 $W = 40\mathrm{W} \times 24\mathrm{h} = 960\mathrm{W} \cdot \mathrm{h} = 0.96\mathrm{kW} \cdot \mathrm{h}$

2. 纯电容电路

如图 2-8a 所示，设电容元件的端电压为 $u = U_{\mathrm{m}}\sin(\omega t + \varphi_u)$，则电路中的电流

$$i = C\frac{\mathrm{d}u}{\mathrm{d}t} = C\frac{\mathrm{d}\,U_{\mathrm{m}}\sin(\omega t + \varphi_u)}{\mathrm{d}t} = \omega C U_{\mathrm{m}}\cos(\omega t + \varphi_u) = I_{\mathrm{m}}\sin(\omega t + \varphi_u + 90°)$$

相量式 $\dot{I} = \omega C\,\dot{U}\,\angle 90° = \mathrm{j}\omega C\,\dot{U} = \dfrac{\dot{U}}{\dfrac{1}{\mathrm{j}\omega C}} = \dfrac{\dot{U}}{-\mathrm{j}\dfrac{1}{\omega C}}$

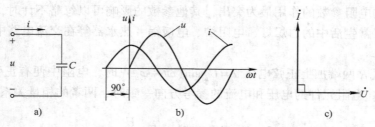

图 2-8　电容上的电压电流关系图

a) 电路图　b) 波形图　c) 纯电容电路相量图

可以看出，纯电容电路中，电压和电流为同频正弦量，电压在相位上滞后电流90°，其波形如图2-8b所示。

$$\frac{U_m}{I_m} = \frac{U}{I} = \frac{1}{\omega C} = X_C \qquad (2-16)$$

电容上电压、电流幅值或有效值之比为X_C，称为容抗，单位为欧姆，有阻碍电流通过的性质。X_C与ω成反比，高频时容抗小，低频时容抗大。当频率为0时（直流），电容相当于开路，这就是电容隔直通交的作用。

设初相位$\varphi_i = 0$，纯电容电路的瞬时功率为

$$p = ui = U_m I_m \sin(\omega t + 90°)\sin\omega t = U_m I_m \cos\omega t \sin\omega t = UI\sin2\omega t$$

平均功率为 $P = \dfrac{1}{T}\displaystyle\int_0^T p(t)\mathrm{d}t = \dfrac{1}{T}\displaystyle\int_0^T UI\sin2\omega t\,\mathrm{d}t = 0$

表明一个周期内电容元件从电源取用的能量等于它释放给电源的能量，电容本身并不消耗能量。这种互相转换功率的规模（最大值）叫作电容性无功功率，用Q_C表示，单位是var（乏）。

$$Q_C = UI = I^2 X_C = \frac{U^2}{X_C} \qquad (2-17)$$

【例2-6】 在电容为$330\mu F$的电容两端加$u = 220\sqrt{2}\sin(100\pi t + 30°)$V的电压，试计算电容的电流及无功功率。

解： $\dot{U} = 220\angle30°$V，容抗$X_C = \dfrac{1}{\omega C} = \dfrac{1}{314 \times 330 \times 10^{-6}}\Omega$

所以 $\dot{I} = \dfrac{\dot{U}}{-\mathrm{j}X_C} = \dfrac{220\angle30°}{9.65\angle-90°}A\approx 22.8\angle120°$A

电容电流$i = 220\sqrt{2}\sin(100\pi t + 120°)$A

电容的无功功率$Q_C = -UI = -220 \times 22.8var= -5.016$kvar（千乏）。

3. 纯电感电路

如图2-9a所示，设流经电感元件的电流$i = I_m\sin(\omega t + \varphi_i)$，则

$$u = L\frac{\mathrm{d}i}{\mathrm{d}t} = L\frac{\mathrm{d}I_m\sin(\omega t + \varphi_i)}{\mathrm{d}t} = \omega L I_m\cos(\omega t + \varphi_i) = U_m\sin(\omega t + \varphi_i + 90°)$$

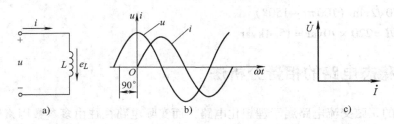

图2-9 电感上的电压电流关系图

a）电路图 b）波形图 c）纯电感电路相量图

相量式 $\dot{U} = \omega L\dot{I}\angle90° = \mathrm{j}\omega L\dot{I}$

因此，必有 $U = \omega LI$，$\varphi_u = \varphi_i + 90°$

电感上电压、电流的波形和相量图如图 2-9b、c 所示。可以看出，纯电感电路中，电压和电流为同频正弦量，电压在相位上超前电流 90°。

电感上电压、电流幅值或有效值之比为 X_L，称为感抗，单位为欧姆，有阻碍电流通过的性质。X_L 与 ω 成正比，频率越高，X_L 越大。在直流情况下，$\omega = 0$，$X_L = 0$，电感相当于短路，这就是电感隔交通直的作用。

$$X_L = \frac{U}{I} = \omega L$$

设初相位 $\varphi_i = 0$，纯电容电路的瞬时功率为

$$p = ui = U_m \sin(\omega t + 90°) I_m \sin\omega t = U_m I_m \sin\omega t \cos\omega t = \frac{U_m I_m}{2}\sin 2\omega t = UI\sin 2\omega t$$

平均功率为

$$P = \frac{1}{T}\int_0^T p(t)\,\mathrm{d}t = \frac{1}{T}\int_0^T UI\sin 2\omega t\,\mathrm{d}t = 0$$

表明一个周期内电感元件从电源取用的能量等于它释放给电源的能量，电感本身并不消耗能量。

为衡量电感元件与外界能量交换的规模，引入无功功率的概念。定义电感元件瞬时功率的最大值为无功功率，用 Q_L 表示，单位为 var（乏）或 kvar（千乏），有

$$Q_L = UI = I^2 X_L = \frac{U_L^2}{X_L} \tag{2-18}$$

无功功率在电力系统中是一个重要物理量，凡是模型中有电感元件的设备（如电动机、变压器等）都是依靠其磁场来转移能量的。电源必须对它们提供一定的无功功率，否则磁场不能建立，设备无法工作。"无功"的含义是"功率只交换而不消耗"，并非"无用"。

【例 2-7】 已知一个电感 $L = 10\text{mH}$，接在 $u = 220\sqrt{2}\sin(314t - 60°)\text{V}$，试计算电感的 X_L、通过电感的电流 i_L 及无功功率 Q_L。

解：1）$X_L = \omega L = 3.14\Omega$

2）$\dot{I}_L = \frac{\dot{U}_L}{jX_L} = \frac{220\angle -60°}{3.14j}\text{A} \approx 70\angle -150°\text{A}$

$i_L = 70\sqrt{2}\sin(100\pi t - 150°)\text{A}$

3）$Q_L = UI = 220 \times 70\text{var} = 15.4\text{kvar}$

2.3　正弦稳态电路的相量分析法

单一参数的正弦交流电路属于理想化电路，而实际电路往往由多参数因素组合叠加。例如电动机、继电器等设备都含有线圈，线圈通电后总要发热，说明实际线圈不仅有电感，还存在电阻。

图 2-10a 所示的 RLC 串联电路，设电流为参考正弦量，$i = I_m\sin\omega t$，对应的相量为参考相量，即 $\dot{I} = I\angle 0°$。

由于是串联电路，电路中流过各元件的是同一电流 i，R、L、C 元件上的电压分别是

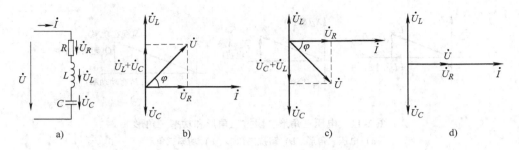

图 2-10 *RLC* 串联电路及相量图

a) *RLC* 串联电路 b) *RLC* 感性电路相量图 c) *RLC* 容性电路相量图 d) *RLC* 谐振电路相量图

$\dot{U}_R = R\dot{I}$、$\dot{U}_L = jX_L\dot{I}$、$\dot{U}_C = -jX_C\dot{I}$。

由 KVL 定律得

$$\dot{U} = \dot{U}_R + \dot{U}_L + \dot{U}_C = R\dot{I} + jX_L\dot{I} - jX_C\dot{I} = [R + j(X_L - X_C)]\dot{I} = (R + jX)\dot{I} = Z\dot{I}$$

令 $\dfrac{\dot{U}}{\dot{I}} = Z$，而 $Z = R + j(X_L - X_C) = R + jX$ 称为电路的复阻抗，实部是电阻 R，虚部 $X = X_L - X_C$ 称为电抗，单位为欧姆。

从图 2-10b 可以看出，总电压 $\dot{U}$ 与总电流 $\dot{I}$ 有一个相位差 φ，设 $X_L > X_C$，有

$$\tan\varphi = \frac{U_L - U_C}{U_R} = \frac{X_L - X_C}{R} = \frac{X}{R}$$

$$Z = R + j(X_L - X_C) = |Z|e^{j\varphi}$$

其中，$|Z| = \sqrt{R^2 + X^2} = \sqrt{R^2 + (X_L - X_C)^2}$

$$\varphi = \arctan\frac{X}{R} \tag{2-19}$$

式中，$|Z|$ 为复阻抗的模，称为电路的阻抗；φ 为复阻抗的辐角，称为阻抗角，它表示总电压 $\dot{U}$ 超前于电流 $\dot{I}$ 的角度。

由于电抗 $X = X_L - X_C$，故 X 的正负决定阻抗角 φ 的正负，关系到电路的性质。

1）若 $X_L > X_C$，则 $X > 0$，$\varphi > 0$，电压超前电流，电路呈感性，如图 2-10b 所示。

2）若 $X_L < X_C$，则 $X < 0$，$\varphi < 0$，电压滞后电流，电路呈容性，如图 2-10c 所示。

3）若 $X_L = X_C$，则 $X = 0$，$\varphi = 0$，$Z = R$，电压与电流同相，电路呈纯阻性，如图 2-10d 所示。此时，也称电路发生谐振。

由此看出，电路的电流频率及元件参数不同，电路反映出的性质也不同。

2.4 正弦稳态电路的功率

用相量图表示图 2-10a，得到如图 2-11a 所示的电压三角形。

将电压三角形的各边乘以电流 I，得到功率三角形，如图 2-11c 所示，其中 P 为有功功

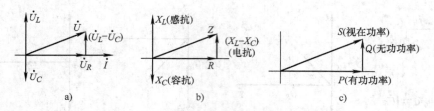

图 2-11 电压三角形、阻抗三角形和功率三角形
a）电压三角形 b）阻抗三角形 c）功率三角形

率，即电阻上消耗的功率，单位是瓦（W）。

由电压三角形中的电压关系可知

$$U_R = U\cos\varphi = RI \tag{2-20}$$

则有功功率为

$$P = UI\cos\varphi = U_R I = I^2 R \tag{2-21}$$

在交流电路中，电压与电流有效值的乘积称为视在功率，单位是伏安（V·A）或千伏安（kV·A），即

$$S = UI \tag{2-22}$$

视在功率也称功率容量，交流电气设备是按照规定的额定电压和额定电流来设计使用的。

电感和电容都要在正弦交流电路中进行能量互换，因此相应的无功功率 Q 是由这两个元件共同作用形成的，即

$$Q = U_L I - U_C I = (X_L - X_C)I^2 = UI\sin\varphi \tag{2-23}$$

有功功率 P、无功功率 Q 和视在功率 S 三者间构成了一个直角三角形，称为功率三角形，如图 2-11c 所示。

式（2-20）中，$\cos\varphi$ 称为功率因数，φ 为功率因数角。在数值上，功率因数角、阻抗角和总电压与电流之间的相位差，三者间相等。

当功率因数不等于 1 时，电路中发生能量交换，出现无功功率，φ 越大，功率因数越低，发电机发出的有功功率 P 就越小，而无功功率 Q 越大，即电路中能量交换的模越大。发电机发出的能量就不能为负载所吸收，同时使线路损耗增加。因此，提高功率因数意义较大。

我国供电规则中要求：高压供电企业的功率因数不低于 0.95，其他用电单位不低于 0.9。

要提高功率因数的值，必须尽可能减小阻抗角 φ，常用的方法是在电感性负载端并联补偿电容。

电压三角形、阻抗三角形和功率三角形是分析计算 RLC 串联或其中两种元件串联电路的重要依据。

【例 2-8】 在图 2-10a 所示 RLC 串联电路中，$R = 20\Omega$，$L = 0.1H$，$C = 50\mu F$，电源电压 $u = 220\sqrt{2}\sin100\pi t$。试求电路中各元件上电压的相量式和瞬时值表示式，并画出相量图。

解：电源电压的相量式 $\dot{U} = 220\angle 0°V$

串联电路的阻抗为

$$Z = R + j(X_L - X_C) = [20 + j(31.4 - 63.7)]\Omega = [20 - j32.3]\Omega = 37.98\angle -58.23°\Omega$$

$$\dot{I} = \frac{\dot{U}}{Z} = \frac{220\angle 0°}{37.98\angle -58.23°}A = 5.793\angle 58.23°A$$

各元件上电压的相量式为

$$\dot{U}_R = R\dot{I} = 20 \times 5.793\angle 58.23°V = 115.86\angle 58.23°V$$

$$\dot{U}_L = j\omega L\dot{I} = j314 \times 0.1 \times 5.793\angle 58.23°V = 181.9\angle 148.23°V$$

$$U_C = -j\frac{1}{\omega C}\dot{I} = -j\frac{1}{314 \times 50 \times 10^{-6}} \times 5.793\angle 58.23°V = 368.98\angle -31.77°V$$

最后写出瞬时值形式：

$$i = 5.793\sqrt{2}\sin(100\pi t + 58.23°)A$$

$$u_R = 115.86\sqrt{2}\sin(100\pi t + 58.23°)V$$

$$u_L = 181.9\sqrt{2}\sin(100\pi t + 148.23°)V$$

$$u_C = 368.98\sqrt{2}\sin(100\pi t - 31.77°)V$$

该电路的电流、电压相量图如图 2-12 所示。

请同学们思考一下：

（1）为什么电容电压还会高于电源电压？

（2）为什么 $U \neq U_R + U_L + U_C$（U_R、U_L、U_C 是各相量的幅值）？

（3）该电路是感性阻抗还是容性阻抗？

【例 2-9】 图 2-13 所示电路为荧光灯简图，L 为铁心电感，称为镇流器（扼流圈）。已知 $U = 220V$，$f = 50Hz$，荧光灯功率为 40W，额定电流为 0.4A。试求：

（1）电感 L 和电感上的电压 U_L；

（2）若要使功率因数提高到 0.8，需要在荧光灯两端并联多大电容 C？

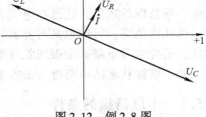

图 2-12　例 2-8 图

解：（1）$|Z| = \frac{U}{I_L} = \frac{220V}{0.4A} = 550\Omega$

$\cos\varphi_Z = \frac{P}{UI_L} = \frac{40W}{220V \times 0.4A} = 0.45$,

$\varphi_Z \approx \pm 63°$

$Z = |Z|\angle\varphi_Z = 550\angle 63°\Omega = (250 + j490)\Omega$

$R = 250\Omega$, $X_L = 490\Omega$

$L = \frac{X_L}{2\pi f} = \frac{490}{2 \times 3.14 \times 50}H \approx 1.56H$

$U_L = X_L I_L = 490 \times 0.4V = 196V$

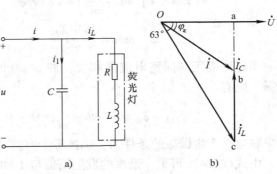

图 2-13　例 2-9 图

a) 电路图　b) 相量图

（2）设电压为参考相量 $\dot{U} = 220\angle 0°\mathrm{V}$，$\dot{I}_L = 0.4\angle -63°\mathrm{A}$

$$\cos\varphi_Z = 0.8，\quad \varphi_Z = \pm 36.9°$$

输电线电流为

$$I = \frac{P}{U\cos\varphi_Z} = \frac{40\mathrm{W}}{220\mathrm{V}\times 0.8} \approx 0.227\mathrm{A}$$

$$I_{ac} = I_L\sin\varphi_Z = 0.4\sin 63°\mathrm{A} \approx 0.365\mathrm{A}$$

$$I_{ab} = I\sin\varphi_Z = 0.227\sin 36.9°\mathrm{A} \approx 0.136\mathrm{A}$$

$$I_C = I_{ac} - I_{ab} = 0.356\mathrm{A} - 0.136\mathrm{A} = 0.22\mathrm{A}$$

$$X_C = \frac{U}{I_C} = \frac{220\mathrm{V}}{0.22\mathrm{A}} = 1000\Omega$$

$$C = \frac{1}{\omega X_C} = \frac{1}{2\pi\times 50\times 1000}\mathrm{F} \approx 3.2\mu\mathrm{F}$$

2.5　串联谐振电路

谐振现象是正弦交流电路的一种特定的工作状态，在具有电感和电容的电路中，电路的端电压与流过的电流往往不同相。

若调整电路中电感 L、电容 C 的大小或改变电源的频率，使电路端电压和流过的电流同相位，则电路就呈电阻性，把这种电路呈电阻性的状态称为谐振状态。电路发生谐振时，会产生一些特殊的现象，这已在电工和电子工程技术中获得广泛应用，如信号发生器中的振荡器、选频网络等。但谐振又可能破坏电路和系统的正常工作状态，甚至造成电路严重灾害。因此，研究学习电路的谐振现象有重要的实际意义。

处于谐振状态的电路称为谐振电路。谐振电路分为串联谐振和并联谐振。

2.5.1　串联谐振的条件

图 2-14a 所示为串联谐振电路，在正弦量作用下，RLC 串联电路的复阻抗

$$Z = R + \mathrm{j}\left(\omega L - \frac{1}{\omega C}\right) = |Z|\angle\varphi$$

$$\varphi = \arctan\frac{X_L - X_C}{R}$$

当电源电压与回路电流同相位，即 $\varphi = 0$ 时，电路发生谐振，则有

$$X_L - X_C = 0，\quad \omega L - \frac{1}{\omega C} = 0 \qquad (2\text{-}24)$$

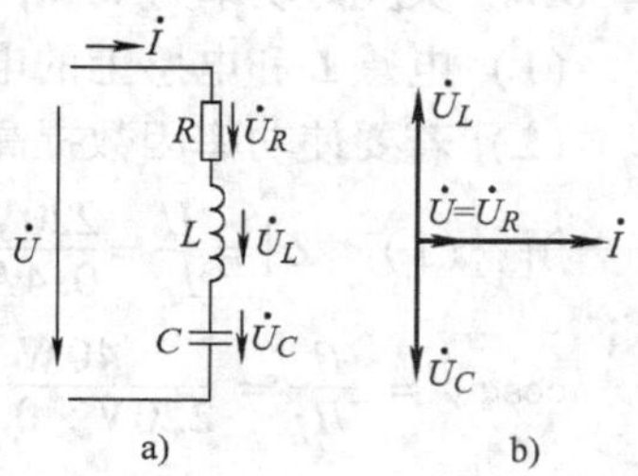

图 2-14　串联谐振电路
a）电路图　b）相量图

即串联电路产生谐振的条件为：感抗等于容抗（复阻抗的虚部为零）。

由式(2-24) 可见，谐振的发生不但与 L 和 C 有关，且与电源的角频率 ω 有关。因此，通过改变 L、C 或 ω 的方法都可使电路发生谐振，这种方法称为调谐。实际应用中有以下三种调谐方法。

1. 调频调谐

调频调谐是指当 L、C 固定时，通过改变电源的角频率 ω 使电路产生谐振的方法。由式（2-24）得谐振角频率为

$$\omega_0 = \frac{1}{\sqrt{LC}} \tag{2-25}$$

$$f_0 = \frac{\omega_0}{2\pi} = \frac{1}{2\pi\sqrt{LC}} \tag{2-26}$$

可见谐振频率是由电路参数决定的。它是电路本身的一种固有性质，又称为电路的"固有频率"。

2. 调容调谐

调容调谐是指当 L 和 ω 固定时，通过改变电容 C 使电路产生谐振的方法。由式（2-26）得

$$C = \frac{1}{\omega_0^2 L} \tag{2-27}$$

3. 调感调谐

调感调谐是指当 C 和 ω 固定时，通过改变电感 L 使电路产生谐振的方法。由式（2-27）得

$$L = \frac{1}{\omega_0^2 C}$$

2.5.2 串联谐振的特征

电路处于串联谐振时，具有以下特征。

1）电源电压和电路中的电流同相，阻抗 Z 呈现电阻性，为最小值 R，阻抗角 $\varphi = 0$，电抗 $X = 0$，谐振电流最大为

$$I_0 = \frac{U}{|Z_0|} = \frac{U}{R} = \frac{U_s}{R}$$

2）由于 U_L 和 U_C 相位相反，因此能量相互抵消，对整个电路不起作用。但 $X_L = X_C \gg R$ 时，$U_L = U_C \gg U_R$，出现电感和电容上的电压 U_L、U_C 超过电源电压 Q 倍的现象。

$$Q = \frac{U_L}{U} = \frac{U_C}{U} = \frac{X_L}{R} = \frac{X_C}{R} = \frac{\omega_0 L}{R} = \frac{1}{\omega_0 CR}$$

Q 称为电路的品质因数，用以表征串联谐振电路中电感和电容上电压是电源电压的倍数。

3）串联谐振时，电路吸收（消耗）的有功功率为

$$P = UI\cos\varphi = UI = I^2 R$$

而无功功率为零。因电感与电容间只进行能量交换，形成周期性的电磁振荡。

当 Q 较高时，电感电压或电容电压大大超过外加电源电压，这种高压可能击穿电感线圈或电容的绝缘层而损坏设备。因此，在电力工程中应避免电压谐振或接近谐振情况的发生。但在通信工程中，由于工作信号微弱，往往利用串联谐振获得对应于某一频率信号的高电压，从而达到选频的目的。例如，收音机接收回路就是通过调谐电路使电路发生谐振，从众多不同频率段电台信号中选择出收听的电台广播。

【例 2-10】 某 RLC 串联电路中，已知 $R = 10\Omega$，$L = 30\mu H$，$C = 200pF$，电源电压 $U = 0.26mV$，求该电路发生谐振时的频率 f_0、品质因数 Q 及电容上电压 U_C。

解： 电路的谐振频率

$$f_0 = \frac{1}{2\pi \sqrt{LC}} = \frac{1}{2\pi \sqrt{30 \times 10^{-6} \times 200 \times 10^{-12}}}Hz \approx 2MHz$$

品质因数 $Q = \frac{\omega_0 L}{R} = \frac{2\pi \times 2 \times 10^6 \times 30 \times 10^{-6}}{10} \approx 38$

电容电压 $U_C = QU = 38 \times 0.26mV \approx 10mV$

2.6 并联谐振电路

在图 2-15a 所示的电容与电感元件并联谐振电路中，等效阻抗

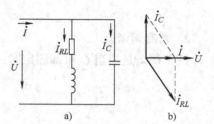

$$Z = \frac{(R + j\omega L)\dfrac{1}{j\omega C}}{R + j\left(\omega L - \dfrac{1}{\omega C}\right)}$$

并联电路一般有 $\omega L \gg R$，上式可化简为

图 2-15 并联谐振电路
a) 电路图　b) 相量图

$$Z = \frac{(R + j\omega L)\dfrac{1}{j\omega C}}{R + j\left(\omega L - \dfrac{1}{\omega C}\right)} \approx \frac{\dfrac{L}{C}}{R + jX}$$

式中虚部 $X = \omega L - \dfrac{1}{\omega C}$ 为零时产生谐振，可得谐振频率为

$$\omega_0 \approx \frac{1}{\sqrt{LC}} \qquad (2-28)$$

$$f = f_0 \approx \frac{1}{2\pi \sqrt{LC}} \qquad (2-29)$$

与串联谐振频率近似相等。

电路处于并联谐振时，具有以下特征：

1）电路端电压和电流同相，电路呈纯阻性。

2）电路的并联阻抗最大，电流最小。

3）并联谐振时，通过电感线圈和电容的电流远远大于电路的总电流。

4）品质因数 Q 用以表征电感和电容支路的电流与总电流之比，即

$$Q = \frac{I_L}{I} = \frac{I_C}{I} = \frac{R_0}{\omega_0 L} = \omega_0 CR \qquad (2-30)$$

并联谐振的品质因数与串联谐振的品质因数正好互为倒数。串联谐振电路适用于内阻较小的信号源，当信号源内阻较大时，由于信号源内阻与谐振电路串联，使谐振回路的品质因数大大降低，从而使电路的选择性变坏。对高内阻信号源则应采用并联谐振电路。

【例 2-11】　并联谐振常用于收音机中的中频放大器来选择 465kHz 的信号，设线圈 $L = 100\mu H$，电阻 $R = 5\Omega$，谐振时的总电流 $I_0 = 1mA$。试求：

（1）选择 465kHz 的信号应选配多大的电容？

（2）谐振时的阻抗；

（3）电路的品质因数；

（4）电感和电容中的电流及端电压。

解：（1）选择 465kHz 的信号，则必须使电路的固有频率 $f_0 = 465kHz$，即谐振时的感抗为

$$\omega_0 L = 2\pi f_0 L = 2\pi \times 465 \times 10^3 \times 100 \times 10^{-6} \Omega = 292\Omega$$

对于线圈电阻，则有 $\omega_0 L = \dfrac{1}{\omega_0 C}$，即

$$C = \frac{1}{\omega_0^2 L} = \frac{1}{(2\pi f_0)^2 L} = \frac{1}{(2\pi \times 465 \times 10^3)^2 \times 100 \times 10^{-6}}F \approx 1172pF$$

（2）谐振阻抗

$$|Z_0| = \frac{(\omega_0 L)^2}{R} = \frac{292 \times 292}{5}\Omega \approx 17k\Omega$$

（3）品质因数 $Q = \dfrac{R}{\omega_0 L} = \dfrac{5}{292} \approx 0.017$

（4）电感与电容中的电流

$$I_L = I_C = QI_0 = 0.017 \times 1mA = 17\mu A$$

此时电感与电容上的电压相等且最大，为

$$U_L = U_C = I_0 |Z_0| = 1 \times 10^{-3} \times 17 \times 10^3 V = 17V$$

技能训练 1　数字示波器的调节与使用

1. 实验目的

1）了解数字示波器的基本结构与工作原理。

2）掌握数字示波器的使用方法，学会用数字示波器观测各种电信号的波形。

3）学会用数字示波器测量正弦交流信号的电压幅值及频率。

4）学会低频信号发生器的基本使用方法。

2. 实验仪器

RIGOL DS1000E 型数字存储示波器，DG0122 函数信号发生器。

3. 实验原理

数字示波器是集数据采集、A－D 转换、软件编程等一系列技术为一体的高性能示波器，因具有波形触发、存储、显示、测量、波形数据分析处理等独特优点，可对被测波形的频率、幅值、前后沿时间、平均值等参数进行自动测量以及多种复杂的处理。

数字存储示波器的基本原理框图如图 2-16 所示。

数字示波器是按照采样原理，利用 A－D 转换，将连续的模拟信号转变成离散的数字序列，然后进行波形恢复重建，从而达到测量波形的目的。

输入缓冲放大器（AMP）将输入的信号进行缓冲变换，起到将被测体与示波器隔离的

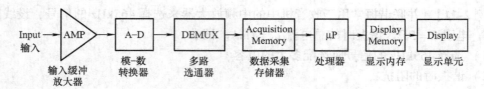

图 2-16　数字存储示波器的基本原理框图

作用，示波器工作状态的变换不会影响输入信号，同时将信号的幅值切换至适当的电平范围（示波器可以处理的范围）。也就是说，不同幅值的信号在通过输入缓冲放大器后都会转变成相同电压范围内的信号。

模-数转换器（A-D）的作用是将连续的模拟信号转变为离散的数字序列，然后按照数字序列的先后顺序重建波形。所以模-数转换器起到一个采样的作用，它在采样时钟的作用下，将采样脉冲到来时刻的信号幅值的大小转化为数字表示的数值。这个点称为采样点。模-数转换器是波形采集的关键部件。

多路选通器（DEMUX）将数据按照顺序排列，即将 A-D 转换的数据按照其在模拟波形上的先后顺序存入存储器，也就是给数据安排地址，其地址的顺序就是采样点在波形上的顺序，采样点相邻数据之间的时间间隔就是采样间隔。

数据采集存储器（Acquisition Memory）是将采样点存储下来的存储单元，它将采样数据按照安排好的地址存储下来，当采集存储器内的数据足够复原波形的时候，再送入后级处理，用于复原波形并显示。

处理器（μP）用于控制和处理所有的控制信息，并把采样点复原为波形点，存入显示内存区，并用于显示。显示单元将显示内存中的波形点显示出来，显示内存中的数据与LCD 显示面板上的点是一一对应的关系。

4. 实验内容与步骤

（1）自动测量——AUTO

待测信号：示波器自带校正信号（方波、1kHz、3V）

将示波器探头上的衰减开关设定到 1X 并将探头与示波器的通道 1（CH1）连接。操作时，将探头连接器上的插槽对准 CH1 同轴电缆插接件（BNC）上的凸键，按下后向右旋转以拧紧探头。探头的接地鳄鱼夹与"探头元件"接地端"⏚"相连，探头信号端连接校正信号"⎍"。

按下 < AUTO > 按钮可得表 2-1 中各个量的自动测量结果，记录结果。

表 2-1　自动测量（AUTO）所显示的各个量

参 数 名 称	屏幕显示结果	意　义
V_{PP}		峰-峰值。峰位电压与谷位电压的差
Mean		平均值。整个记录内的测得电压的算术平均值
Prd		周期
Freq		频率
电压档位		垂直轴上每大格所代表的电压大小
水平时基 M		水平轴上每大格所代表的时间长度

1）调节电压档位调节旋钮 < VOLTS/DIV > （伏/格），观测并记录电压档位及波形的变化情况。

现象描述：

2）调节水平时基调节旋钮 < SEC/DIV > （秒/格），观测并记录水平时基及波形的变化情况。

现象描述：

3）调节垂直控制区 CH1 的 < POSITION > （上下），观测并记录波形的变化情况。

现象描述：

4）调节水平控制区的 < POSITION > （左右）旋钮，观测并记录波形的变化情况。

现象描述：

5）按下 < Trig Menu > 按钮，确认当前的触发设置是：边沿触发、CH1 为触发源、上升沿触发。然后调节 < LEVEL > 旋钮，观测并记录波形的变化情况。

现象描述：

6）以上旋钮均可按下，通过实际操作推断按下旋钮操作的具体作用。

描述：

（2）数据和图像的存储

1）数据保存。

把 U 盘插入示波器前面板上的 USB 接口，等待示波器完成对 U 盘初始化，并提示"USB 存储设备连接成功"。数据保存的具体操作如下。

① 按 < Storage > 进入存储系统功能菜单。

② 选择"类型"→"CSV"。

③ 选择"数据长度"→"内存"。

④ 选择"参数保存"→"开启"。

⑤ 选择"储存"→"新建文件"。

⑥ 输入文件名后，单击"确定"按钮。

说明：CSV 格式的文件将数据以文本的方式保存，可用 Excel 或 Origin 等软件打开并进行后续处理。

2）图像保存。

图像保存操作类似于上述数据保存操作，按<类型>后选择"图像储存"，可将波形以图片格式保存于 U 盘中。快捷键——示波器前面板<PRINT>键。

说明：示波器将整个屏幕上显示的波形和有关设置转换为".jpg"格式的图形文件保存到 U 盘或内存（由用户决定）。

（3）利用屏幕刻度进行测量

继续使用示波器自带的校准信号，使得屏幕上有稳定的波形显示（如按下<AUTO>键），随后按下<Run/Stop>。调节<VOLTS/DIV><SEC/DEV>、水平和垂直两个方向的<Position>按钮，直至屏幕上留下一到两个完整波形。示意图如图 2-17 所示。

公式：时间 = 格数 × 水平时基
　　　电压 = 格数 × 电压档位

图 2-17　方波信号

1）读取一个高电平所占时间。

信号从一个上升沿到下一个下降沿（示波器读数要求：估读到最小分度格的下一位，采用五分之一估读，下同。）的格数：_____；

时基 SEC/DIV 的设置：_____；（单位）

一个高电平所占时间：_____；（单位）

2）读取方波的周期，并计算频率。

信号从一个上升沿到下一个上升沿的格数：_____；

时基 SEC/DIV 的设置：_____；

方波信号的周期：_____；

信号的频率：_____。

3）读取信号的幅度。

方波信号从低电平到高电平的格数：_____；

电压档位 VOLTS/DIV 设置：_____；

信号电压的峰–峰值 V_{PP}：_____；

信号的频率：_____。

（4）自动测量——MEASURE

选用外接信号：用两端均为 BNC 端口的导线连接函数信号发生器的 CH1 和数字示波器的 CH1。将函数信号发生器的 CH1 的输出设为：脉冲信号、频率 50Hz、V_{PP} 10V、占空比 60%。

1）电压测量。

① 按<AUTO>按钮，使信号在屏幕上稳定显示。

② 按<MEASURE>按钮，进入自动测量功能菜单。

③ 选择"全部测量"，进入全部测量菜单。

④ 选择"信源"，选择信号输入通道。

⑤ 选择"电压测试"→"开启"。

此时表2-2所列的电压参数值会同时显示在屏幕上，在表中记录结果。

表2-2　自动测量（MEASURE）所显示的信号的各个电压参数

名　称	测量结果	物理意义	名　称	测量结果	物理意义
CH1		信号源	V_{PP}		峰-峰值
Vmin		最小值	Vamp		幅值
Vmax		最大值	Vmea		周期平均值
Vbase		底端值	Crms		周期方均根
Vtop		顶端值	ROV		上升过激
Vrms		方均根	FOV		下降过激
Mean		平均值	RPRE		上升前激
			FPRE		下降前激

电压测量时各物理量相应图示如图2-18所示。

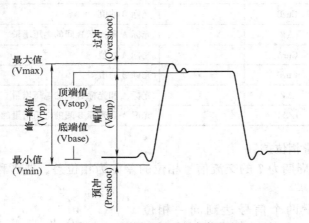

图2-18　测量电压时的各物理量

2）时间测量。

在"时间测试"菜单选择"开启"，此时所有的时间参数值会同时显示在屏幕上，在表2-3中记录结果。

表2-3　自动测量（MEASURE）所显示的信号的各个时间参数

名　称	测量结果	物理意义	名　称	测量结果	物理意义
CH1		信号源	Prd		周期
Freq		频率	+ Wid		正脉冲
Rise		上升时间	− Wid		负脉冲
Fall		下降时间	BWid		脉宽
+ Dut		正占空比	− Dut		负占空比

（5）光标测量——CURSORS

1）手动光标测量方式。

① 参照自动测量（MEASURE）模式进行仪器接线，函数信号发生器输出设为500Hz、5V的三角波信号。

② 按 < AUTO > 按钮，使信号在屏幕上稳定显示。

③ 按 < CURSORS > 按钮，显示光标菜单。

④ 选择"光标模式"→"手动"。

⑤ 选择"信源"后选择待测通道。

⑥ 选择"类型"→"电压"或"时间"。

⑦ 选择"CurA"，旋转旋钮调节光标A的位置。

⑧ 选择"CurB"，旋转旋钮调节光标B的位置。

此时表2-4所列的参数值会同时显示在屏幕上，在表中记录结果。

表2-4 光标测量（CURSORS）的数据记录表

待 测 量	名 称	测量结果	物 理 意 义
峰–峰值	CurA		光标A的值
	CurB		光标B的值
	ΔV		光标A和光标B间的电压增量
周期	CurA		光标A的值
	CurB		光标B的值
	ΔV		光标A和光标B间的电压增量
	$1/\Delta V$		光标A和光标B间的电压增量的倒数

2）光标追踪测量相位差。

两个频率相同、周期为T的交流信号相位的差称为相位差，或者称为相差，如图2-19所示。

实验中通过测量两个信号达到同一相位（比如图例的峰值点A和B）的时间差ΔT，即可测得两个信号的相位差$\Delta \theta$。

$$\Delta\theta = \frac{\Delta T}{T} \times 360°$$

实验步骤如下。

① 按 < DISPLAY > 按钮，选择"格式"→"YT"。

② 按 < CURSORS > 按钮，显示光标菜单。

③ 选择"光标模式"→"手动"。

④ 选择"信源"后，选择待测通道。

⑤ 选择"类型"→"电压"或"时间"。

⑥ 选择"CurA"，旋转旋钮调节光标A的位置。

⑦ 选择"CurB"，旋转旋钮调节光标B的位置。

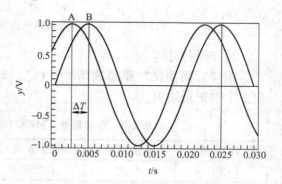

图2-19 频率相同的两个正弦信号

将光标A和光标B移动至合适位置，在表2-5中记录测量结果，并计算两路信号的相位差。

表 2-5　用光标测量（CURSORS）模式测量两路信号相位差结果记录表

参 数 名 称	测 量 结 果	物 理 意 义
$A{\rightarrow}T=$		光标 A 在水平方向上的位置（即时间，以水平中心位置为基准）
$A{\rightarrow}V=$		光标 A 在垂直方向上的位置（即电压，以通道接地点为基准）
$B{\rightarrow}T=$		光标 B 在水平方向上的位置（即时间，以水平中心位置为基准）
$B{\rightarrow}V=$		光标 B 在垂直方向上的位置（即电压，以通道接地点为基准）
$\Delta T=$		两光标间的时间差值
$1/\Delta T=$		两光标间时间差值的倒数
$\Delta V=$		两光标间的电压差值

（6）交直流混合信号测量

① 参照自动测量（MEASURE）模式进行仪器接线，设置函数信号发生器的输出信号为：1kHz、5V、偏置为 2V 的正弦交流信号。

② 按＜AUTO＞，使波形稳定显示在屏幕上。

③ 按＜CH1＞按钮，选择"耦合"→"直流"。

④ 按"MEASURE"按钮，测量直流耦合状态下信号的"幅值"和"平均值"。

⑤ 选择"耦合"→"交流"或"接地"，重复上面的操作。

将测量结果填入表 2-6。

表 2-6　交直流混合信号测量结果记录表　$f=$＿＿＿＿kHz

耦 合 模 式	幅度 Vamp	平均值 Mean	波形示意图
AC			
DC			
接地			

将函数信号发生器的输出频率改为 20Hz，操作同前，将测量结果填入表 2-7。

表 2-7　交直流混合信号测量结果记录表　$f=$＿＿＿＿kHz

耦 合 模 式	幅度 Vamp	平均值 Mean	波形示意图
AC			
DC			
接地			

1）若在示波器上看到的波形幅度太小，应调节哪个旋钮使波形的大小适中？

2）怎样用示波器定量地测量交流信号的电压有效值和频率？

3）观察两个信号的合成李萨如图形时，应如何操作示波器？

技能训练 2 电阻、电感、电容元件阻抗特性的测定

1. 实验目的

1）验证电阻、感抗、容抗与频率的关系，测定它们的阻抗频率特性曲线。

2）加深理解电阻、电感、电容元件端电压与电流间的相位关系。

3）进一步熟练数字示波器和函数信号发生器的使用方法。

2. 实验原理

1）在正弦交变信号作用下，电阻、电感、电容元件在电路中的抗流作用与信号的频率有关，它们的阻抗频率特性曲线如图 2-20 所示。

2）在图 2-21 所示的阻抗频率特性测量电路中，r 是提供测量回路电流用的标准小电阻，由于 r 的阻值远小于被测元件的阻抗值，因此可以认为 A、B 之间的电压就是被测元件 R、L 或 C 两端的电压，流过被测元件的电流则可由 r 两端的电压除以阻值 r 所得。

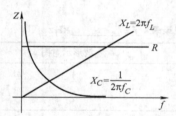

图 2-20 电阻、电感、电容元件的阻抗频率特性曲线

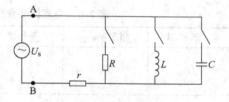

图 2-21 阻抗频率特性测试电路

若用双踪示波器同时观察 r 与被测元件两端的电压，也就展现出被测元件两端的电压和流过该元件电流的波形，从而可测出电压与电流的幅值及它们之间的相位差。

3）将元件 R、L、C 串联或并联相接，亦可用同样的方法测得 $Z_串$ 与 $Z_并$ 的阻抗频率特性，根据电压、电流的相位差可判断 $Z_串$ 或 $Z_并$ 是感性负载还是容性负载。

4）元件的阻抗角（即相位差 ϕ）随输入信号的频率变化而改变，将各个不同频率下的相位差画在以频率 f 为横坐标、阻抗角 ϕ 为纵坐标的坐标图上，并用光滑的曲线连接这些点，即得到阻抗角的频率特性曲线。

用双踪示波器测量阻抗角的结果如图 2-22 所示。采用示波器光标功能分别测出一个周期 n，相位差 m，则实际的相位差 ϕ（阻抗角）为

$$\phi = m \times \frac{360°}{n}$$

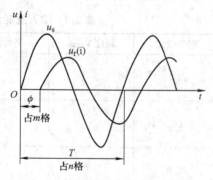

图 2-22 相位差的观测

3. 实验设备

交流毫伏表 1 块；直流稳压电源 1 台；电路基础实验板 1 块（$R = 1\text{k}\Omega$，$r = 51\Omega$，$C = 0.47\mu\text{F}$，$L \approx 10\text{mH}$）；函数信号发生器；双踪示波器。

4. 实验内容及步骤

1）测量电阻、电感、电容元件的阻抗频率特性。

将函数信号发生器输出的正弦信号接至图 2-21 所示的电路作为激励源 U_s，并用交流毫伏表测量，使激励电压的有效值 $U = 3\text{V}$，并保持不变。

使信号源的输出频率从 200Hz 逐渐增至 5kHz，并使开关 S 分别接通 R、L、C 三个元件，用交流毫伏表测量 U_r，并计算各频率点时的 I_R、I_L 和 I_C（即 U_r/r）以及 $R = U_R/I_R$、$X_L = U_L/I_L$ 及 $X_C = U_C/I_C$ 之值，将数据记录在表 2-8 中。

表 2-8　元件的阻抗频率特性

	频率　f/Hz	200	500	1000	1500	2000	3000	4000
	U_r/V							
R	$I_R = U_r/r$（mA）							
	$R = U_R/I_R$（kΩ）							
	U_r/V							
L	$I_L = U_r/r$（mA）							
	$X_L = U_L/I_L$（kΩ）							
	U_r/V							
C	$I_C = U_r/r$（mA）							
	$X_C = U_C/I_C$（kΩ）							

2）用双踪示波器观察 rL 串联电路、rC 串联电路在不同频率下阻抗角的变化情况，记录 n 和 m，算出 ϕ，将数据记录在表 2-9 中。

表 2-9　L、C 元件的阻抗角频率特性

类　　型	频率 f/kHz	0.5	1.0	1.5	2.0	2.5	3.0	4.0
	$n/$格							
rL	$m/$格							
	$\varphi/°$							
	$n/$格							
rC	$m/$格							
	$\varphi/°$							

5. 预习思考题

1）根据 R、L、C 元件的频率特性，如何测量流过被测元件的电流？为什么要与它们串联一个小电阻？

2）如何用示波器观测阻抗角的频率特性？

3）直流电路中 C 和 L 的作用如何？

6. 实验报告及结果分析

1）根据表2-8和表2-9中的实验数据，在坐标纸上绘制 R、L、C 三个元件的阻抗频率特性曲线和 L、C 元件的阻抗角频率特性曲线。

2）根据实验数据，总结、归纳出本次实验的结论。

① 电阻元件的阻值与信号源频率_____（相关/无关），其阻抗频率特性是近似为一条直线。

② 电容的容抗与信号源频率成_____（正比/反比）。

③ 电感元件的感抗与信号源频率近似成_____（正比/反比）。

④ rL 串联电路中，随着信号源频率的增加，阻抗角_____（增大/减小）。

⑤ rC 串联电路中，随着信号源频率的增加，阻抗角_____（增大/减小）。

任务实现　荧光灯照明电路的安装与测试

简单的荧光灯照明电路由灯管、辉光启动器和镇流器等组成，如图2-23所示。荧光灯管的内壁涂有一层荧光物质，管两端装有灯丝电极，灯丝上涂有受热后易发射电子的氧化物，管内充有稀薄的惰性气体和水银蒸汽。镇流器是一个带有铁心的电感线圈。辉光启动器由一个辉光管（管内由固定触头和倒U形双金属片构成）和一个小容量的电容组成，装在一个圆柱形的外壳内。

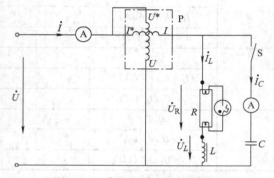

图2-23　荧光灯照明电路原理图

其工作过程分为两个阶段。

第一，启辉阶段

开关闭合→电压加在辉光启动器两端→辉光启动器辉光放电→动、静触片结合→接通电路→电路中形成电流→辉光启动器端电压为零→辉光放电结束→动、静触片分断→镇流器的电流突降为零→瞬间产生一个高电压→这个高电压与电源电压一起加在灯管两端→灯管弧光放电→激发水银蒸汽，灯管发光。

第二，工作阶段

灯管启辉后，镇流器由于其高电抗，两端电压增大；辉光启动器两端电压大为减少，氖气不再辉光放电，电流由灯管内气体导电形成回路，灯管进入工作状态。

1. 任务实施

（1）主要设备及元器件

数字万用表、荧光灯（25～40W）、镇流器（25～40W）、功率表、辉光启动器、电容（0.47～4.75μF，220V耐压以上）、灯架、导线、电烙铁、焊丝、镊子等。

（2）实施指导

1）荧光灯电路线路安装（以小组为单位完成各自工位的装调任务）。

实验参考图2-23所示的电路原理图。R 是荧光灯管，L 是镇流器，P 是功率表，C 是补偿电容，用以改善电路的功率因数（$\cos\varphi$ 值）。

2）电路检查无误后，接通电源，闭合按钮开关，观察灯管启辉工作。

2. 检测评价

1）荧光灯正常工作后，将电容 $C=0$（即断开 C），测试数据填入表2-10中。

表 2-10　测试数据（$C=0$）

U/V	U_L/V	U_R/V	P/W	I/mA	I_L/mA	$\cos\varphi$

2）并联不同容量的电容，测试和计算的数据填入表2-11中。

表 2-11　功率因数的提高

序　号	$C/\mu F$	测　量　值					
		U/V	I/mA	I_L/mA	I_C/mA	P/W	$\cos\varphi$
1							
2							
3							
4							
5							
6							
7							

用电压表、电流表、功率表测量荧光灯电路在额定电压时电路的功率、各支路电压、电流、功率因数。特别要找出使功率因数最大时的电容值。

要求：

① 计算出功率因数最大时的电容理论值（$C=0$ 时，$P=50W$、$U=220V$、$\cos\varphi=0.5$）。

② 围绕①中的电容理论值，根据实验室提供的电容参数（$0.47\mu F$、$1\mu F$、$2.2\mu F$、$4.7\mu F$）以递增的方式设计出 7 个不同的电容容量并填入表格。

③ 观察电路中各物理量的变化，分析功率因数随电容量的变化而变化的过程，找出实际的最大功率因数所对应的电容值。

3. 思考

1）荧光灯的优缺点及工作原理是什么？

2）荧光灯照明电路启动时，为什么要瞬间产生一个高电压，电路是如何实现的？

3）如何提高荧光灯电路的功率因数？

习　题　二

一、填空题

1. 正弦交流电的三要素是_____、_____和_____。

2. 某正弦交流电流 $i=5\sqrt{2}\sin(100\pi t+45°)\,A$，其最大值为_____，频率为_____，相位为_____，初相位为_____，在 $t=0.05s$ 时，瞬时值为_____。

3. 正弦量是按照正弦规律周期性变化的量，规定以＿＿＿＿＿＿＿＿＿＿＿＿＿＿＿＿＿＿＿为参考方向。

4. 相量是表示正弦量的复数，正弦电压 $u = U_m \sin(\omega t + \varphi)$ 用相量表示为＿＿＿＿＿＿＿。

5. 电感对交流电的阻碍作用称为＿＿＿＿＿＿＿；若线圈电感为 0.3H，把线圈接在频率为 50Hz 的交流电路中，$X_L =$＿＿＿＿＿＿＿ Ω。

6. 电容对交流电的阻碍作用称为＿＿＿＿＿＿＿；100pF 的电容对频率为 10^6Hz 的高频电流和对 50Hz 的工频电流的容抗分别为＿＿＿＿＿＿＿ Ω 和＿＿＿＿＿＿＿ Ω。

7. 在 RLC 串联电路中，已知电阻、电感和电容两端的电压都是 100V，则电路的端电压是＿＿＿＿＿＿＿ V。

8. 电感上电压的相位超前电流＿＿＿＿＿＿＿；在容性负载的电路中，相位角差＿＿＿＿＿＿＿。

9. 无功功率表示＿＿＿＿＿＿＿。

10. 非正弦周期量的有效值等于＿＿＿＿＿＿＿。

11. 串联谐振频率 $f_0 =$＿＿＿＿＿＿＿。

二、选择题

1. 市电 220V 是指交流电的（　　　　）。

A. 平均值　　　　　　B. 最大值　　　　　　C. 峰-峰值　　　　　　D. 有效值

2. 在直流状态下，电感 L 的感抗 X_L 等于（　　　　）。

A. L　　　　　　B. jL　　　　　　C. ∞　　　　　　D. 0

3. 电容上电流相位超前电压（　　　　）。

A. π　　　　　　B. $j\omega L$　　　　　　C. −90°　　　　　　D. 90°

4. 在电阻、电感、电容串联的电路中，电压和电流的相位差为 0°，电路为（　　　　）负载。

A. 感性　　　　　　B. 容性　　　　　　C. 阻性　　　　　　D. 无负载

5. 为提高功率因数，在感性负载上并联电容，则电路的有功功率（　　　　）。

A. 增大　　　　　　B. 减小　　　　　　C. 不变　　　　　　D. 为 0

6. 某电感线圈，接入直流电，测出 $R = 12\Omega$，接入工频交流电，测出阻抗为 20Ω，则线圈的感抗为（　　　　）

A. 20Ω　　　　　　B. 16Ω　　　　　　C. 8Ω　　　　　　D. 32Ω

7. 已知 RLC 串联电路端电压 $U = 20$V，各元件两端电压 $U_R = 12$V，$U_L = 16$V，$U_C =$（　　　　）。

A. 4V　　　　　　B. 32V　　　　　　C. 12V　　　　　　D. 28V

三、分析计算题

1. 有一个 220V、100W 的用电器，接在 220V、50Hz 的电源上，要求：

（1）给出电路图，并计算电流的有效值；

（2）计算该用电器消耗的电功率；

（3）画出电压、电流相量图。

2. 如图 2-24 所示，某输电线的导线电阻为 $R_线 = 10\Omega$，电路中接有 6 盏 40W 灯泡（每盏灯泡的热态电阻为 1200Ω），电源电压为 220V。问这时灯泡两端的电压为多大？

3. 已知 $i = I_m \sin(314t + 30°)$A，当 $t = 0$ 时，其瞬时值为 16A，试求电流的最大值、有效值及其频率。

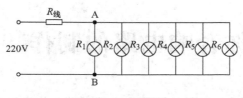

图 2-24 题 2 图

4. 已知 $A = 200\angle 30°$，$B = 100\angle 45°$，试计算 $\dot{A} + \dot{B}$、$\dot{A} - \dot{B}$、$\dot{A}\dot{B}$、$\dot{A} / \dot{B}$ 各为多少？

5. 用相量法求下列各组电压或电流之和，并将结果写成瞬时值形式（设频率均为 ω）。

（1）$\dot{U}_1 = 220\angle 45°\text{V}$，$\dot{U}_2 = 110\angle -30°\text{V}$；

（2）$\dot{I}_1 = 2\angle 33°\text{A}$，$\dot{I}_2 = 3\angle -50°\text{A}$。

6. 写出 $u = 100\sin(314t + 30°)\text{V}$ 的有效值相量和最大值相量。

7. 用相量法求两个电流之和，已知 $i_1 = 3\sin(314t + 30°)\text{A}$，$i_2 = 4\sin(314t - 60°)\text{A}$。

8. 荧光灯导通后，镇流器与灯管串联，其模型相当于电感与电阻的串联。若荧光灯电路的电阻 $R = 300\Omega$，$L = 1.66\text{H}$，工频电源的电压为 220V，试求：灯管电流及其与电源电压的相位差、灯管电压、镇流器电压。

9. 在图 2-25 所示电路中，已知 $u = 8\sin(50t + 30°)\text{V}$，$C = 200\mu\text{F}$，$L = 1\text{H}$，$R = 50\Omega$，试求电路的总电流 i。

10. 在图 2-26 所示电路中，已知 $\dot{U}_\text{s} = 100\angle 0°$，$\dot{I}_\text{s} = 10\sqrt{2}\angle -45°$，$Z_1 = Z_3 = 10\Omega$，$Z_2 = -\text{j}10\Omega$，$Z_4 = \text{j}5\Omega$，试求电路中的电流 i。

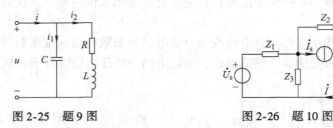

图 2-25 题 9 图　　　　图 2-26 题 10 图

11. 已知 $R = 30\Omega$，$L = 0.1\text{H}$，$C = 100\mu\text{F}$，三者相串联，流过 $i = 14.14\sin314t\text{A}$ 的电流，求：

（1）感抗、容抗和阻抗模；

（2）各元件上电压的有效值和瞬时值表达式；

（3）电路的有功功率、无功功率和视在功率。

项目3 迷你音响电路的制作、调试与检测

本项目设计并制作如图 3-1 所示的迷你音响电路，将音频接头接入音源设备，连接 220V 交流供电，经音响变压—整流—滤波电路和信号功率放大电路后，双声道输出悦耳动听的声效，调节音量电位器还可调整音量大小。

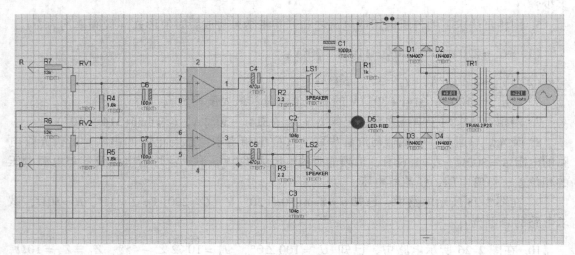

图 3-1　迷你音响电路

迷你音响电路的制作包括两个阶段：首先是直流电源提供电能，其次是功率放大电路放大信号。

直流稳压电源的作用是将交流电转变为直流电，并采取稳压措施来获得电子设备所需要的直流电压。它主要由变压器、整流电路、滤波电路、稳压电路等环节组成，其原理框图如图 3-2 所示。

电网供给的交流电压 u_1（220V、50Hz）经电源变压器降压后，得到符合电路需要的交流电压 u_2，然后由整流电路变换成方向不变、大小随时间变化的单向脉动电压 U_3，再经滤波电路滤去其交流分量，就可得到比较平滑的直流电压 U_4。但这样的直流输出电压，还会随交流电网电压的波动或负载的变动而变化。在对直流供电要求较高的场合，还需要使用稳压电路，以保证输出直流电压 U_o 更加稳定。

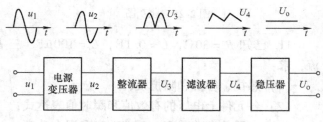

图 3-2　直流稳压电源原理框图

在实际应用电路中，通常要利用放大后的信号去控制某一负载工作。例如，声音信号经扩音器放大后驱动扬声器发声，传感器微弱的感应信号经电路放大后驱动继电器动作等，都

需要电路有足够大的功率输出才能实现，这样的电路就是功率放大电路，简称功放。这也是迷你音响设计制作的重要过程。

图 3-3　放大器组成框图

电子设备中的放大器一般由前置放大器和功率放大器组成，如图 3-3 所示。前置放大器的主要任务是不失真地提高输入信号的电压或电流幅度，而功率放大器的任务是在信号失真允许的范围内，尽可能输出足够大的信号功率，即不但要输出大的信号电压，还要输出大的信号电流，以满足负载正常工作的要求。

家用音响系统往往需要把声频信号功率提高到数瓦或数十瓦，把来自音源的微弱信号放大到能推动音箱（扬声器）发声的大功率信号，它主要由多级放大电路和功率放大电路构成。

知识目标

1. 了解半导体的基础知识。

2. 掌握二极管的单向导电性、伏安特性及主要参数。

3. 理解单相半波电路、全波电路、桥式整流电路和滤波电路的组成、工作原理及电压、电流计算。

4. 了解晶体管的结构、类型和型号。

5. 理解晶体管的放大原理及晶体管的特性曲线。

6. 理解稳压电路的主要性能指标、集成稳压电源电路的组成及相关计算。

7. 理解放大电路的基本概念。

8. 掌握基本放大电路的组成及静态工作点的确定。

9. 了解多级放大电路的一般组成、耦合关系和分析方法。

10. 理解反馈的概念，以及负反馈对放大电路性能的影响。

11. 了解集成运算放大器的组成及特点。

12. 理解集成运算放大器的指标特性和传输特性。

13. 理解功率放大器的作用，了解其特点及分类。

14. 掌握 OTL、OCL 功率放大电路的组成、工作原理及计算。

15. 了解集成功率放大器的工作原理。

技能目标

1. 能对电源指示电路装配、调试和检测。

2. 能对整流、滤波电路进行装配、调试和检测。

3. 能对集成稳压电源电路进行装配、调试和检测。

4. 能对迷你音响电路进行装配、调试和检测。

5. 能分析所装配音响的工作过程。

6. 通过实用电路安装提高实践操作技能。

知识导图

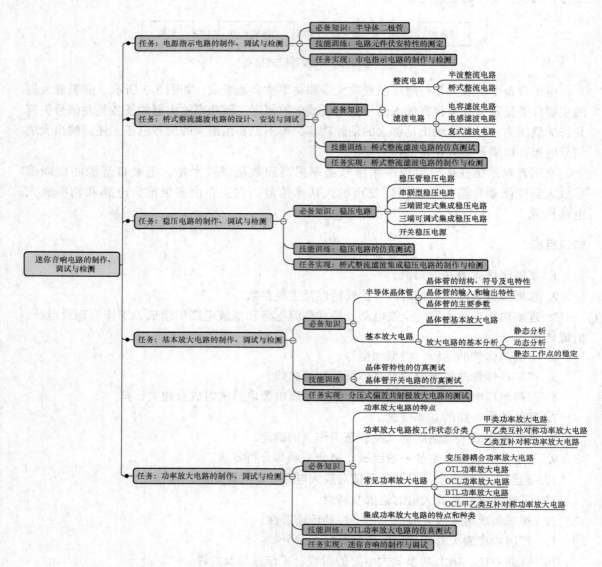

3.1 电源指示电路的制作、调试与检测

在实际应用中，经常用一个指示电路来表明电源供电的有无，图3-4为最常见、最简单的直流电源指示电路。该电路由发光二极管 LED 和降压限流电阻组成，直流电压 LED_PWR通过 R 加到 LED 上使 LED 导通，这时便有电流流过发光二极管发光指示。该指示电路用来指示直流工作电压 LED_PWR 的有无。

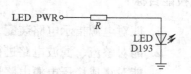

图 3-4　直流电源指示电路

自然界的各种物质就其导电性能来说，可划分为导体、半导体和绝缘体。导电能力介于

导体和绝缘体之间的物质称为半导体，其主要材料是硅（Si）、锗（Ge）或砷化镓（GaAs）。

半导体具有热敏、光敏和掺杂特性的特点。半导体受光照和激发便能增强导电能力，掺入微量的三价或五价元素（杂质）能显著增强导电能力。

纯净的、具有完整晶体结构的半导体称为本征半导体。本征半导体掺入微量元素后成为杂质半导体。由于掺入的杂质不同，杂质半导体可分为 N 型半导体和 P 型半导体。N 型半导体参与导电的多数载流子为带负电的"自由电子"，P 型半导体参与导电的多数载流子为带正电的"空穴"。

3.1.1　二极管的基本结构

在一块完整的本征半导体晶片上，通过特定的制造工艺（即掺杂工艺），使半导体晶片的一边形成 P 型半导体（P 区），另一边形成 N 型半导体（N 区），则在这两种半导体交界处形成一个具有特殊物理性质的带电薄层，称为 PN 结。

将 PN 结采用不同的方式封装，并在 P 区和 N 区引出两个电极，P 区引出的电极称为阳极，N 区引出的电极称为阴极，这就构成了二极管。二极管的结构及符号如图 3-5 所示。

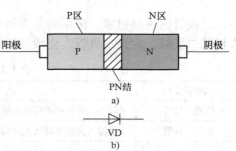

图 3-5　二极管的结构及符号
a）结构　b）符号

3.1.2　二极管的基本特性

1. 单向导电特性

当 PN 结外加正向电压（正偏）时，PN 结导通；当 PN 结外加反向电压（反偏）时，PN 结截止。二极管就是利用 PN 结的单向导电特性制成的半导体器件。

2. 伏安特性

二极管的伏安特性是指流过二极管的电流 i_V 与施加于二极管两端的电压 u_V 之间的关系或曲线，如图 3-6 所示。

（1）正向特性（OB 段）

当二极管两端正向电压较小时，二极管截止，正向电流几乎等于零，这段正向电压称为死区电压（即 OA 段），Si 管的死区电压约为 0.5V，Ge 管的死区电压约为 0.1V；当正向电压大于死区电压时，二极管导通（AB 段），正向电流随着两端电压的增大而迅速增大，电流与电压呈指数关系曲线。

（2）反向特性（OC 段）

当二极管两端加反向电压时，反向电

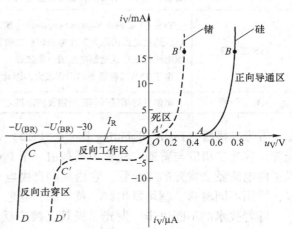

图 3-6　硅管和锗管的伏安特性曲线

流极小，反向电流随反向电压的增加基本不变。随着反向电压的增加，反向电流略有增加。

（3）反向击穿特性（*CD* 段）

当二极管两端反向电压增大到一定数值时，反向电流将突然增大，二极管失去单向导电特性，这种现象称为反向击穿。

稳压二极管的正向特性与普通二极管相似，在反向击穿状态时，反向电流在很大范围内变化而端电压变化很小，具有恒压性能。实际应用中正是利用 PN 结的反向击穿特性实现稳压作用的，正常工作时，稳压二极管的阳极接"−"，阴极接"+"。

（4）稳压二极管的击穿特性（*D* 点以后）

当二极管两端反向电压增大到一定数值时，反向电流将突然增大，二极管失去单向导电性，进入反向击穿区。

3.1.3　二极管的基本类型

二极管的种类很多，按用途分为检波二极管、整流二极管、稳压二极管、开关二极管、肖特基二极管、发光二极管、光敏二极管等。各种二极管的特点见表 3-1。

表 3-1　各种二极管的特点

二极管类别	特　　点
检波二极管	利用二极管的单向导电性将高频或中频无线电信号中的低频信号或音频信号检测出来
整流二极管	从输入交流中得到直流输出
稳压二极管	利用 PN 结反向击穿时的电压基本上不随电流的变化而变化的特点，用于控制电压和标准电压
开关二极管	在脉冲数字电路中，用于接通和关断电路的二极管称为开关二极管，其特点是反向恢复时间短，能满足高频和超高频应用的需要
肖特基二极管	具有肖特基特性的"金属半导体结"二极管，是高频和快速开关的理想器件
发光二极管	用磷化镓、磷砷化镓材料制成，体积小，正向驱动发光，工作电压低，工作电流小，发光均匀
变容二极管	利用 PN 结的电容随外加偏压而变化这一特性制成的非线性电容元件，被广泛地用于参量放大器、电子调谐及倍频器等微波电路中
TVS 二极管	TVS（Transient Voltage Suppresser，瞬态电压抑制器）二极管是和被保护电路并联的，当瞬态电压超过电路的正常工作电压时，二极管发生雪崩，为瞬态电流提供通路，使内部电路免遭超额电压的击穿或超额电流的过热烧毁 由于 TVS 二极管的结面积较大，因此它具有泄放瞬态大电流的优点，具有理想的保护作用
限幅二极管	将信号的幅值限制在所需要的范围之内

发光二极管（Light − Emitting Diode，LED）是半导体二极管的一种，可以把电能转化成光能。发光二极管与普通二极管一样是由一个 PN 结组成的，也具有单向导电性，是一种通以正向电流就会发光的二极管。它由某些自由电子和空穴复合时就会产生光辐射的半导体制成，采用不同材料，就可发出红、黄、绿、蓝色光，其实物图及电路符号如图 3-7 所示。

随着技术的不断进步，发光二极管已被广泛地应用于 LED 显示屏、交通信号灯和照明等领域。图 3-8 所示的 LED 共阴数码管本质上由 8 个发光二极管组成。

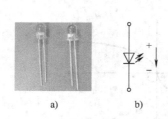

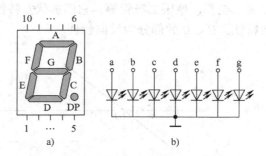

图 3-7　发光二极管的实物图及电路符号　　　　图 3-8　LED 共阴数码管的实物图及电路符号
a）实物图　b）电路符号　　　　　　　　　　a）实物图　b）电路符号

LED 发光的亮度随通过的正向电流增大而增强，典型工作电流为 10mA 左右，正向导通电压大于 1V，限流电阻的作用是使发光二极管正向工作电流小于额定电流。

3.1.4　二极管的主要参数

二极管的特性可以用它的参数来表示，参数是正确使用和选择二极管的依据。二极管的主要参数包括以下几个。

1. 最大整流电流 I_F

最大整流电流指二极管长时间工作时，允许流过的最大正向平均电流。当电流超过允许值时，将使 PN 结过热而使管子烧坏。

2. 最大反向工作电压 U_{RM}

这是为保证二极管不被击穿而给出的反向峰值电压，一般将反向击穿电压的一半定为 U_{RM}。例如，1N4001 二极管反向耐压为 50V，1N4007 的反向耐压为 1000V。

3. 最高反向工作电流 I_S

最高反向工作电流指二极管加最高反向工作电压时的反向电流值。反向电流大，说明二极管单向导电性差，且受温度影响大。

4. 反向恢复时间

从正向电压变成反向电压时，电流一般不能瞬时截止，要延迟一点儿时间，这个时间就是反向恢复时间。它直接影响二极管的开关速度。

技能训练 1　电路元件伏安特性的测定

任何二端电路元件的特性均可用该元件上的端电压 U 与流过该元件的电流 I 之间的函数关系 $U = f(I)$ 来表示，即用 $U - I$ 平面上的一条曲线来表征，这条曲线称为该电路元件的伏安特性曲线。

根据伏安特性的不同，电阻元件分为两类：线性电阻和非线性电阻。线性电阻元件的伏安特性曲线是一条通过坐标原点的直线，如图 3-9a 所示，该直线的斜率只由电阻元件的电阻值 R 决定，其阻值为常数；非线性电阻元件的伏安特性是一条经过坐标原点的曲线，其阻值 R 不是常数，即在不同的电压作用下，电阻值是不同的，常见的非线性电阻如白炽灯丝、普通二极管、稳压二极管等，它们的伏安特性如图3-9b、c、d所示。图中 $U > 0$ 的部分为正向特性，$U < 0$ 的部分为反向特性。

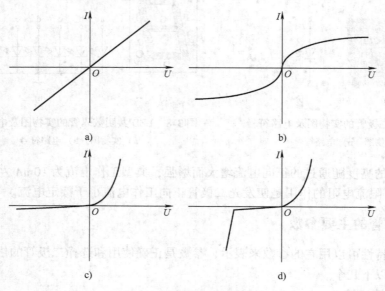

图 3-9　元件的伏安特性曲线

半导体二极管的电阻随着其端电压的大小和极性的不同而不同，当外加电压的极性和二极管的极性相同时，其电阻值很小，反之，二极管的电阻值很大。

通常采用逐点测试法绘制伏安特性曲线，即在不同的端电压作用下测量出相应的电流，然后逐点绘制出伏安特性曲线，根据伏安特性曲线便可计算其电阻值。

1. 实验设备

直流电压表、电流表各 1 块；可调直流稳压电源 1 台。

2. 实验内容及步骤

（1）测定线性电阻的伏安特性

按图 3-10a 接线，图中的电源 U 选用恒压源的可调稳压输出端，通过直流数字毫安表与 $1k\Omega$ 线性电阻相连，电阻两端的电压用直流数字电压表测量。

调节恒压源可调稳压电源的输出电压 U，从 0V 开始缓慢地增加（不能超过 10V），在表 3-2 中记下相应的电压表和电流表的读数。

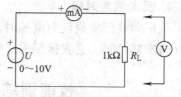

图 3-10　测定线性电阻的伏安特性

表 3-2　线性电阻伏安特性数据

U/V	0						
I/mA							

（2）测定二极管的伏安特性

1）测量二极管的正向特性。

按图 3-11 接线，R 为限流电阻，取 200Ω，二极管的型号为 1N4007。测二极管的正向特性时，其正向电流不得超过25mA，二极管 VD 的正向压降可在 0~0.75V 之间取值。特别是在 0.5~0.75V 之间取几个测量点，将数据记入表3-3中。

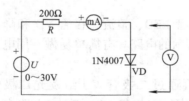

图 3-11　测定二极管的正向特性

表3-3　二极管正向特性实验数据

U/V	0	0.2	0.4	0.45	0.5	0.55	0.60	0.65	0.70	0.75
I/mA										

2）测量二极管的反向特性

测反向特性时，将可调稳压电源的输出端正、负连线互换，调节可调稳压输出电压 U，使其从 0V 开始缓慢地减少（不能超过 −30V），将数据记入表3-4中。

表3-4　二极管反向特性实验数据

U/V	0	−5	−10	−15	−20	−25	−30
I/mA							

（3）测定稳压管的伏安特性

将图3-11中的二极管 1N4007 换成稳压管 2CW51，重复实验内容（2）的测量，其正、反向电流不得超过 ±20mA，将数据分别记入表3-5和表3-6中。

表3-5　稳压管正向特性实验数据

U/V	0	0.2	0.4	0.45	0.5	0.55	0.60	0.65	0.70	0.75
I/mA										

表3-6　稳压管反向特性实验数据

U/V	0	−1	−1.5	−2	−2.5	−2.8	−3	−3.2	−3.5	−3.55
I/mA										

3. 实验注意事项

1）测量时，可调稳压电源的输出电压由 0V 缓慢增加电压值，应时刻注意电压表和电流表的读数不能超过规定值。

2）稳压电源输出端切勿碰线发生短路。

3）测量中随时注意电流表读数，及时更换电流表量程，勿使仪表超量程。

4. 实验报告要求

1）根据实验数据，分别在四个直角坐标系中绘制出各个元件的伏安特性曲线。

2）根据伏安特性曲线，计算线性电阻的电阻值，并与实际电阻值比较。

任务实现1 市电指示电路的制作与检测

市电指示电路由发光二极管 LED、整流二极管 VD 和降压限流电阻 R 组成，如图 3-12 所示的电路具有简单易做、用电安全、耗电少的特点。

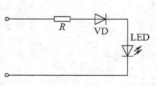

图 3-12 市电指示电路

220V 市电经电阻限流，再通过二极管 VD 给发光二极管 LED 提供工作电流，LED 被点亮。二极管 VD 串接在电路中的作用是避免发光二极管被反向电压击穿损坏。

1. 实验设备及元器件

实验设备包括数字万用表、电源插座、电烙铁、焊丝、镊子等。市电指示电路所需元器件见表 3-7。

表 3-7 市电指示电路元器件清单

	元器件名称	型 号 规 格	数 量
1	降压变压器	220V/16V	1
2	整流二极管	1N4001 或 1N4007	4
3	发光二极管 LED	φ5mm，红色	1
4	金属膜电阻器	22kΩ	1
5	万能板或印制电路板	10cm×5cm 单面	1

2. 实施指导

1）按照原理图在焊接板上对元器件布局并正确连线。

2）安装与焊接：

① 按工艺要求清除元器件表面的氧化层，对元器件引脚成形加工。

② 按布局图在实验电路板上排布插装元器件，电阻采用卧式安装，并贴紧电路板；整流二极管采用卧式安装，应注意极性；发光二极管采用立式安装。

③ 按工艺要求对元器件焊接，焊接完成后剪去多余引脚。

3）装配完成后进行自检，检查装配的正确性，包括二极管的极性，焊点质量应无虚、假、漏、错焊等，电路无短路、开路等故障。

3. 检测评价

从实验台引出市电到电源指示电路输入端。

（1）波形测量

用示波器两个通道分别测量 16V 交流电压波形、整流后的波形、限流电阻两端的波形和发光二极管两端的波形，将结果填入表 3-8 中。

表 3-8 指示电路波形测量

16V 交流输入波形	整流后的波形	整流后的限流电阻两端的波形	发光二极管两端的波形

（2）电压测量

用万用表交流电压档（50V）测量输入电压，万用表直流电压档（50V）测量整流输出电压，万用表直流电压档（10V）测量发光二极管端电压，并将数值填入表3-9中。

表3-9　电压测量数据

测量项目	输入交流电压	整流后电压	限流电阻两端的直流电压	发光二极管两端直流电压
电压/V				

4. 思考

1）限流电阻取22kΩ时，指示电路中电流有效值约为$I \approx \dfrac{220\text{V}}{22\text{k}\Omega} = 10\text{mA}$，若想使LED亮度增加，则限流电阻如何选取？

2）若整流二极管击穿，会出现什么情况？

3）若整流二极管反装，会出现什么情况？

4）若LED反装，会出现什么情况？

3.2　桥式整流滤波电路的设计、安装与调试

电网供给的交流电压经电源变压器降压后，得到符合电路需要的交流电压，然后由整流电路变换成方向不变、大小随时间变化的单向脉动电压，再经滤波电路滤去其交流分量，得到相对平滑的直流电压。

3.2.1　整流电路

整流电路是利用二极管的单向导电性将交流电压变换成单向脉动电压的电子电路。

1. 半波整流电路

单相半波整流是最简单的整流电路，仅仅需要一个整流二极管。实际应用中，半波整流电路的输入电压是经过整流变压器变压后输出的合适的交流电压信号。

图3-13a所示为单相半波整流电路，由变压器Tr、整流二极管VD及负载电阻R_L组成，变压器的作用是把电网电压u_1（交流220V，50Hz）变换成所需的交流电压u_2，二次电压有效值为U_2。

当u_2为正半周时，二极管VD正偏导通，回路有电流通过，在负载R_L上形成电压u_o；当u_2为负半周时，二极管VD反偏截止，回路没有电流通过，负载R_L上电压为0V，波形如图3-13b所示。

（1）输出电压分析

直流电压是指一个周期内脉动电压的平均值，有

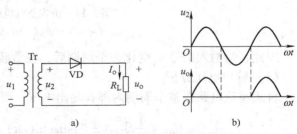

图3-13　单相半波整流电路及其波形

a）电路　b）波形

$$U_o \approx 0.45 U_2 \tag{3-1}$$

流过负载 R_L 的直流电流为

$$I_o = \frac{U_o}{R_L} = \frac{0.45 U_2}{R_L} \tag{3-2}$$

（2）二极管参数分析

最大整流电流 I_F 应大于负载电流，最大反向工作电压 U_{RM} 应大于 $\sqrt{2} U_2$。

虽然半波整流电路结构简单，但只利用交流电压半个周期，电源利用率低，直流输出电压只有输入电压有效值的 0.45 倍，输出电压波动大，整流效率低。目前应用得比较广泛的是桥式整流电路。

2. 桥式整流电路

桥式整流电路基本组成如图 3-14 所示，由变压器 Tr、整流二极管 $VD_1 \sim VD_4$ 及负载电阻 R_L 组成，两个二极管相同极性连接的两端作为桥式整流的输出，与负载相连接；两个二极管相异极性连接的两端作为整流桥的输入，与交流信号相连接。为了绘图的方便，常常将整流桥简化。

单相桥式整流电路的工作原理如下：

① 当输入信号 u_2 处于正半周时，VD_1 和 VD_3 导通，VD_2 和 VD_4 截止，负载 R_L 上得到 u_o 的半波电压，如图 3-14a 所示；

② 当输入信号 u_2 处于负半周时，VD_2 和 VD_4 导通，VD_1 和 VD_3 截止，负载 R_L 上得到与正半周时的电压波形相同的半波电压，如图 3-14b 所示。

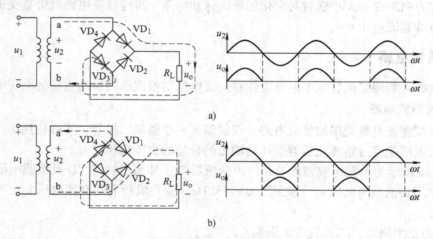

图 3-14 桥式整流电路及其波形

a）正半周工作情况 b）负半周工作情况

因此，当输入信号 u_2 变化一个周期后，在负载电阻 R_L 上得到的电压是单向全脉动波形。

（1）输出电压分析

桥式整流电路在整个周期内都输出电压，所以其整流电压的平均值为

$$U_0 = \frac{1}{\pi} \int_0^\pi \sqrt{2} \, U_2 \sin\omega t \mathrm{d}(\omega t) = \frac{2\sqrt{2}}{\pi} U_2 \approx 0.9 U_2 \tag{3-3}$$

负载电流为

$$I_o = \frac{U_o}{R_L} \approx 0.9 \frac{U_2}{R_L} \tag{3-4}$$

（2）二极管参数分析

桥式整流电路中每两个二极管串联导通半个周期，所以流经每个二极管的电流平均值为负载电流的一半，即

$$I_D = \frac{1}{2}I_o \approx 0.45 \frac{U_2}{R_L} \tag{3-5}$$

每个二极管在截止时承受的最高反向电压为 u_2 的最大值，即

$$U_{RM} = \sqrt{2}U_2 \tag{3-6}$$

在实际工作中，选择二极管时取其最大整流电流 $I_F > I_D$，最高反向工作电压 $U_R > \sqrt{2}U_2$。

桥式整流电路的优点是输出电压高，纹波电压较小，管子所承受的最大反向电压较低，同时因电源变压器在正、负半周内都有电流供给负载，电源电压利用率高，因而整流效率也较高。因此桥式整流电路在半导体整流电路中得到了颇为广泛的应用。

3. 整流桥堆简介

除了用分立组件组成整流电路外，现在半导体器件厂已将整流二极管封装在一起，制造成单相整流桥模块（桥堆）。这些模块只有输入交流和输出直流引脚，减少了接线，提高了电路工作的可靠性，使用起来非常方便。

图 3-15 为常用的单相整流桥模块的外形图，其中，标有"～"符号的两个引出端为交流电源输入端，另外两个引出端为负载端。

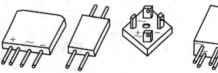

图 3-15　单相整流桥模块

3.2.2　滤波电路

整流电路输出的脉动电压是由直流分量和许多不同频率的交流谐波分量叠加而成的，输出的直流电压脉动大，仅适用于对直流电压要求不高的场合，对一些要求输出直流电压相对稳定的设备，必须滤波，滤除脉动直流电压中的交流成分。

1. 电容滤波电路

电容滤波电路利用电容两端的电压不能突变的特性，将电容与负载并联，使负载得到较平滑的电压。图 3-15a 所示是单相半波整流电容滤波电路，它由电容 C 和负载 R_L 并联组成。

其工作原理如下：当 u_2 的正半周开始时，若 $u_2 > u_C$（电容两端电压），整流二极管 VD 因正向偏置而导通，电容 C 被充电，由于充电回路电阻很小，因而充电很快，u_C 和 u_2 变化同步。当 $\omega t = \pi/2$ 时，u_2 达到峰值，C 两端的电压也近似充电至 $\sqrt{2}U_2$。当 $u_C > u_2$ 时，二极管 VD 截止，电容 C 通过负载 R_L 放电，放电时间常数 $\tau = R_L C$。直到再次满足 $u_2 > u_C$ 时，VD 导通，C 再次被充电。如此重复，可得图 3-16b 所示波形，由图可见，放电时间常数 $\tau = R_L C$ 越大，输出波形越平滑。

在桥式整流电路中加电容进行滤波与半波整流滤波电路相比，工作原理是一样的，不同的是在 u_C 全周期内，前者电路中总有二极管导通，所以 u_2 对电容 C 充电两次，电容向负载

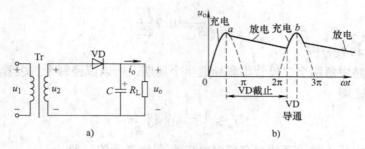

图 3-16　单相半波整流电容滤波电路及其波形

a）电路　b）波形

放电的时间缩短，输出电压更加平滑，平均电压值也自然升高。其工作原理这里不再赘述。桥式整流电容滤波电路及其波形如图 3-17 所示。

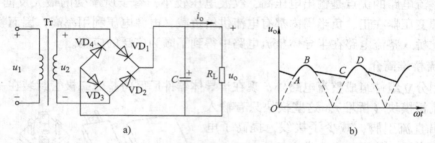

图 3-17　桥式整流电容滤波电路及其波形

a）电路　b）波形

设电容初始电压为零，接通电源时，u_2 由零开始上升，整流二极管 VD_1、VD_3 因正偏而导通，整流二极管 VD_2、VD_4 因反偏而截止，电源向负载 R_L 供电，同时向电容 C 充电。由于充电回路的电阻很小（变压器二次绕组的直流电阻和二极管的正向电阻均很小），故充电时间常数很小，充电速度很快，u_C 和 u_2 同步变化，达到峰值 $\sqrt{2}\,U_2$ 后，u_2 下降，当 $u_2 < u_C$ 时，四个整流管截止，电容 C 开始向 R_L 放电。因其放电时间常数 R_LC 较大，u_C 缓慢下降。

当 u_2 负半周的绝对值增加到 $|u_2| > u_C$ 时，整流二极管 VD_2、VD_4 因正偏而导通，整流二极管 VD_1、VD_3 因反偏而截止，电源又向电容 C 充电。当 u_2 负半周达到峰值时，C 两端的电压又充电达到 $\sqrt{2}\,U_2$。

当 u_2 的第二个周期的正半周到来时，C 仍在放电。当 $u_2 > u_C$ 时，整流管 VD_1、VD_3 因正偏而导通，VD_2、VD_4 因反偏而截止，电容再次被充电。这样不断重复第一周期的过程，得到图 3-17b 所示的 u_C，即输出电压 u_L 的波形。显然，此波形较滤波前平滑许多，即输出电压中的纹波大为减小，达到滤波的目的。

（1）负载上电压的计算

半波整流时，$U_{o(AV)} \approx (1 \sim 1.1) U_2$。

桥式整流和全波整流时，$U_{o(AV)} \approx 1.2\,U_2$。

（2）滤波电容和整流二极管的选取

滤波电容的大小取决于放电回路的时间常数，R_LC 越大时，输出电压的脉动越小，输出电压就越高。在工程应用中，一般选取

$$C \geq (3 \sim 5)\frac{T}{2R_\text{L}} \tag{3-7}$$

式中，T 为电源电压 u_2 的周期。

流经二极管的正向平均电流为：

半波整流时，取 $I_\text{D} > I_\text{o}$；

桥式整流时，取 $I_\text{D} > \dfrac{1}{2}I_\text{o}$。

一般考虑 $2 \sim 3$ 倍的余量。

对滤波电容的选择除考虑容量外，还应考虑耐压。当负载断开时，电容端电压最大值为 $\sqrt{2}U_2$，电容的耐压通常取到 $(1.5 \sim 2)U_2$。

考虑到每个二极管的导通时间较短，会有较大冲击电流，因此，二极管的最大整流电流一般按下式选择：

$$I_\text{F} = (2 \sim 3)I_\text{VD} \tag{3-8}$$

二极管承受的最高反向工作电压仍为二极管截止时两端电压的最大值，则选取

$$U_\text{RM} \geq \sqrt{2}U_2 \tag{3-9}$$

电容滤波电路的优点是电路简单，输出电压较高，脉动小，但在接通电源的瞬间，将产生强大的充电电流，称为"浪涌电流"。同时，由于负载电流增大时输出电压迅速下降，因此它适用于负载电流较小且变动不大的场合。

2. 电感滤波电路

如图 3-18 所示，电感滤波电路利用电感对脉动成分呈现较大感抗的原理来减少输出电压中的脉动成分。可以这样理解，输出电压 $\dot{U}_\text{o}$ 是整流后电压 $\dot{U}_3$ 经 R_L 和 Z_L 分压得到的，

即 $\dot{U}_\text{o} = \dfrac{\dot{U}_3 R_\text{L}}{R_\text{L} + Z_\text{L}}$，其中 $Z_\text{L} = \text{j}\omega L$（电感 L 的直流电阻可忽略不计）。而 $\dot{U}_3$ 中含有直流成分和一系列高次谐波，对直流成分来说，$Z_\text{L} \to 0$，$\dot{U}_3$ 几乎全部落在 R_L 上，对脉动成分来讲，频率越高，Z_L 上分得的电压越多。

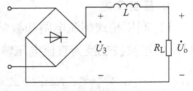

图 3-18　电感滤波电路

经过电感滤波后，负载电流和电压的脉动减小，变得平滑。电感线圈的电感量越大，负载电阻越小，滤波效果越好。

电感滤波电路输出的直流电压与变压器二次电压的有效值间的关系为 $u_\text{L} \approx 0.9u_2$。

电感滤波电路适用于负载电流较大且变化较大的场合，其缺点是电感量大、体积大、成本高。

3. 复式滤波

单用电容或电感进行滤波效果不理想时，可用复式滤波电路。

（1）RC - Π 形滤波器

图 3-19 所示是 RC - Π 形滤波器。图中，电容 C_1 两端电压中的直流分量有很小一部分落在 R 上，其余部分加到了负载电阻 R_L 上；而电压中的交流脉动则大部分被滤波电容 C_2 衰减

掉，只有很小的一部分加到负载电阻 R_L 上。这种电路的滤波效果虽好一些，但电阻上要消耗功率，所以只适用于负载电流较小的场合。

（2）$LC-\Pi$ 形滤波器

图 3-20 所示是 $LC-\Pi$ 形滤波器，与图 3-19 比较可见，该滤波器只是将 $RC-\Pi$ 形滤波器中的 R 用电感 L 做了替换。由于电感具有阻交流通直流的作用，因此在增加了电感滤波的基础上，这种电路的滤波效果更好，而且 L 上无直流功率损耗，所以一般用在负载电流较大和电源频率较高的场合。缺点是电感的体积大，使电路看起来笨重。

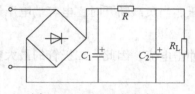

图 3-19　$RC-\Pi$ 形滤波器

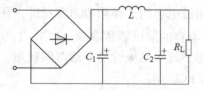

图 3-20　$LC-\Pi$ 形滤波器

技能训练 2　桥式整流滤波电路的仿真测试

1. 任务要求

1）进一步掌握二极管的作用及工作原理，培养对简单电路的设计能力，初步掌握设计电路的基本方法。

2）掌握桥式整流滤波电路中元器件的连接特点，能够对电路中的相关参数进行合理测试，并能正确判断出电路的工作状态。

3）掌握简单电路的装配方法，进一步熟练使用各种仪器仪表。

2. 任务实施

1）利用桥式整流电路和教学实验板，将函数信号发生器产生的幅度为 $10V_{PP}$、频率为 $1kHz$ 的正弦波变换为直流电压输出。电路工作原理如图 3-21 所示。

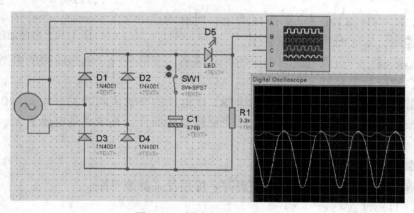

图 3-21　桥式整流滤波电路

2）波形记录（见表 3-10）。

表 3-10　桥式整流滤波电路仿真结果图

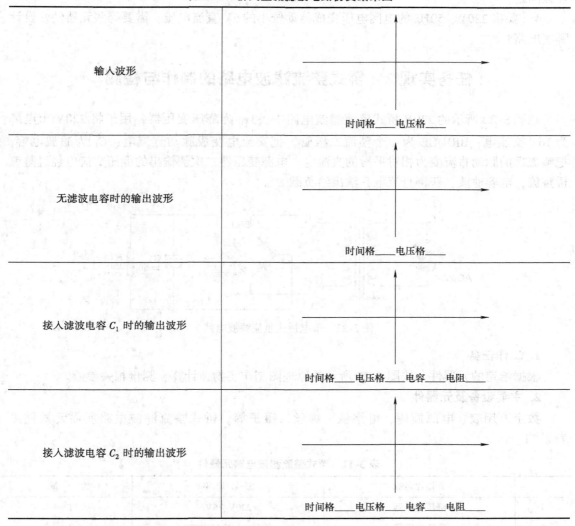

输入波形	
	时间格＿＿电压格＿＿
无滤波电容时的输出波形	
	时间格＿＿电压格＿＿
接入滤波电容 C_1 时的输出波形	
	时间格＿＿电压格＿＿电容＿＿电阻＿＿
接入滤波电容 C_2 时的输出波形	
	时间格＿＿电压格＿＿电容＿＿电阻＿＿

3. 思考

1）交流电的大小是随着时间变化而变化的，瞬时值（某一瞬间）的大小在零和正负峰值之间变化，把一个直流电压和一个交变电压分别施加在两个相同的电阻元件上，如果在相同时间内它们产生的热量相等，那么就把直流电压的值作为交变电压的有效值。

正弦交流电的有效值与最大值之间的关系为

$$U = \frac{U_m}{\sqrt{2}} \approx 0.707 U_m$$

峰–峰值（peak–to–peak，pk–pk）是指波形图中最大的正值和最大的负值之间的差；峰值是以 0 刻度为基准的最大值，有正有负。

问：峰–峰值为 1V 的正弦波，它的有效值是多少？

2）整流、滤波的主要目的是什么？电容滤波的实质又是什么？

3）在桥式整流电路中，在某个二极管发生开路、短路和反接这三种情况下，将会出现什么问题？

4）要将 220V、50Hz 的电网电压变成脉动较小的 6V 直流电压，需要哪些元器件？设计哪些电路？

任务实现 2　桥式整流滤波电路的制作与检测

在图 3-22 所示的 220V 桥式整流滤波电路中，Tr_1 为降压变压器，用于将 220V 市电降为 16V 交流电；BRIDGE 为 4 个整流二极管，把交流电变成脉动直流电；C_1 为滤波电容，把整流后的脉动直流变为相对平滑的直流电。电源变压器二次侧输出的低压交流电经过整流桥整流，电容滤波，获得直流电，输出给负载 R_1。

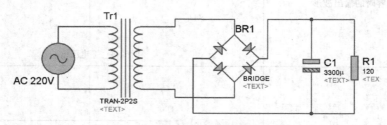

图 3-22　市电桥式整流滤波电路

1. 工作任务

根据给定的元器件，按图 3-22 所示的原理图制作实物，计算、测量相关参数。

2. 主要设备及元器件

数字万用表、电源插座，电烙铁、焊丝、镊子等。桥式整流滤波电路所需元器件见表 3-11。

表 3-11　桥式整流滤波电路元器件

	元器件名称	型号规格	数　量
1	降压变压器	220V/16V	1
2	整流二极管	1N4001 或 1N4007	4
3	电解电容	3300μF	1
4	发光二极管 LED	φ5mm 红色	1
5	负载电阻	120Ω/8W	1
6	万能板或印制电路板	10cm×5cm，单面	1

3. 实施指导

1）按照原理图在焊接板上对元器件布局并正确连线。

2）安装与焊接：

① 按工艺要求清除元器件表面的氧化层，对元器件引脚成形加工。

② 按布局图在实验电路板上排布插装，电阻采用卧式安装，并贴紧电路板；整流二极管采用卧式安装，应注意极性；电解电容采用立式安装。

③ 按工艺要求对元器件焊接，焊接完成后剪去多余引脚。

3）装配完成后进行自检，检查装配的正确性，包括二极管和电解电容的极性，焊点质量应无虚、假、漏、错焊等，电路无短路、开路等故障。

4. 检测评价

（1）断电检测

分别用万用表 $R \times 10\Omega$、$R \times 100\Omega$ 档检测降压变压器一次绕组电阻值_____、二次绕组电阻值_____。

用万用表 $R \times 1k\Omega$ 档检测滤波电容两端的正向电阻值_____、反向电阻值_____。

（2）通电检测

1）从实验台引出市电到桥式整流滤波电路输入端，用万用表交流电压 50V 档测量降压变压器一次电压，即电路输入端电压：_____；变压器二次电压，即电路输出端电压_____。

2）断开滤波电容 C_1，用万用表直流电压 50V 档测量整流后的电压_____。

3）断开负载，用万用表直流电压 50V 档测量整流滤波后的空载电压（也是 C_1 端电压）_____。

4）用万用表直流电压 50V 档测量整流滤波后的加载电压_____。

（3）波形检测

用示波器测量变压器二次输出电压的波形，填入表 3-12。

表 3-12　整流滤波电路波形的测量

测 量 项 目	电路输入电压波形	断开滤波电容 C_1，整流滤波电路输出电压的波形	连接滤波电容 C_1，整流滤波电路输出电压的波形
测量波形			

5. 思考

1）计算桥式整流电路输出电压的大小，若接入 120Ω 负载，计算输出电流的大小及负载上消耗功率的多少。

2）分别计算整流、滤波电路空载和加载的输出电压大小，若接入 120Ω 负载，计算输出电流的大小及负载上消耗功率的多少。

3）整流桥上任意一只二极管开路，会出现什么情况？

4）整流桥上任意一只二极管击穿，会出现什么情况？

5）若 C_1 开路，会出现什么情况？

6）要将市电变换为脉动较小的 5V 直流电压，需要怎样设计？

3.3　稳压电路的制作、调试与检测

整流滤波电路使交流电输出为较平滑的直流电，但随着交流电源电压的波动和负载的变化而变化，引起电子设备、控制装置工作不稳定。通常必须在滤波电路之后再接入稳压电路。

3.3.1　稳压管稳压电路

稳压二极管，又叫齐纳二极管（Zener Diode），是利用 PN 结反向击穿状态下其电流可在很大范围内变化而电压基本不变的性质而制成的起稳压作用的二极管。

图 3-23 所示为硅稳压二极管的伏安特性曲线。在二极管反向击穿时，流过稳压管的电流 ΔI_Z 虽在很大范围变化，但二极管两端的电压 ΔU_Z 却基本上稳定在击穿电压附近，从而实现了二极管的稳压功能。

图 3-24 所示为稳压管稳压电路，经过整流滤波得到直流电压 U_i，再经过限流电阻 R 和稳压管 VZ 组成的稳压电路接到负载 R_L，输出电压 U_o 即稳压管两端的稳定电压 U_Z：$U_o = U_i - I_R R = U_Z$，负载上得到一个稳定的电压。因负载与稳压管 VZ 并联，故又称为并联型稳压电路。

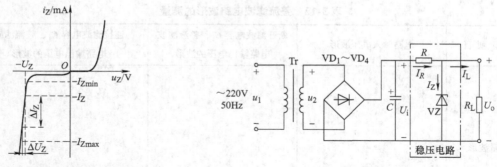

图 3-23　硅稳压二极管的伏安特性　　　　　图 3-24　稳压管稳压电路

首先分析负载 R_L 不变、电网电压变化时的稳压过程。例如，当电网电压升高，使输入电压 U_i 随着升高时，输出电压 U_o 也升高，由于稳压管与负载并联，则稳压管电压 U_Z 随之升高，稳压管的电流 I_Z 会明显增加，电流 I_R（$I_R = I_o + I_Z$）随之增大，从而使 $U_R = I_R R$ 增加，导致输出电压 U_o 下降，达到稳压的目的。上述过程简单表述如下：

$$U_i \uparrow \to U_o \uparrow \to I_Z \uparrow \to I_R \uparrow \to U_R \uparrow$$
$$U_o \downarrow \longleftarrow$$

同样，若电网电压不变（即 U_i 不变），负载 R_L 变化时。例如，负载 R_L 增大，输出电压 U_o 上升，稳压管两端的电压随之升高，从而使稳压管电流 I_Z 明显增大，使 I_R 和 U_R 增大，输出电压 U_o 下降，达到稳压的目的。

由此可知，稳压管组成的稳压电路，就是在电网电压波动或负载电流变化时利用稳压管所起的电流调节作用，通过限流电阻 R 上电压或电流的变化进行补偿，达到稳压的目的。

选择稳压二极管时，一般取 $U_Z = U_o$，$I_{ZM} = (2 \sim 3) I_{omax}$。考虑电网电压的变化，$U_i$ 可按 $U_i = (2 \sim 3) U_o$ 选择。

硅稳压管稳压电路结构简单，但稳压性能差，稳压值取决于稳压管的 U_Z，且不能调节，输出功率小，适用于电压固定、负载电流较小的场合。

3.3.2　串联型稳压电路

串联型稳压电路是在直流电压输入端和负载之间串接一个晶体管，当输入电压 U_i 或负载 R_L 变化引起输出电压 U_o 变化时，U_i 的变化反映到晶体管的输入电压 U_{BE}，然后 U_{CE} 随之变化，达到调整 U_o 的目的，从而保证输出电压基本稳定。工作在放大区的晶体管，其集电极–发射极间的电压 U_{CE} 是受基极电流控制的，I_B 增加时，U_{CE} 相应减小；反之，当 I_B 减小时，U_{CE} 增加，此晶体管也叫调整管。

图 3-25 所示为简单串联型稳压电路，图中 R_B 和 VT 组成并联型稳压电路，R_B 既是 VZ 的限流电阻，又是 VT 的偏置电阻，使晶体管工作于合适的工作状态。

VZ 是硅稳压管，为调整管 VT 提供基准电压 U_Z；由于负载电阻 R_L 和晶体管 VT 串联，相当于一个射极跟随器。由电路可知

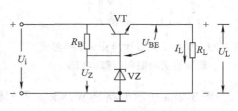

图 3-25　简单串联型稳压电路

$$U_L = U_i - U_{CE}$$
$$U_{BE} = U_B - U_E = U_Z - U_L$$

该电路的稳压原理如下：当输入电压 U_i 增加或 I_L 增大时，U_i 经 U_{CE} 与 R_L 分压使 U_L 升高；由于晶体管的基极电位 $U_B = U_Z$（稳压管的稳压值）不变，使 U_{BE} 减小，从而使 I_B、I_C 都减小，导致 U_{CE} 增加（相当于 R_{CE} 增大），结果使 U_L 基本不变，从而实现稳压。这一稳压过程可表示为：

$$U_i \uparrow (\text{或} I_L \downarrow) \rightarrow U_L \uparrow \rightarrow U_{BE} \downarrow \rightarrow I_B \downarrow \rightarrow I_C \downarrow \rightarrow U_{CE} \uparrow \rightarrow U_L \downarrow$$

同理，当 U_i 减小或 I_L 增大，使 U_L 减小时，通过与上述相反的调整过程，也可维持 U_L 基本不变。

从放大电路的角度看，该稳压电路是一个射极输出器（R_L 接于 VT 的射极），其输出电压 U_L 是跟随输入电压 $U_B = U_Z$ 变化的。因 U_B 是一稳定值，故 U_L 也是稳定的，基本上不受 U_i 与 I_L 变化的影响。

3.3.3　三端固定式集成稳压电路

随着电子技术的发展，半导体器件制造工艺实现了将晶体管、电阻、电容等分立元器件组成的完整电路制作在同一块硅片上形成集成电路。集成稳压电路由于具有精度高、工作稳定可靠、外围电路简单、体积小等显著优点，而在各种电源电路中得到普遍应用。

集成稳压电路按其内部的工作方式可分为串联型、并联型和开关型；按其外部特性可分为三端固定式、三端可调式、多端固定式、多端可调式、正电压输出式和负电压输出式。

三端集成稳压器三个端子分别为输入端、输出端和公共端，通用产品有 W78××系列（正电压输出）和 W79××系列（负电压输出）。图 3-26 为这两个系列集成稳压器的实物图和引脚排列。

三端固定式集成稳压器的型号组成及意义如图 3-27 所示，最后的两位数字代表输出电压值，可为 ±5 V、±6 V、±8 V、±12 V、±15 V、±18 V 和 ±24 V 七个等级。例如，7812 表示输出直流电压为 +12V，7912 则表示输出直流电压为 -12V。

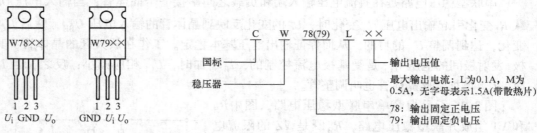

图 3-26　W78××和 W79××系列集成
　稳压器实物图和引脚排列

图 3-27　三端固定式集成稳压器的型号组成及意义

图 3-28a 所示电路是 W78××系列作为固定输出时的典型接线图。为了保证稳压器正常工作，最小输入输出电压差至少为 2~3V；输入端的电容 C_1 一般取 0.1~1μF，其作用是在输入线较长时抵消其感应效应，防止产生自激振荡；输出端的 C_2 用来减小由于负载电流瞬时变化而引起的高频干扰，一般取 0.1μF；输出端的 C_3 为容量较大的电解电容，用来进一步减小输出脉动和低频干扰。图 3-28b 所示的应用电路提供了负电源输出。

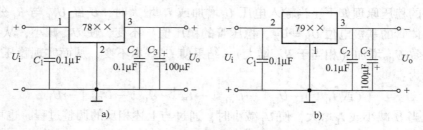

图 3-28　三端固定式稳压器的典型接线图
a) 78××系列典型接法　b) 79××系列典型接法

三端固定式稳压器的电路非常简单，但是只能够获得有限的几种标准电压，输出电流的最大值仅为 1.5A。为了扩大输出电压和输出电流的范围，实现输出电压在某范围内可调，需要对基本应用电路做相应的改进。

图 3-29 所示电路是一种用于提高输出电压、实现电压可调的电路。R_1 和 R_2 为外接电阻，R_1 两端的电压为集成稳压器的额定电压 5V，流过 R_1 的电流 $I_{R1} = 5V/R_1$。因为流经集

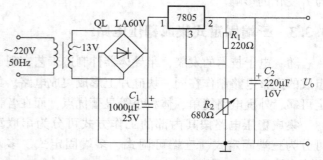

图 3-29　输出电压可调的三端固定式稳压器电路

成稳压器公共端的静态电流 I_Q 非常小，一般为几毫安。若经过 R_1 的电流 I_{R1} 大于 $5I_Q$，可以忽略 I_Q 的影响，R_1 和 R_2 电阻可以近似为串联的关系，则输出电压 U_o 可近似为

$$U_o = 5\text{V} \times \left(1 + \frac{R_2}{R_1}\right)$$

使用集成稳压器要注意以下几点。

（1）三个引出端

三端集成稳压器的接地端一定要焊接良好；输出电压大于 6V 的三端集成稳压器的输入端、输出端须接一个保护二极管，防止输入电压突然降低时输出电容对输出端放电，引起三端集成稳压器损坏。

（2）正确选择输入电压范围

三端集成稳压器内部管子有一定耐压值，整流器的输出电压最大值不能大于集成稳压器的最大输入电压，如 7805（7905）最大输入电压为 35V，7824（7924）最大输入电压为 40V。

（3）注意压差限制

三端集成稳压器有一个使用最小压差（输入电压与输出电压的差值）的限制，所以变压器的二次绕组电压也不能过低。三端集成稳压器的最小输入输出电压差约为 2V。一般就使该差值保持在 6V 左右。

（4）保证散热良好

应在三端集成稳压器上安装散热器，当散热器面积太小，而内部调整管的结温达到保护动作点附近时，集成稳压器的稳压性能变差。

（5）集成稳压器的并联使用

当需要稳压电源输出 1.5A 以上电流时，通常将多块三端集成稳压器并联，使其最大输出电流为 n 个 1.5A。并联使用时应选用同一厂家、同一批号的产品，以保证参数的一致性。

3.3.4　三端可调式集成稳压电路

三端可调式集成稳压器是在三端固定式集成稳压器的基础上发展起来的，集成片的输入电流几乎全部流到输出端，流到公共端的电流非常小，因此可以用少量的外部元器件方便地组成精密可调的稳压电路，应用更为灵活。

图 3-30 所示为 LM317 三端可调式集成稳压器电路。该电路输出电压在 1.2～37V 范围内连续可调，最大输出电流为 1.5A。

图中，C_1 为输入旁路电容，用来消除自激振荡；C_2 为调整端旁路电容，用来减小 RP、R_1 上的纹波，C_3 为输出旁路电容，用来消除可能产生的自激振荡；VD_1 和 VD_2 是保护二极管，其中 VD_1 作用是防止输出断

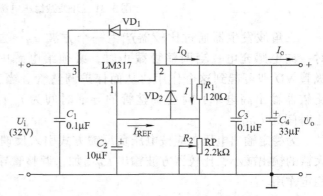

图 3-30　LM317 三端可调式集成稳压器电路

路时电容 C_3 经稳压电路放电而使其损坏，VD_2 作用是防止输出短路时电容 C_2 经稳压电路放电而使其损坏。R_1、RP 构成取样电路，通过调节 RP 来改变输出电压的大小。

其输出电压的大小可表示为

$$U_o = \frac{U_{REF}}{R_1}(R_1 + R_2) + I_{REF}R_2$$

由于调整端电流 $I_{REF} \approx 50\mu A$，可以忽略，集成稳压器输出端与调整端之间的固定基准电压 $U_{REF} = 1.25V$，所以

$$U_o \approx 1.25\left(1 + \frac{R_2}{R_1}\right) \tag{3-10}$$

为了使电路正常工作，一般输出电流不小于 5mA。当输入电压在 2～40V 之间时，输出电压可在 1.25～37V 之间调整，负载电流可达 1.5A。

3.3.5 开关稳压电源

前面学过的并联型、串联型直流稳压电路以及三端稳压电路均属于线性稳压电路，这是因为稳压电路中的调整管总是工作在线性放大区。线性稳压电路结构简单，调整方便，输出电压脉动小，但效率低（30% 左右），功耗大。为克服上述缺点，提出了开关稳压电源。

开关型稳压电源原理图如图 3-31 所示。它由调整管、滤波电路、比较器、三角波发生器和基准源等部分构成。

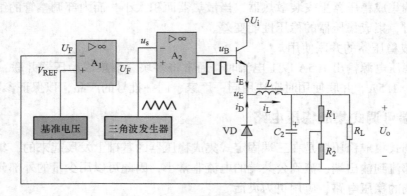

图 3-31　开关型稳压电源原理图

三角波发生器通过比较器产生一个方波 u_B，去控制调整管的通断。当调整管导通时，向电感充电；当调整管截止时，必须给电感中的电流提供一个泄放通路。续流二极管 VD 即可起到这个作用，从而保护调整管。当三角波幅度小于比较放大器输出时，比较器输出高电平，对应调整管的导通时间为 t_{on}；反之输出低电平，对应调整管的截止时间为 t_{off}。

为稳定输出电压，应按电压负反馈方式引入反馈，设输出电压增加，U_F 增加，比较放大器的输出减小，比较器方波输出 t_{off} 增加，调整管导通时间减小，输出电压下降，起到了稳定作用。

技能训练 3　稳压电路的仿真测试

1. 稳压管稳压电路软件仿真与分析

（1）任务要求

按测试步骤完成所有测试内容，并撰写测试报告。

（2）任务实施

1）按图 3-32 画好仿真电路。

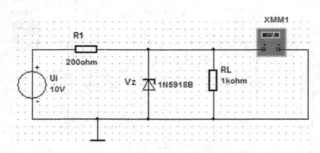

图 3-32　稳压管稳压电路特性的仿真测试

2）模拟电网电压波动，按表 3-13 改变输入电压的值，观察万用表 XMM1 测量的负载电阻 R_L 两端输出电压的值，记录测量数据。

表 3-13　输入电压变化时的输出电压测量值

U_i/V	2	5	10	15	20	25	30
U_o/V							

3）模拟负载的波动，按表 3-14 改变负载大小，观察万用表所测量的输出电压值，并记录。

表 3-14　负载变化时的输出电压测量值（$U_i = 10\text{V}$）

R_L/Ω	10	100	600	1k	10k	100k	∞
U_o/V							

4）将图 3-32 中的 R_1 去掉，输入电压和负载电阻保持不变，万用表的读数为_____ V。

（3）任务小结

1）如果将电阻 R_1 去掉，稳压管_____（能/不能）起稳压作用。实际使用时如果不接限流电阻，稳压管会因为_____而造成损坏。

2）在一定的限制范围内，输入电压或者负载发生变化时，输出电压变化较_____（大/小），稳压二极管起到稳压作用，输出电压在_____ V 左右。

3）如果输入电压或者负载的变换超越了限制范围，则稳压二极管_____（能/不能）稳压。

2. 集成稳压器稳压电路软件仿真与分析

（1）任务要求

按测试步骤完成所有测试内容，并撰写测试报告。

（2）任务实施

1）按图 3-33 画好仿真电路。

2）按表 3-15 改变输入电压大小，观察万用表所测量的负载 R_L 两端输出电压的值，记录测量数据。

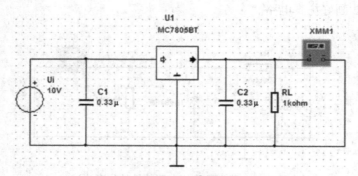

图 3-33　集成稳压器特性的仿真测试

表 3-15　输入电压变化时的输出电压测量值

U_i/V	2	5	10	15	20	25	30
U_o/V							

3）模拟负载的波动，按表 3-16 改变负载大小，观察万用表所测的输出电压值，并记录。

表 3-16　负载变化时的输出电压测量值（$U_i = 10\text{V}$）

R_L/Ω	10	100	600	1k	10k	100k	∞
U_o/V							

4）按图 3-34 画好仿真电路。用虚拟示波器分别观察整流、滤波、稳压后的输出波形，绘制于表 3-17 中。

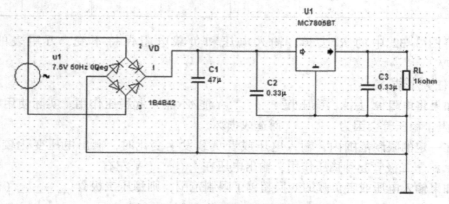

图 3-34　集成直流稳压电源仿真电路

表 3-17 集成直流稳压电源电路仿真结果图

桥式整流输出波形	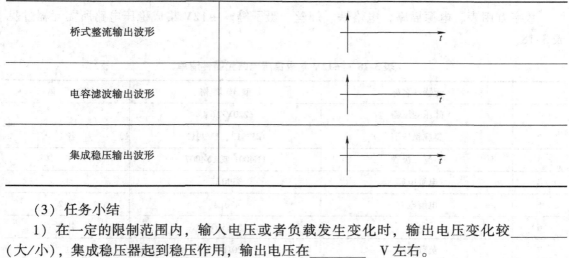
电容滤波输出波形	
集成稳压输出波形	

（3）任务小结

1）在一定的限制范围内，输入电压或者负载发生变化时，输出电压变化较_____
（大/小），集成稳压器起到稳压作用，输出电压在_____ V 左右。

2）如果输入电压或者负载的变化超越了限制范围，则集成稳压器_____（能/不能）
稳压。输入电压比输出电压至少高_____ V，集成稳压器才能够正常工作。

3）比较集成稳压器与稳压管稳压电路的测量结果，集成稳压器的稳压效果_____
（好/差）。

4）集成直流稳压电源电路_____（能/不能）获得稳定的直流电压，电路包括 4 个
组成部分，分别为_____、_____、_____和_____。

任务实现3　桥式整流滤波集成稳压电路的制作与检测

在图 3-35 所示的 ±12V 集成稳压电路中，电源变压器带有中心抽头并接地，输出端有
大小相等、极性相反的电压，经桥式整流，电容 C 滤波，得到 22V 左右的直流电压；再经
集成稳压器 CW78××、CW79×× 稳压后，得到 ±12V 双电源电压。其中，C_1 为抗干扰电
容，用于旁路在输入导线过长时窜入的高频干扰脉冲；C_2 为稳压后的滤波电容，使输出电
压更为稳定。

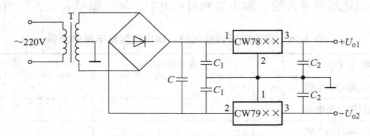

图 3-35　±12V 集成稳压电路

1. 工作任务

根据给定的元器件，按原理图 3-35 连接实物，计算、测量相关参数。

2. 主要设备及元器件

数字万用表、电源插座，电烙铁、焊丝、镊子等。±12V 集成稳压电路所需元器件见表 3-18。

表 3-18　±12V 集成稳压电路元器件清单

	元器件名称	型 号 规 格	数 量
1	降压变压器	220V/16V	1
2	集成稳压器	LM7812、LM7912	各 1
3	整流二极管	1N4001 或 1N4007	4
4	电解电容	3300μF	1
5	电解电容	470μF	各 2
6	电容	0.33μF	各 2
7	负载电阻	120Ω/8W	1
8	万能板或印制电路板	10cm×5cm，单面	1

3. 实施指导

1）按照原理图在焊接板上对元器件布局并正确连线。

2）安装与焊接：

① 按工艺要求清除元器件表面的氧化层，对元器件引脚成形加工。

② 按布局图在实验电路板上排布、插装元器件，注意二极管、电解电容的极性和集成稳压器引脚的正确辨别。

③ 按工艺要求对元器件焊接，焊接完成后剪去多余引脚。

3）装配完成后进行自检，检查装配的正确性，包括二极管、稳压器和电解电容的极性，焊点质量应无虚、假、漏、错焊等，电路无短路、开路等故障。

4. 检测评价

（1）断电检测

分别测量集成稳压器输入端、输出端的对地电阻，将数据填入表 3-19 中。

表 3-19　集成稳压器输入端、输出端对地电阻的测量

测 量 项 目	测量值/kΩ	结　　论
LM7812 输入端对地电阻		
LM7812 输出端对地电阻		
LM7912 输入端对地电阻		
LM7912 输出端对地电阻		

（2）通电检测

按表 3-20 中所示测量项目要求，测量各电压（不接负载）。

表 3-20 集成稳压电源电路电压的测量

测 量 项 目	测量值/kΩ	结　　论
降压变压器二次绕组（一）		
降压变压器二次绕组（二）		
LM7812 输入端对地电阻		
LM7812 输出端对地电阻		
LM7912 输入端对地电阻		
LM7912 输出端对地电阻		

（3）集成稳压电路各项性能指标检测

在集成稳压电路输出端各接一个阻值为 $120\Omega/8W$ 的负载。

1）输出电压 U_o 和最大输出电流 I_{omin} 的测量。

由于 LM7812 输出电压 $U_o = 12V$，流过 R_L 的电流 $I_{omin} = \dfrac{12}{120}A = 100mA$。

2）输出电阻的测量。

改变负载电阻，测量相应的 U_o，计算 $R_o = \dfrac{\Delta U_o}{\Delta I_o}$，将数据填入表 3-21 中。

表 3-21　输出电阻 R_o 的测量

R_L/Ω	测　量　值		计算输出电阻 R_o
	I_o/mA	U_o/V	
120			
240			

5. 思考

1）如何判断集成稳压芯片的好坏？

2）集成稳压器输入电压的范围是怎样的？

3）应当制作中需要一个能输出 1.5A 以上电流的稳压电源时，通常将多块稳压器并联使用，应用时应注意些什么？

3.4　基本放大电路的制作、调试与检测

放大电路应用十分广泛，其主要作用是将微弱的小信号放大，以便测量和使用。半导体晶体管是电子电路中最基本的放大器件，在放大电路、开关电路、调制电路和振荡电路中得到广泛应用。

3.4.1　半导体晶体管

1. 晶体管的结构、符号及电特性

半导体晶体管简称晶体管，它有两个相互影响的 PN 结，具有电流放大作用，是一种利用输入电流控制输出电流的电流控制型器件。

图 3-36 所示为几种常见晶体管的外形，其共同特征是具有三个电极。

图 3-36　几种常见晶体管的外形

晶体管内部是由 P 型半导体和 N 型半导体组成的三层结构，根据分层次序分为 NPN 型和 PNP 型两大类。图 3-37 所示为晶体管的结构示意图和电路符号。晶体管有三个区：发射区、基区和集电区。

晶体管包含两个 PN 结和三个电极。其中，两个 PN 结为发射结（be 结）、集电结（bc 结）；三个电极为发射极 e(E)、基极 b(B) 和集电极 c(C)。

晶体管电路符号中的箭头表示在发射结上加正向电压时的电流方向。

晶体管具有以下两个电特性：

1）电流放大特性，即 $I_C = \beta I_B$，其中 β 为晶体管电流放大系数。

2）开关特性，即晶体管饱和时，c、e 极相当于开关接通；晶体管截止时，c、e 极相当于开关断开。

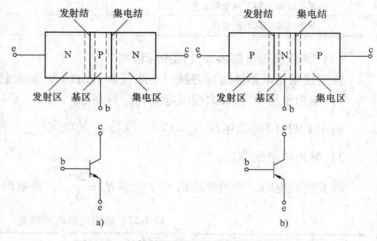

图 3-37　晶体管的结构示意图和电路符号
a) NPN 型晶体管　b) PNP 型晶体管

2. 晶体管的特性曲线

晶体管的特性曲线用来表示晶体管各极电压和电流的关系曲线，它反映出晶体管的性能，是分析放大电路的重要依据。晶体管的连接方式不同时，有着不同的特性曲线。应用最广泛的是共发射极电路，其基本测试电路如图 3-38 所示。

（1）输入特性曲线

共发射极输入特性曲线是指当集-射极电压 u_{CE} 为常数时，输入电路（基极电路）中基极电流 i_B 与基-射极电压 u_{BE} 间的关系曲线，如图 3-39 所示。

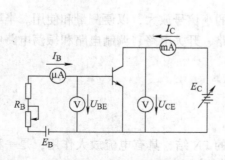

图 3-38　晶体管共发射极特性基本测试电路

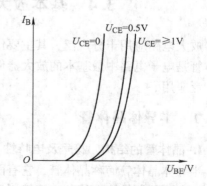

图 3-39　晶体管的输入特性曲线

输入特性曲线具有以下特点：

1）当 $U_{CE} = 0$ 时，特性曲线与二极管的正向特性曲线相似。因为此时集电极与发射极短路，相当于两个二极管并联，这样 i_B 与 u_{CE} 的关系就成了两个并联二极管的伏安特性。

2）当 $U_{CE} \geqslant 1V$ 时，特性曲线趋于重合。这是因为集电结已反向偏置，可以把从发射区扩散到基区的电子中的绝大部分拉入集电区。如果此时再增大 u_{CE}，只要 u_{BE} 保持不变，i_B 也就基本不变。也就是说，u_{CE} 超过 1V 后的输入特性曲线基本上是重合的。晶体管处于放大状态时，都用该曲线来表示。

3）当 u_{BE} 很小时，I_B 等于零，晶体管处于截止状态。

4）当 u_{BE} 大于门槛电压（硅管约 0.5V，锗管约 0.2V）时，I_B 逐渐增大，晶体管开始导通。

5）晶体管导通后，u_{BE} 基本不变。硅管约为 0.7V，锗管约为 0.3V，称为晶体管的导通电压。

（2）输出特性曲线

输出特性曲线是指当基极电流 I_B 为常数时，输出电路（集电极电路）中集电极电流 I_C 与集射极电压 U_{CE} 之间的关系曲线，在不同的 I_B 条件下可得到不同的特性曲线，所以可以看到图 3-40 所示的一簇输出特性曲线。

通常把输出特性曲线分为以下三个工作区。

1）放大区：输出特性曲线接近水平的部分是放大区，在放大区，$I_C = \beta I_B$，成正比的关系，因此放大区也称为线性区。晶体管工作于放大状态时，发射结处于正向偏置，集电极处于反向偏置。

2）截止区：$I_B = 0$ 的曲线以下区域即截止区。$I_B = 0$，$I_C = I_{CEO}$，对 NPN 型硅管，当 $u_{BE} < 0.5V$ 时，晶体管就处于截止状态，截止时发射结、集电结均处于反向偏置。

3）饱和区：当 $u_{CE} < u_{BE}$ 时，集电结处于正向偏置，晶体管工作于饱和状态。在饱和区，I_B 的变化

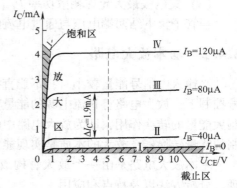

图 3-40　晶体管的输出特性曲线

对 I_C 影响较小，两者不成比例，放大区的 β 不能适用于饱和区。饱和时发射结和集电结均为正向偏置。

3. 晶体管的主要参数

晶体管的参数是表征管子的性能和适用范围的参考数据，其主要参数有以下几种。

（1）电流放大系数

当晶体管构成共发射极电路时，在静态（无输入信号）时集电极电流 I_C（输出电流）与基极电流 I_B（输入电流）的比值称为共发射极静态电流（直流）放大系数 $\overline{\beta}$。

$$\overline{\beta} = \frac{I_C}{I_B}$$

当晶体管工作在动态（有输入信号）时，基极电流的变化量为 ΔI_B，它引起集电极电流的变化量为 ΔI_C，两者的比值称为动态电流（交流）放大系数，即

$$\overline{\beta} = \frac{\Delta I_C}{\Delta I_B}$$

（2）集-基极反向截止电流 I_{CBO}

I_{CBO} 是当发射极开路时由于集电结处于反向偏置，集电区和基区中的少数载流子的漂移运动所形成的电流。在一定温度时 I_{CBO} 是一个常量，随着温度升高，I_{CBO} 将增大，它是晶体管工作不稳定的主要因素。小功率锗管的 I_{CBO} 约为几微安到几十微安，小功率硅管的 I_{CBO} 约在 $1\mu A$ 以下。

（3）集-射极反向截止电流 I_{CEO}

I_{CEO} 是当 $i_B = 0$，即将基极开路、集电结反向偏置和发射结正向偏置时的集电极电流。由于它是从集电极直接穿透晶体管而到达发射极的，因此又称为穿透电流。硅管的 I_{CEO} 约为几微安，锗管的 I_{CEO} 约为几十微安，I_{CEO} 的值越小越好。

（4）集电极最大允许电流 I_{CM}

晶体管工作时，若集电极电流超过 I_{CM}，管子性能将显著下降，并有可能烧坏管子。

（5）集电极-发射极间反向击穿电压 U_{CEO}

U_{CEO} 是当管子基极开路时，集电极和发射极之间的最大允许电压。当电压越过此值时，管子将发生电压击穿，电击穿可能会导致热击穿损坏管子。

（6）集电极最大允许耗散功率 P_{CM}

当管子集电结两端电压与通过电流的乘积超过此值时，管子性能变坏或烧毁。

3.4.2 基本放大电路

当输入电信号能量较小时，不能直接驱动负载，需要另外提供一个直流电源，在输入信号控制下，放大电路将直流电源的能量转化为较大的输出能量去驱动负载。这种用小能量控制大能量的转换作用，即为放大电路中的放大。因此，放大电路实际上是一个受输入信号控制的能量转换器，放大的本质是实现能量的控制和转换。

基本放大电路是由一个放大管构成的简单放大电路，以下讨论它的电路结构、工作原理、分析方法以及特点和应用。

1. 晶体管基本放大电路

图 3-41 是共发射极基本交流放大电路，输入端接入交流信号源（通常以一个理想电压源 u_s 和电阻 R_s 串联的等效电压源表示），放大器的输入电压为 u_i，输出端接负载电阻 R_L，输出电压为 u_o，电路中各元器件的作用如下。

1）VT：放大管，利用 i_B 对 i_C 的电流控制作用，实现用微小的输入电压 u_i 的变化引起基极电流 i_B 的变化，从而在输出回路中产生较大的与输入信号成比例的集电极电流 i_C 的变化，进而在负载 R_L 上获得比输入信号幅度大得多、但又与其成比例的输入信号 i_o。

2）V_{CC}：集电极直流电源，为集电结提供反向偏压，保证晶体管工作在放大状态，即发

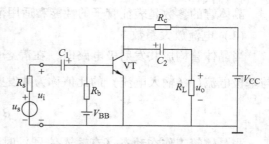

图 3-41 共发射极基本放大电路

射结正偏、集电结反偏；同时向负载提供能量。

3）R_c：集电极电阻，一般是几百欧至几千欧。可以是一个实际的电阻元件，也可以是继电器、发光二极管等器件。作为电阻元件时，主要是将集电极的电流变化变换成集电极的电位变化，以实现电压放大；作为继电器、发光二极管等器件时，它既是直流负载，同时也是执行元件或能量转换元件。

4）V_{BB}：基极偏置电源，为发射结提供正向偏压。

5）R_b：基极偏置电阻。一般是几十千欧至几百千欧，主要为基极提供所需的电流 i_B。

6）C_1、C_2：输入和输出耦合电容。利用电容具有的隔直通交作用，既能使放大器与信号源、负载间的不同大小的直流电压互不干扰，又能把信号源提供的交流信号传递给放大器，经过放大后的信号隔掉直流成分后，再传递给负载，保证了信号源、放大器、负载均能正常工作。

7）R_L：负载电阻。

8）u_s：信号源电压。

9）R_s：信号源内阻。

从放大电路的组成可知，放大电路正常放大信号时，电路中既有直流电源 V_{CC}，又有输入的交流信号 u_i。因此，电路中晶体管各极的电压和电流中有直流成分，也有交流成分，各电压和电流是交直流的叠加。这里交流是放大的对象，直流是使放大对象不失真放大的基础。

2. 放大电路的基本分析

当没有外加输入信号（$u_i = 0$）时，放大电路的工作状态称为静态；电路中各处电压、电流都是直流量，所以静态又称为直流工作状态。静态分析是要确定放大电路的静态工作点基极电流 I_{BQ}、集电极电流 I_{CQ}、基极与发射极之间电压 U_{BEQ} 和集电极与发射极之间电压 U_{CEQ}。

动态分析是指有输入信号时的工作状态，动态分析是要确定放大电路的电压放大倍数 A_u、输入电阻 r_i 和输出电阻 r_o 等。

（1）静态分析

静态时直流电流流通的路径称为直流通路，画直流通路的方法为：将电容 C_1 和 C_2 视作开路，将交流耦合电容及其外电路去掉，则图 3-42a 所示的共发射极放大电路的直流通路改为如图 3-42b 所示，可求得静态工作点。

$$I_{BQ} = \frac{V_{CC} - U_{BEQ}}{R_b}$$

$$I_{CQ} = \beta I_{BQ}$$

$$U_{CEQ} = V_{CC} - I_{CQ} R_c$$

U_{BEQ}：硅管一般为 0.7V，锗管为 0.3V。

一个放大器的静态工作点的设置是否合适，是放大器能否正常工作的重要条件。

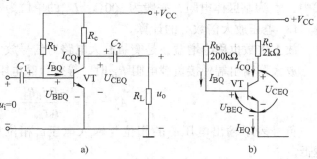

图 3-42　基本共发射极放大电路

a）电路　b）直流通路

【例3-1】 在图3-43所示的放大器的直流通路中，$V_{CC} = 12V$，晶体管电流放大倍数 $\beta = 50$，其余元器件参数见图，估算静态工作点。

解:

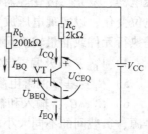

$$I_{BQ} = \frac{V_{CC} - U_{BEQ}}{R_b} \approx \frac{V_{CC}}{R_b} = \frac{12V}{200k\Omega} = 60\mu A$$

$$I_{CQ} = \beta I_{BQ} = 50 \times 60 \ \mu A = 3mA$$

$$U_{CEQ} = V_{CC} - I_{CQ}R_c = 12V - 3mA \times 2k\Omega = 6V$$

（2）动态分析

动态时交流电流流通的路径称为交流通路，画交流通路的方法为：将电容视为短路，将直流电源视为短路。则图3-41所示的共发射极基本放大电路的交流通路改为如图3-44所示。

图3-43　例3-1图

晶体管是非线性器件，为便于分析和计算，输入为小信号且工作点 Q 设置合适时，可将晶体管所组成的放大电路等效为一个线性电路，也就是把晶体管等效为一个线性元器件，这样就可像处理线性电路那样处理晶体管放大电路。这也称为放大电路的微变等效电路法。

图3-45所示为晶体管微变等效电路，晶体管的 B、E 间电压变化量和 I_b 的变化量之比可以用一个等效电阻 r_{be} 来描述，C、E 间可用一个受控电流源 $i_c = \beta i_b$ 等效代替。此受控电流源体现了基极电流对集电极电流的控制作用。

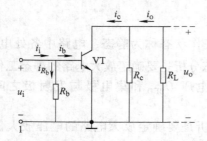

图3-44　共发射极基本放大电路的交流通路

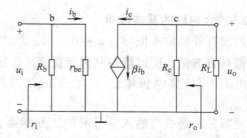

图3-45　共发射极基本放大电路的微变等效电路

r_{be} 称为晶体管基极输入电阻，常用以下经验公式估算：

$$r_{be} = r'_{bb} + (1 + \beta)\frac{26mV}{I_{EQ}} = 300 + (1 + \beta)\frac{26mV}{I_{CQ}}$$

式中，r'_{bb} 为基区体电阻，一般为 300Ω；I_{CQ} 的单位为 mA。

1）电压放大倍数 A_u 的计算。

放大倍数也称为增益，是衡量放大电路对信号放大能力的最主要指标。

放大器输出端外接负载电阻 R_L 时，等效负载电阻 $R'_L = R_c // R_L$，$u_o = -i_c R'_L$，故

$$A_u = \frac{u_o}{u_i} = \frac{-\beta i_b R'_L}{i_b r_{be}} = -\frac{\beta R'_L}{r_{be}}$$

负号表示输出电压 u_o 的相位与输入电压 u_i 相位相反。可见 R_L 越小，则电压放大倍数越低。

2）输入电阻 r_i。

放大电路对信号源（或对前级放大电路）而言是一个负载，可用一个电阻来等效代替。

这个电阻也就是放大电路的输入电阻 r_i，即

$$r_i = \frac{u_i}{i_1} = R_B /\!/ r_{BE} \approx r_{BE}$$

r_i 是衡量放大电路从信号源获取信号能力的指标，其定义为输入交流电压 u_i 与输入回路产生的输入电流 i_i 之比。r_i 越大说明放大电路从信号源索取的电流越小，消耗在信号源内阻上的电压就越小，放大电路获取信号的能力越强。

3）输出电阻 r_o。

放大电路对负载（或后级放大电路）来说是一个信号源，其内阻即为放大电路的输出电阻 r_o。如果放大电路的输出电阻较大，相当于信号源的内阻较大，当负载变化时，输出电压的变化较大，那么放大电路驱动负载的能力较差。因此，通常希望 r_o 越小越好。

放大电路的输出电阻是当输入端信号短路、输出端负载开路时，从放大电路输出端看进去的等效电阻。从图 3-45 可知

$$r_o \approx R_c$$

【例 3-2】 在图 3-46 所示的电路中，设晶体管电流放大倍数 $\beta = 50$，其余参数如图所示。试求：（1）静态工作点；（2）r_{be}；（3）A_u；（4）r_i；（5）r_o。

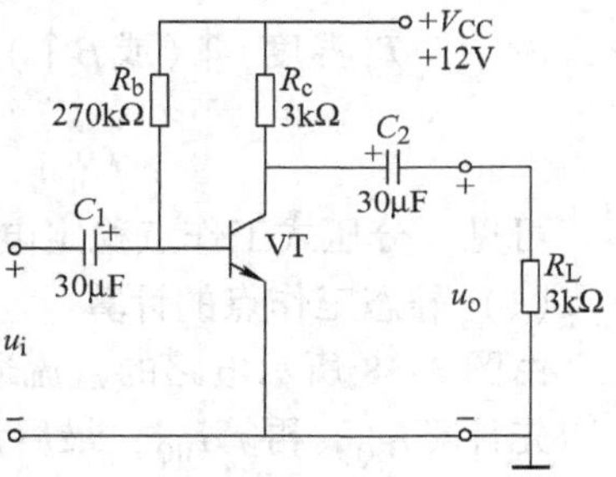

解：（1）求静态工作点

$$I_{BQ} \approx \frac{V_{CC}}{R_b} = \frac{12V}{270k\Omega} \approx 44.4\mu A$$

$$I_{CQ} = \beta I_{BQ} = 50 \times 44.4\mu A = 2.2mA$$

$$U_{CEQ} = V_{CC} - I_{CQ} R_c = 12V - 2.2mA \times 3k\Omega = 5.4V$$

（2）求 r_{be}

$$r_{be} = 300\Omega + (1+\beta) \frac{26mV}{I_{EQ}} = 300\Omega + (1+50) \times \frac{26mV}{2.2mA} \approx 903\Omega = 0.903k\Omega$$

（3）求电压放大倍数 A_u

$$A_u = -\frac{\beta R_L'}{r_{be}} \qquad R_L' = \frac{R_c \cdot R_L}{R_c + R_L} = 1.5k\Omega \qquad A_u = -50 \times \frac{1.5k\Omega}{0.9k\Omega} \approx -83.3$$

（4）求输入电阻 r_i

$$r_i = R_b /\!/ r_{be} \approx 0.9k\Omega$$

（5）求输出电阻 r_o

$$r_o \approx R_c = 3k\Omega$$

图 3-46 例 3-2 图

3. 静态工作点的稳定

通过前面的分析可知，静态工作点的取值对放大电路的正常工作至关重要。静态工作点不但决定了放大电路是否会产生失真，且影响放大电路电压放大倍数、输入电阻、输出电阻等动态参数。

实际应用中有许多因素，如环境温度的变化、电源电压的波动、元器件老化及更换晶体管等，都会导致静态工作点的不稳定，从而使动态参数不稳定，甚至使放大电路无法正常工作。因此，如何使静态工作点保持稳定，是一个十分重要的问题。

如图 3-47 所示的电路与固定偏置式放大电路不同的是：基极直流偏置电位 U_{BQ} 是由基

极偏置电阻 R_{b1} 和 R_{b2} 对 V_{CC} 分压来取得的。故称这种电路为分压式偏置放大电路，此电路能够稳定电路的静态工作点。

其中，R_{b1} 为上偏流电阻；R_{b2} 为下偏流电阻；R_e 为发射极电阻；C_e 为发射极旁路电容，作用是提供交流信号的通道，减少信号的损耗，使放大器的交流信号放大能力不因 R_e 而降低。

基极电压 U_{BQ} 由 R_{b1} 和 R_{b2} 分压后得到，即

$$U_{BQ} \approx V_{CC} \cdot \frac{R_{b2}}{R_{b1} + R_{b2}}$$

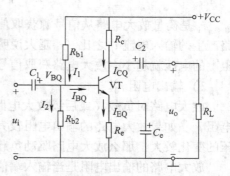

由此，U_{BQ} 的大小与晶体管的参数无关。其工作点稳定过程如下：温度变化时，晶体管的参数 I_{CBQ}、β、U_{CEQ} 将发生变化，导致工作点偏移。分压式偏置电路稳定工作点的过程可表示为：

图 3-47　偏置式静态工作点稳定电路

$$T(温度)\uparrow(或 \beta \uparrow) \rightarrow I_{CQ}\uparrow \rightarrow I_{EQ}\uparrow \rightarrow V_{EQ}\uparrow \rightarrow V_{BEQ}\downarrow \rightarrow I_{BQ}\downarrow$$
$$I_{CQ}\downarrow \longleftarrow$$

可见，分压式工作点稳定电路具有自动稳定工作点的功能。

（1）静态工作点的计算

由图 3-48 所示电路的直流通路，Q 点各值求解如下：
先计算 I_{CQ}，再算 I_{BQ}，最后计算 U_{CEQ}。

$$I_{CQ} \approx I_{EQ} \approx \frac{U_{EQ}}{R_e} = \frac{U_{BQ} - U_{BEQ}}{R_e} \approx \frac{U_{BQ}}{R_e}$$

$$I_{BQ} = \frac{I_{CQ}}{\beta}$$

$$U_{CEQ} = V_{CC} - I_{CQ}R_c - I_{EQ}R_e \approx V_{CC} - I_{CQ}(R_c + R_e)$$

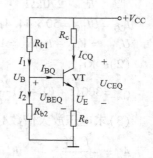

（2）电压放大倍数、输入电阻和输出电阻的计算

由图 3-49 和图 3-50 所示放大电路的交流通路和微变等效电路可得：

图 3-48　直流通路

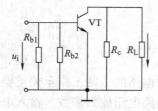

图 3-49　交流通路

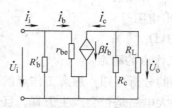

图 3-50　微变等效电路

$$u_o = -\beta(R_c /\!/ R_L)i_b = -\beta R_L' i_b$$
$$u_i = r_{be}i_b$$
$$A_u = \frac{u_o}{u_i} = -\frac{\beta R_L'}{r_{be}}$$

$$R_i \approx r_{be}$$
$$r_o = R_c$$

【例 3-3】 如图 3-51 所示的两个放大电路中，已知晶体管参数 $\beta = 50$，$U_{BEQ} = 0.7V$，电路其他参数如图所示。

（1）试求两个电路的静态工作点；

（2）若两个晶体管的 $\beta = 100$，则各自的工作点怎样变化？

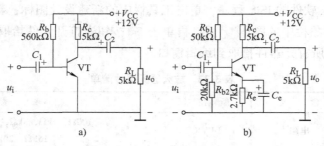

图 3-51　例 3-3 图

解：（1）先计算两个电路的静态工作点。

图 3-51a 为固定偏置电路，有

$$I_{BQ} = \frac{V_{CC} - U_{BEQ}}{R_b} = \frac{12V - 0.7V}{560k\Omega} = 0.02mA$$

$$I_{CQ} = \beta I_{BQ} = 50 \times 0.02mA = 1mA$$

$$U_{CEQ} = V_{CC} - I_{CQ}R_c = 12V - 1mA \times 5k\Omega = 7V$$

图 3-51b 为分压式偏置电路，有

$$U_{BQ} = V_{CC} \cdot \frac{R_{b2}}{R_{b1} + R_{b2}} = 12V \times \frac{20k\Omega}{20k\Omega + 50k\Omega} \approx 3.4V$$

$$U_{EQ} = U_{BQ} - U_{BEQ} = 3.4V - 0.7V = 2.7V$$

$$I_{CQ} \approx I_{EQ} = \frac{V_{EQ}}{R_e} = \frac{2.7V}{2.7k\Omega} = 1mA$$

$$U_{CEQ} \approx V_{CC} - I_{CQ}(R_c + R_e) = 12V - 1mA \times (5k\Omega + 2.7k\Omega) = 4.3V$$

（2）两个晶体管的 $\beta = 100$ 时

$$I_{CQ} = \beta I_{BQ} = 100 \times 0.02mA = 2mA$$

$$U_{CEQ} = V_{CC} - I_{CQ}R_c = 12V - 2mA \times 5k\Omega = 2V$$

可见，β 增大，导致 I_{CQ} 增大，U_{CEQ} 降低。

在图 3-51b 中，β 增大一倍，V_{CEQ} 不变，I_{BQ} 减小一半。

技能训练 4　晶体管放大器的仿真测试

1. 任务要求

1）了解放大电路中的仿真元器件及其使用方法。

2）掌握单管共发射极放大电路静态工作点的调试方法。

3）掌握用 Proteus 软件对单级放大电路的静态工作点的测量方法。

2. 测试器材

计算机一台，Proteus 软件 1 套。

3. 任务实施

（1）原理图编辑

1）打开 Proteus 软件的 ISIS 程序，单击工具栏中的新建设计图标，新建一个文件。

2）单击左侧对象栏中的图标 ⇨ 后，再单击 Ｐ 按钮，打开元件拾取窗口。采用直接查询法，把表 3-22 中所有元器件拾取到编辑窗口。

表 3-22　放大器元器件清单

元 器 件 名	含　义	所 在 库	参　　数
RES	电阻	DEVICE	100Ω，1kΩ，3kΩ，3kΩ，10kΩ 15kΩ，20kΩ
BC547	晶体管	BIPOLAR	—
CAP – ELEC	电解电容	DEVICE	10μF，10μF，100μF
POT – LIN	可调电阻	DEVICE	100kΩ
BATTERY	电池	DEVICE	12V

3）把元器件从对象选择窗口放置到编辑窗口。

4）单击左侧对象栏中的图标 ☰，选择"GROUND"作为接地端，选择"POWER"作为电源正极，并修改电源属性为"+12V"。

5）如图 3-52 所示，调整元器件在编辑窗口中的位置，修改各元器件参数，完成电路连接。

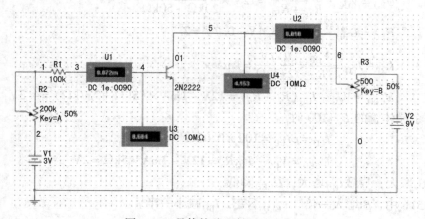

图 3-52　晶体管共发射极放大电路

（2）调试静态工作点

1）选取虚拟仪器示波器（Oscilloscope）和信号发生器（Signal Generator）放置到编辑窗口中，并与电路连接。

2）单击运行按钮，调节信号发生器的频率为 1kHz，增大幅值，直到示波器显示的输出波形出现双顶失真。

3）调整滑动变阻器来改变静态工作点，再减小信号发生器的输出幅值，使波形失真消失，得到电路的静态工作点。

4）选取虚拟仪器直流电压表（DC Volmeter）和两个直流电流表（DC Ammeter），分别用来测量 V_B、V_C、V_E 和 I_B、I_C，修改测量 I_B、I_C 的直流电流表为微安表属性和毫安表属性。

5）把仿真电路中虚拟仪器信号发生器的输入端短路，仿真运行观测静态工作点，并填入表 3-23，同时计算 U_{BE} 和 U_{CE} 的值。

表 3-23　晶体管共射极基本放大电路静态工作点的调试

V_B/V	V_C/V	V_E/V	$I_B/\mu A$	I_C/mA	U_{BE}/V	U_{CE}/V

（3）动态参数测量

1）调节信号发生器的频率为 1kHz，调节信号发生器的幅度使电路的输入电压为 2V，测量输出电压有效值 U_o，则

① 电压放大倍数：

$$A_u = \frac{U_o}{U_i}$$

② 输入电阻：

$$R_i = \frac{U_i}{U_s - U_i}R_s$$

③ 输出电阻：

保持输入信号不变，空载和接负载时分别测得输出电压，计算输出电阻：

$$R_o = \frac{U_空 - U_载}{U_o}R_L$$

在输入端接入使输出不失真的正弦交流信号，把输入、输出分别接示波器 A、B 通道，调节示波器扫描旋钮和 A、B 通道的垂直位移及增益旋钮，保持两通道的增益一致。观察到 B 通道的输出波形是 A 通道输入波形的反相放大。

技能训练 5　晶体管开关电路的仿真测试

1. 任务要求

1）了解晶体管开关电路中仿真元件的使用方法。

2）掌握仿真电路的基本操作方法。

3）掌握电压探针、电流探针的使用方法。

4）掌握 Proteus 函数信号发生器和示波器的使用。

5）掌握用仿真仪表测量、观察电路参数和波形的方法。

2. 测试器材

计算机一台，Proteus 软件 1 套。

3. 任务实施一：晶体管开关电路仿真

（1）原理图编辑

1）打开 Proteus 软件的 ISIS 程序，单击工具栏的新建设计图标，新建一个文件。

2）单击左侧对象栏中的图标 ▷ 后，再单击 P 按钮，打开拾取窗口。采用直接查询法，把表 3-24 中所有元器件拾取到编辑窗口。

表 3-24　晶体管开关电路所需元器件清单

元器件名	含　义	所　在　库	参　数
RES	电阻	DEVICE	1kΩ
POT－LIN	可调电阻	DEVICE	1kΩ
LAMP	灯泡	DEVICE	12V
BC547	晶体管	BIPOLAR	BC547

3）把元器件从对象选择窗口放置到编辑窗口。

4）单击左侧对象栏中的图标 ☰，选择"GROUND"作为接地端，选择"POWER"作为电源正极，并修改电源属性为"+12V"。

5）调整元器件在编辑窗口中的位置，右击各元器件图标，在弹出的快捷菜单中选择"Edit Properties"命令修改各元器件参数，再将电路连接好，如图 3-53a 所示。

（2）单击电位器向上（下）箭头，改变电位器阻值

1）单击左侧中的图标 ⚡，在左上角预览窗口中出现电压探针的符号 ↗，将其放置到编辑窗口中，并与电路连接，如图 3-53b 所示。测量 Q(e)、Q(b) 和 Q(c) 的电压，记录在表 3-25 中，观察灯泡 L 的亮灭，并判断晶体管的工作状态。

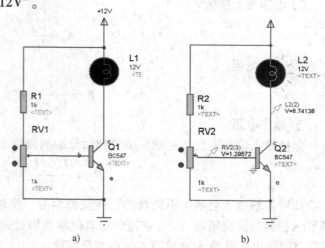

a)　　　　　　　b)

图 3-53　晶体管开关电路
a）原理图编辑　b）添加电压探针的原理图

表 3-25　电压探针测量表

电路测量点	$V_{Q(c)}$	$V_{Q(b)}$	$V_{Q(e)}$	L 的状态		BC547 的状态	
电压值或状态	V	V	V	亮	灭	导通	截止
RV 滑动触头在最上端时							
RV 滑动触头在最下端时							

2）单击左侧对象栏中的图标 ⚡，在左上角预览窗口中会出现电流探针的符号 ↗，将其放置到编辑窗口中，并与电路连接，仿真运行后观察晶体管的电流，记录在表 3-26 中，观察灯泡 L 的亮灭。

表 3-26　电流探针测量表

电路测量点	$I_{Q(b)}$	$I_{Q(c)}$	$I_{Q(e)}$
电流状态	μA	mA	mA
RV 滑动触头在最上端时			
RV 滑动触头在最下端时			

4. 任务实施二：发光二极管驱动电路仿真

1）按表 3-27 所示元器件清单和图 3-54a 所示的原理图，在 Proteus ISIS 中新建文件。

表 3-27　发光二极管驱动电路元器件清单

元 器 件 名	含　义	所 在 库	参　　数
RES	电阻	DEVICE	1kΩ，18kΩ
2SC2547	晶体管	BIPOLAR	—
LED – RED	发光二极管	ACTIVE	—

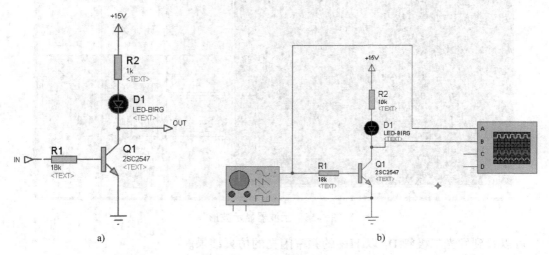

图 3-54　发光二极管驱动电路

a）原理图编辑　b）信号仪和示波器连接

2）在左侧工具栏中单击虚拟仪器图标 📇，选取函数信号发生器（Signal Generator），放置到编辑窗口中作为信号源使用。

3）在左侧工具栏中单击虚拟仪器图标 📇，选取示波器（Oscilloscope），放置到编辑窗口中作输入、输出波形显示使用，如图 3-54b 所示，示波器 A 通道接 Q 输出端 OUT，B 通道接信号发生器 "＋" 端。

4）打开仿真软件开关，进入仿真状态。

5）设置信号发生器各按钮功能（如图 3-55 所示），调节频率旋钮，使输出频率为 1Hz；调节输出幅度旋钮，使信号输出幅度为 5V；调节波形转换按钮为方波输出；调节单/双极性转换按钮为单极性（Bi）。

6）设置示波器各按钮功能，在示波器上看到图 3-56 所示的输入、输出波形。

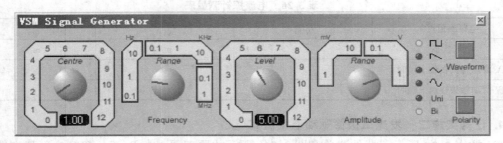

图 3-55　函数信号发生器面板

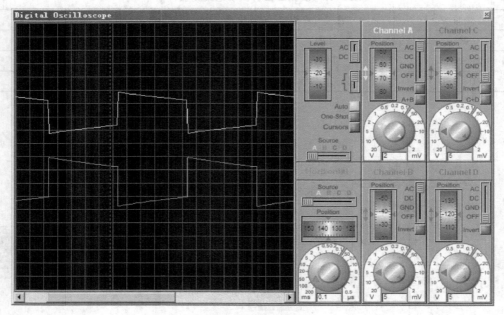

图 3-56　示波器显示波形

可以看到发光二极管 D_1 以 1Hz 的频率闪亮的仿真结果。

5. 任务小结

本项目对晶体管开关电路进行了仿真，通过对电路的仿真与测量，使同学们对 Proteus 仿真元器件和虚拟仪器能熟练掌握和使用。通过仿真实验，测得实验数据，获得实验波形，设计实际电路，提高实训技能。

任务实现 4　分压式偏置共发射极放大电路的测试

1. 任务要求

按测试步骤完成所有测试内容，并撰写测试报告。

2. 测试器材

1）测试设备：示波器、万用表、信号发生器、直流稳压电源、模拟电路实验板。

2）元器件：9013 晶体管、电容、电阻若干。

3. 任务实施步骤

1）按图 3-57 所示的电路图连接电路。

2）调节变阻器 RP，设置合适的静态工作点（使 $U_{CE} \approx V_{CC}/2 = 6\text{V}$）。

3）将函数信号发生器产生的信号频率调到 $f = 1\text{kHz}$，波形为正弦波，有效值为 2mV，接到放大电路的输入端 u_i 点，输出接到双踪示波器，同时观察输入和输出波形，此时放大器空载。

4）在输入信号频率不变的情况下，逐步增加输入幅值，用示波器观察放大器至输出最大不失真，然后用交流毫伏表测量输入、输出信号的有效值并填入表 3-28 中。

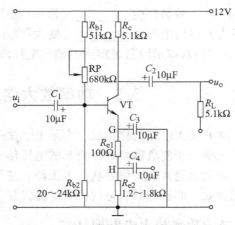

图 3-57 分压式偏置共发射极放大电路放大能力的测试电路

表 3-28 分压式偏置共发射极放大电路参数测量值（该表数据全部用交流毫伏表测量）

测 量 值		计 算 值	备 注
u_i	u_o	A_u	
2mV			
			为 u_o 的最大不失真值

5）保持 $f = 1\text{kHz}$，波形为正弦波，输入电压 u_i 的峰-峰值为（即 U_{ip-p} 值）5mV，当放大器接入不同 R_L 和 R_c 的情况下，将测量和计算结果填入表 3-29 中（两个 5.1kΩ 并联即约为 2.5kΩ）。

表 3-29 分压式偏置共发射极放大电路参数测量值（该表中的数据全部用示波器测量）

给 定 参 数		测 量 值		计 算 值
$R_c/\text{k}\Omega$	$R_L/\text{k}\Omega$	U_{ip-p}	U_{op-p}	A_u
5.1	5.1	5mV		
2.5	5.1	5mV		
5.1	2	5mV		
2.5	2	5mV		

4. 任务小结

1）从表 3-29 所测数据可以看出，当集电极电阻变小时，电压放大倍数_____（变大/变小），具体关系式是_____；当负载电阻变大时，电压放大倍数_____（变大/变小），具体关系式是_____。

2）试分析，当电路的静态工作点偏高时，电路的最大不失真输出电压会_____（变

101

大/变小），容易产生_____（饱和/截止）失真；当电路的静态工作点偏低时，电路的最大不失真输出电压会_____（变大/变小），容易产生_____（饱和/截止）失真。

3）用双踪示波器观察到的输出电压波形和输入电压波形是_____（同相/反相）的。

3.5 功率放大电路的制作、调试与检测

功率放大电路简称功放，实际上也是一种能量转换电路。电压放大电路是小信号放大电路，主要用于使负载得到不失真的电压信号，讨论的主要指标是电压增益、输入和输出阻抗等；而功放通常在大信号状态下工作，主要是为获得尽可能大的输出功率、输出信号去驱动实际负载，如扩音器、电视机中的显像管等。

3.5.1 功率放大电路概述

1. 功率放大电路的特点

（1）输出功率 P_o 足够大

为获得足够大的功率输出，要求功放管的电压和电流都有足够大的输出幅度，所以，功放管工作在接近极限运用的状态下。

输出功率 P_o 等于输出电压与输出电流的有效值乘积，即

$$P_o = I_o U_o = \frac{1}{\sqrt{2}} I_{om} = \frac{1}{\sqrt{2}} U_{om} = \frac{1}{2} I_{om} U_{om} \tag{3-11}$$

式中，I_o 表示输出电流有效值；I_{om} 表示输出电流振幅；U_o 表示输出电压有效值；U_{om} 表示输出电压振幅。

最大输出功率 P_{om} 是在电路参数确定的情况下，输出波形不超过规定的非线性指标时，负载上可能获得的最大交流功率。

（2）效率（Efficiency）η 要高

从能量转换的观点看，功率放大器是将直流电源提供的能量转换为交流电能传送给负载，在转换的同时还有一部分能量会损耗在功放管上。功率放大电路的效率 η 是指负载上的有用信号功率 P_o 与电源供给的直流功率 P_V 之比，即

$$\eta = \frac{P_o}{P_V} \tag{3-12}$$

代表了电路将电源直流能量转换为输出交流能量的能力。

（3）非线性失真要小

功率放大电路是在大信号状态工作，所以输出信号不可避免地会产生非线性失真，而且输出功率越大，非线性失真往往越严重，这使输出功率和非线性失真成为一对矛盾。

（4）功放管的散热保护

在功率放大电路中，功率放大晶体管（简称功放管）承受着高电压、大电流，其本身的管耗也大，在工作时，管耗产生的热量使功放管温度升高。当温度太高时，功放管容易老化，甚至损坏，因此通常把功放管做成金属外壳，并加装散热片，同时采取过载保护措施。

2. 功率放大电路按工作状态分类

按照晶体管静态工作点选择的不同，可将功率放大电路分为以下几种。

（1）甲类功率放大电路

如图3-58a和b所示，晶体管工作在正常放大区，且 Q 点在交流负载线的中点附近；输入信号的整个周期都被同一个晶体管放大，所以静态时管耗较大，效率低（最高效率也只能达到50%）。

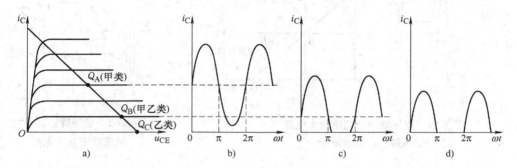

图3-58　各类功率放大电路的静态工作点及其波形

a）工作点位置　b）甲类波形　c）甲乙类波形　d）乙类波形

（2）甲乙类互补对称功率放大电路

如图3-58a和c所示，该类功率放大电路的工作状态介于甲类和乙类之间，Q 点在交流负载线的下方，靠近截止区的位置。在输入信号的一个周期内，有半个多周期的信号被晶体管放大，晶体管的导通时间大于半个周期、小于一个周期。甲乙类互补对称功率放大电路也需要两个互补类型的晶体管交替工作才能完成对整个信号周期的放大。

（3）乙类互补对称功率放大电路

如图3-58a和d所示，工作在晶体管的截止区与放大区的交界处，且 Q 点为交流负载线和 $i_B = 0$ 的输出特性曲线的交点。在输入信号的一个周期内，只有半个周期的信号被晶体管放大，因此，需要放大一个周期的信号时，必须采用两个晶体管分别对信号的正负半周放大。在理想状态下，静态管耗为零，效率高。

前面学习的小信号放大电路基本上都工作在甲类状态，下面将要分析的阻容耦合功率放大电路OCL、直接耦合功率放大电路OTL工作在乙类或甲乙类状态。

此外，按照 Q 点不同，还有一种丙类功率放大电路，它的静态工作点在截止区。晶体管的导通时间小于半个周期，属于高频功放，多用于通信电路中对高频信号的放大，在此不做介绍。

3. 常见功率放大电路

（1）变压器耦合功率放大电路

图3-59a所示为单管变压器耦合甲类功率放大电路，因为变压器一次电阻可忽略不计，直流负载线是垂直于横轴且过 $(V_{CC}, 0)$ 的直线，如图3-59b所示。若忽略晶体管基极回路的损耗，则电源提供的功率（$P_V = I_{CQ} V_{CC}$）全部消耗在晶体管上了。

为使负载上获得正弦波，常需要采用两个晶体管在信号的正、负半周交替导通，因此产生了如图3-60所示的变压器耦合乙类推挽功率放大电路。

设晶体管b、e间的开启电压忽略不计，VT_1、VT_2 晶体管的特性完全相同，输入电压为正弦波。当输入电压为零时，由于 VT_1、VT_2 晶体管发射结电压为零，均处于截止状态，因而电源提供的功率为零，负载上电压也为零，两个晶体管的管压降均为 V_{CC}。

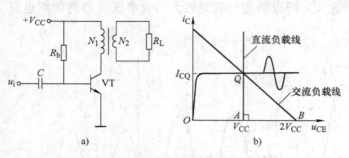 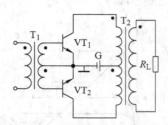

图 3-59　变压器耦合功率放大电路
a）电路　b）图解分析

图 3-60　变压器耦合乙类
推挽功率放大电路

1）当输入信号使变压器二次电压极性为上"＋"下"－"时，VT_1 管导通，VT_2 管截止。

2）当输入信号使变压器二次电压极性为上"－"下"＋"时，VT_2 管导通，VT_1 管截止，负载 R_L 上获得正弦波电压，从而获得交流功率。

同类型管子（VT_1 和 VT_2）在电路中交替导通的方式称为"推挽"工作方式。

（2）OTL 功率放大电路

因变压器耦合功率放大电路笨重、自身损耗大，人们提出用一个大容量电容取代变压器，如图 3-61 所示的 OTL（Output Transformer Less，无输出变压器）功率放大电路。VT_1 和 VT_2 类型不同，但特性对称，这样的管子称为对管。

静态时，前级电路应使基极电位为 $V_{CC}/2$，由于 VT_1、VT_2 的对称性，发射极电位也为 $V_{CC}/2$，因此电容上电压为 $V_{CC}/2$。设电容容量足够大，对交流信号可视为短路，晶体管 b、e 间开启电压可忽略不计，输入电压为正弦波。在正半周，电流方向为 $+V_{CC} \rightarrow VT_1 \rightarrow C \rightarrow R_L$，给 C 充电；在负半周，电容充当电源，电流方向为 $C \rightarrow VT_2 \rightarrow GND \rightarrow R_L$，$C$ 放电。由于每个晶体管构成射极跟随器，输出电压约等于输入电压，从而在负载上获得一个完整的信号输出波形。

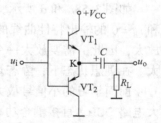

图 3-61　OTL 功率放大电路

当 $u_i = 0$ 时，由于 VT_1、VT_2 特性相同，即有 $V_K = V_{CC}/2$，电容 C 被充电到 $V_{CC}/2$。设 R_LC 远大于输入信号 u_i 的周期，则 C 上的电压可视为固定不变，电容 C 对交流信号而言可看作短路。因此，用单电源和 C 就可代替 OCL 电路的双电源。

（3）OCL 功率放大电路

OTL 功率放大电路虽去掉了变压器，但需要一个大的输出电容，使得电路在低频时易产生频率失真，且大容量电容不易集成化。为满足集成化要求，将大电容去掉，构成如图 3-62 所示 OCL（Output Capacitor Less，无输出端大电容）功率放大电路。该电路属于乙类互补对称功率放大电路。

在 OCL 电路中，VT_1、VT_2 特性对称，且采用双电源供电。静态时，$U_{EQ} = U_{BQ} = 0V$，VT_1、VT_2 均截止，输出电压为零。当输入正半周信号时，VT_1 管导通，VT_2 管截止，正电源供电，由于电路为射极输出器，故在负载上得到正半周信号输出；当输入负半周信号时，VT_2 管导通，VT_1 管截止，负电源供电，由于电路为射极输出器，故在负载上得到负半周信号输出。

电路实现了 VT_1、VT_2 交替工作，正、负电源交替供电，输出与输入间双向跟随。

主要性能指标估算及功放管的选择如下。

1）输出功率 P_o。

在 OCL 功率放大电路中，当输入正弦信号时，每个功放管只在半个周期内工作，在不考虑失真的情况下，则输出电压是一个完整的正弦信号。输出功率是输出电压有效值 U_o 和输出电流有效值 I_o 的乘积。即

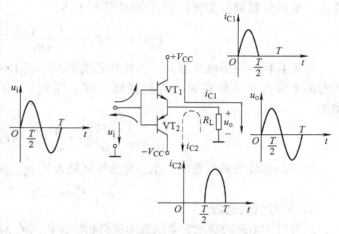

图 3-62　OCL 功率放大电路原理图

$$P_o = U_o I_o = \frac{1}{2} U_{om} I_{om} = \frac{1}{2} \frac{U_{om}^2}{R_L}$$

OCL 功率放大电路中的 VT_1、VT_2 为共集电极状态，即 $A_u = 1$。

所以，当输入信号足够大时，功放管将进入临界饱和工作区，输出电压将达到最大值。其最大输出电压的幅度 $U_{om} = V_{CC} - U_{CES}$，其中 U_{CES} 为功放管的临界饱和压降，通常忽略不计，所以 $U_{om} \approx V_{CC}$，最大输出功率

$$P_{om} = \frac{1}{2} \frac{U_{om}^2}{R_L} = \frac{1}{2} \frac{(V_{CC} - U_{CES})^2}{R_L} \approx \frac{1}{2} \frac{V_{CC}^2}{R_L}$$

2）直流电源提供的功率 P_V。

两个电源各提供半个周期的电流，则每个电源提供的平均电流为

$$I_C = \frac{1}{2\pi} \int_0^\pi I_{om} \sin(\omega t) \mathrm{d}(\omega t) = \frac{I_{om}}{\pi} = \frac{U_{om}}{\pi R_L}$$

因此两个电源提供的功率为

$$P_V = 2 I_C V_{CC} = 2 \frac{I_{om} V_{CC}}{\pi} = 2 \frac{U_{om} V_{CC}}{\pi R_L}$$

因在输出功率最大时 $U_{om} \approx V_{CC}$，此时电源提供的功率也最大。

$$P_{V\max} = \frac{2 V_{CC}^2}{\pi R_L}$$

3）效率 η。

$$\eta = \frac{P_o}{P_V} = \frac{\pi}{4} \frac{U_{om}}{V_{CC}}$$

当 $U_{om} \approx V_{CC}$ 时，

$$\eta = \frac{P_{om}}{P_{V\max}} = \frac{\pi}{4} \approx 78.5\%$$

这是 OCL 功率放大电路在理想状态下的最高效率，由于功放管的饱和压降的存在，实际的 OCL 电路仅能达到 60% 左右。

4）管耗 P_C。

直流电源提供的功率 P_V，一部分转化为输出功率 P_o，另一部分转化成热能损耗在晶体管上，这部分能量称为管耗 P_C。总的管耗为

$$P_C = P_V - P_o = 2\frac{U_{om}V_{CC}}{\pi R_L} - \frac{1}{2}\frac{U_{om}^2}{R_L}$$

可见管耗与输出电压有关。工作在乙类的基本互补对称电路在静态时，输出电压为零，同时晶体管几乎不取电流，管耗接近于零。当 $U_{om} \approx 0.64V_{CC}$ 时，晶体管的管耗最大，其值为

$$P_{Cmax} = \frac{2V_{CC}^2}{\pi^2 R_L} = \frac{4}{\pi^2}P_{om} \approx 0.4P_{om}$$

每个晶体管的最大管耗 P_{C1max} 为总管耗最大值 P_{Cmax} 的一半，即

$$P_{C1max} = P_{C2max} \approx 0.2P_{om}$$

5）功放管的选择。

互补对称电路的功放管必须选用材料和特性相同的 NPN 型管和 PNP 型管。功放管的选择原则是，在满足输出功率和安全的前提下，确保不超过其极限参数。应同时满足下列条件：

$$U_{(BR)CEO} \geqslant 2V_{CC}$$

$$P_{CM} \geqslant 0.2P_{om}$$

$$I_{CM} \geqslant \frac{V_{CC}}{R_L}$$

（4）BTL 功率放大电路

在 OCL 电路中采用了双电源供电，虽然就功率放大器而言没有了变压器和大电容，但在制作负电源时仍需要变压器或带铁心的电感和大电容，所以就整个系统而言未必是最佳方案。为了实现单电源供电，且不采用变压器和大电容，可采用桥式推挽（Balance Transformer Less，BTL）功率放大电路，如图 3-63 所示。

在输入信号 U_i 正半周时，VT_1、VT_4 导通，VT_2、VT_3 截止，负载电流由 V_{CC} 经 VT_1、R_L、VT_4 流到虚地端，如图中实线所示。

在输入信号 U_i 负半周时，VT_1、VT_4 截止，VT_2、VT_3 导通，负载电流由 V_{CC} 经 VT_2、R_L、VT_3 流到虚地端，如图中虚线所示。

1）该电路仍为乙类推挽放大电路，利用对称互补的两个电路完成对输入信号的放大，其输出电压的幅值：$U_{om} \approx V_{CC}$。

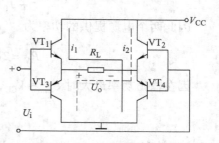

图 3-63　BTL 功率放大电路

2）最大输出功率：$P_{om} = \frac{1}{2}U_{om(max)}$，$I_{om(max)} = \frac{1}{2}\frac{V_{CC}^2}{R_L}$。

3）同 OTL 功率放大电路相比，BTL 功率放大电路同样是单电源供电，在 V_{CC}、R_L 相同的条件下，BTL 输出功率是 OTL 输出功率的 4 倍。

4）BTL 功率放大电路的效率在理想情况下近似为 78.5%。

综上所述，OTL、OCL 和 BTL 电路中晶体管均工作在乙类状态，各有优缺点，应根据实际合理选择。

（5）OCL 甲乙类互补对称功率放大电路

工作在乙类状态的放大电路，由于发射结存在"死区"电压，因此当输入信号在正、负半周交替的时间内，两管电流增加缓慢，造成输出信号在正、负半周交接处产生波形失真，称为交越失真，如图 3-64 所示。

为克服交越失真避开"死区"电压，静态时给输出管 VT_1、VT_2 提供适当的偏置电压，使之处于微导通状态，从而使电路工作在甲乙类状态。当输入信号加入后，晶体管立即进入线性放大区，从而消除交越失真。

图 3-65a 利用二极管正向导通压降为 VT_1、VT_2 提供所需偏压，即 $U_{B1B2} = U_{D1} + U_{D2}$。

图 3-65b 利用晶体管 U_{BE} 为 VT_1、VT_2 提供所需偏压，即

$$U_{BEA} = \frac{R_2}{R_1 + R_2} \cdot U_{B2B3}, U_{B2B3} = \frac{R_1 + R_2}{R_2} \cdot U_{BEA} = \left(1 + \frac{R_1}{R_2}\right) \cdot U_{BEA}$$

调整电阻 R_1、R_2 的阻值，可得到合适的偏压值。

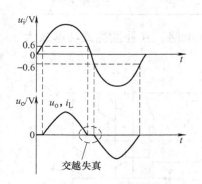

图 3-64　交越失真

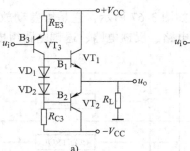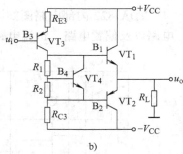

图 3-65　OCL 甲乙类互补对称功率放大电路的静态偏置
a）利用二极管进行偏置　b）利用 U_{BE} 扩大电路进行偏置

3.5.2　集成功率放大器的特点和种类

由于集成功率放大器体积小、温度稳定性好、失真小，并具有过电流保护、过热保护及自启动、消噪等功能，使用非常广泛。集成功率放大器广泛应用于收录机、电视机、开关功率电路、伺服放大电路中，输出功率由几百毫瓦到几十瓦。

集成功率放大器内部总体上主要包括前置级、中间级、输出级和偏置电路四部分电路。下面以 TDA2822 单片集成音频功率放大器为例，介绍其主要参数和典型应用电路。

TDA2822 是意法半导体（ST）公司开发的双通道单片功率放大集成电路，通常在袖珍式盒式放音机、收录机和多媒体有源音箱中用作音频放大器。该集成功率放大器具有电路简单、音质好、电压范围宽等特点，可工作于立体声以及桥式推挽功率放大电路形式下。

1. 芯片特点

1）电源电压范围宽（1.8～15V，TDA2822），电源电压低至 1.8V 时仍能工作。

2）静态电流小，交越失真也小。

3）适用于单声道桥式或立体声线路两种工作状态。

4）采用双列直插 8 引脚塑料封装（DIP - 8）和贴片式(SOP - 8) 封装。

2. 引脚配置

TDA2822 外形及引脚排列如图 3-66a 所示，采用 8 引脚双列直插式封装，引脚功能配置见表 3-30。

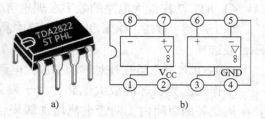

图 3-66　TDA2822 外形及引脚排列图
a）外形图　b）引脚排列图

表 3-30　引脚功能配置

引出端序号	符　号	功　能	引出端序号	符　号	功　能
1	OUT$_1$	输出端1	5	IN$_2$（-）	反相输入端2
2	V_{CC}	电源	6	IN$_2$（+）	正相输入端2
3	OUT$_2$	输出端2	7	IN$_1$（+）	正相输入端1
4	GND	地	8	IN$_1$（-）	反相输入端1

TDA2822 内部电路图如图 3-67 所示，它是由差动放大输入电路、互补推挽式功率放大电路以及偏置电路、恒流电路、反馈电路、退耦电路组成。

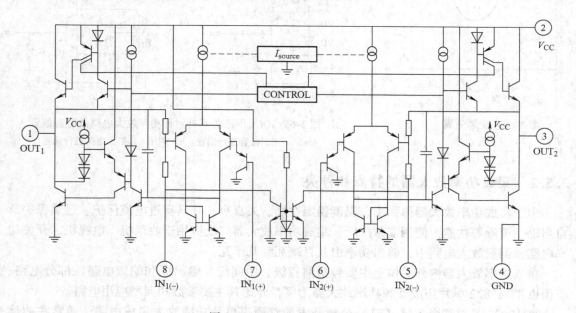

图 3-67　TDA2822 内部电路图

3. 电气特性（除特别说明，$V_{CC} = 6.0\text{V}$，$T_{amb} = 25℃$）

TDA2822 的电气特性立体声参数见表 3-31。

表 3-31　电气特性立体声参数

参数名称	符号	测试条件			最小	典型	最大	单位
电源电压	V_{CC}				1.8		6.0	V
输入偏流	I_B					100		nA
静态电流	I_{ceq}					6	9	mA
输出功率 （每一声道）	P_o	$f=1kHz$ $TDH=10\%$	$R_L=32\Omega$	$V_{CC}=6V$	90	120		mW
				$V_{CC}=4.5V$		60		
				$V_{CC}=3V$	15	20		
			$R_L=16\Omega$	$V_{CC}=6V$	170	220		
			$R_L=8\Omega$	$V_{CC}=6V$	300	380		
			$R_L=4\Omega$	$V_{CC}=4.5V$		320		
				$V_{CC}=3V$		110		
失真度	THD	$R_L=32\Omega,\ P_o=40mW$				0.2		%
		$R_L=16\Omega,\ P_o=75mW$				0.2		
		$R_L=8\Omega,\ P_o=150mW$				0.2		
闭环增益	G_V	$f=1kHz$			36	39	41	dB
通道平稳度	ΔG_V						±1	dB
输入阻抗	Z_i	$f=1kHz$			100			kΩ
输入噪声	V_{NI}	$R_g=10k\Omega,\ BPF=20Hz\sim20kHz$				2.5		μV
电源纹波抑制比	RR	$f=100Hz$	$C_1=C_2=100\mu F$		24	30		dB
通道串音	CT	$f=1kHz$				30		dB

4. 最大额定值

TDA2822 的最大额定值见表 3-32。

表 3-32　最大额定值

参数名称		符号	数值	单位
电源电压		V_{CC}	15	V
输出峰值电流		I_{op}	1	A
功耗	$T_{amb}=50℃$	P_D	1	W
	$T_{case}=50℃$		14	
结温		T_J	150	℃
贮存温度		T_{stg}	$-40\sim+150$	℃

5. TDA2822 原理图

图 3-68 所示为 TDA2822 的两种典型应用电路，其中图 3-68a 所示为 TDA2822 用于立体声功放的典型应用电路。图中，R_1、R_2 是输入偏置电阻；C_1、C_2 是负反馈端的接地电容；C_6、C_7 是输出耦合电容；R_3、C_4 和 R_4、C_5 是高次谐波抑制电路，用于防止电路振荡。图 3-68b 接成 BTL 输出电路，具有外围元器件少、制作简单的优点。

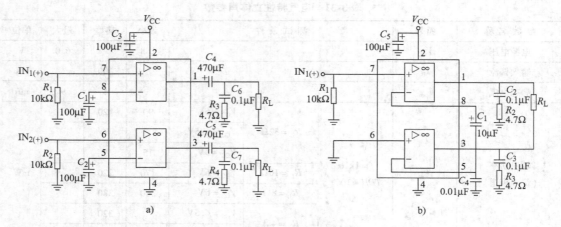

图 3-68 TDA2822 应用电路

a）立体声应用电路 b）单声道桥式应用电路

技能训练 6 OTL 功率放大电路的仿真测试

1. 任务要求

1）掌握理解功率放大器的工作原理。

2）掌握功率放大器的电路指标测试方法。

2. OTL 功率放大器的原理及主要性能指标

图 3-69 所示为 OTL 功率放大器的仿真电路，其中由晶体管 VT_1 组成推动级（也称前置放大级），VT_2、VT_3 是一对参数对称的 NPN 和 PNP 型晶体管，它们组成 OTL 互补推挽功率放大电路。由于每一个晶体管都接成射极输出器形式，因此具有输出电阻低、负载能力强等优点，适合于作功率输出级。VT_1 工作于甲类状态，它的集电极电流 I_{C1} 由电位器 RP_1 进行调节。I_{C1} 的一部分流经电位器 RP_2 及二极管 VD，给 VT_2、VT_3 提供偏压。调节 RP_2，可以使 VT_2、VT_3 得到合适的静态电流而工作于甲乙类状态，以克服交越失真。

静态时要求输出端中点 A 的电位，可以通过调节 RP_1 来实现，又由于 RP_1 的一端接在 A 点，因此在电路中引入了交、直流电压并联负反馈，一方面能够稳定放大器的静态工作点，同时也改善了非线性失真。C_4 和 R 构成自举电路，用于提高输出电压正半周的幅度，以得到大的动态范围。

当输入正弦交流信号 u_i 时，经 VT_1 放大、倒相后同时作用于 VT_2、VT_3 的基极。在 u_i 的负半周，VT_2 管导通（VT_3 管截止），有电流通过负载 R_L，同时向电容 C_2 充电；在 u_i 的正半周，VT_3 导通（VT_2 截止），则已充好电的电容 C_2 起着电源的作用，通过负载 R_L 放电，这样在 R_L 上就得到完整的正弦波。在仿真中若输出端接扬声器，在仿真时只要输入不同的频率信号，就能在扬声器中听到不同的声音。

OTL 功率放大器的主要性能指标有以下两个。

1）最大不失真输出功率 P_{om}：理想情况下，

$$P_{om} = \frac{1}{8} \frac{V_{CC}^2}{R_L}$$

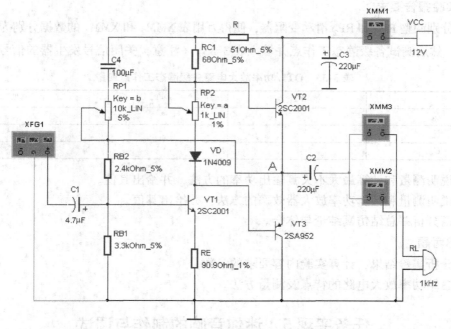

图 3-69　OTL 功率放大器的仿真电路

在电路中可通过测量 R_L 两端的电压有效值 U_o 或 R_L 的电流来求得实际的

$$P_{om} = \frac{U_o^2}{R_L} = U_o I_o$$

2）效率 η：

$$\eta = \frac{P_{om}}{P_V} \times 100\%$$

式中，P_V 为直流电源供给的平均功率；理想情况下，$\eta_{max} = 78.5\%$。可测量电源供给的平均电流 I_{DC}，从而求得 $P_V = V_{CC} I_{DC}$。负载上的交流功率已用上述方法求出，因而也就可以计算实际效率了。在仿真平台上也可用功率表分别测出最大不失真功率和电源供给的平均功率。

3. 任务实施

1）利用 Proteus 仿真软件设计如图 3-69 所示功率放大电路。

2）测量各放大级的静态工作点。

3）测量最大不失真输出功率。理想情况下，最大不失真输出功率 $P_{om} = \frac{1}{8} \frac{V_{CC}^2}{R_L}$。在实验中可通过测量 R_L 两端的电压有效值，来求得实际的 $P_{om} = \frac{U_o^2}{R_L}$；或通过测量流过 R_L 的电流有效值，来求得实际的 $P_{om} = I_L^2 R_L$。

4）测量功率放大器的效率 η。$\eta = \frac{P_{om}}{P_E} \times 100\%$，其中，$P_E$ 是直流电源供给的平均功率。理想情况下，$\eta = 78.5\%$。在实验中，可测量电源供给的平均电流 I_{DC}，从而求得 $P_V = V_{CC} \cdot I_{DC}$。

5）测量功率放大器的幅频特性。

4. 实验报告要求

1）分别调整 RP_1 和 RP_2 滑动变阻器，使得万用表 XMM_2 和 XMM_3 的数据分别为 $5\sim10mA$ 和 $2.5V$，然后测试各级静态工作点并填入表 3-33。（注意，关闭信号发生器的信号输出）

表 3-33　OTL 功率放大电路各级静态工作点测量

	VT_1	VT_2	VT_3
U_b			
U_c			
U_e			

2）说明测量和计算最大不失真输出功率的方法，并给出其值。

3）说明测量和计算功率放大器效率的方法，并给出其值。

4）请分析并总结仿真结论与体会。

5. 思考题

1）分析实验结果，计算实验内容要求的参数。

2）总结功率放大电路的特点及测量方法。

任务实现 5　迷你音响的制作与调试

由于音响输入信号微弱，为改善信噪比，提高功放性能，要求语音前置放大级输入阻抗高，输出阻抗低，频带宽度宽，噪声小。该任务要求制作的语音前置放大电路的性能指标如下：

1）工作电压：12V。

2）最大输入信号：$>50mV$。

3）电路增益：30dB。

4）电路噪声：$<1mV$。

5）失真：$<0.05\%$。

6）频响：（$200Hz\sim100kHz$）$\pm3dB$。

1. 任务分析

集成功率放大电路具有电路简单、性能优越、工作可靠、调试方便等优点，已经成为音频领域中应用十分广泛的功率放大器。图 3-70 所示为迷你音响电路原理图，是一种双通道电路。

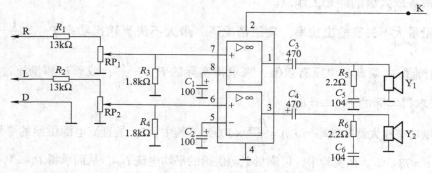

图 3-70　迷你音响电路原理图

2. 工作任务

根据电路原理图和元器件清单进行电路的制作与调试、电路性能的检测与故障排除及项目报告的编写。

3. 主要设备及元器件

数字万用表，示波器，信号发生器，直流稳压电源，电烙铁，焊丝，镊子等。所需的元器件清单见表3-34。

表3-34 迷你音响元器件清单

序号	名 称	型 号 规 格	数 量
1	降压变压器	220V/9V	1
2	整流二极管	1N4007	4
3	发光二极管 LED	φ5mm 红色	1
4	集成电路	TDA2822	1
5	集成电路插座	双列 8 座	1
6	电解电容	1000μF/16V	1
7	电解电容	100μF/16V, 470μF/16V	各2
8	瓷片电容	104, 0.1μF	2
9	4Ω、1W扬声器	50mm	2
10	双联音量电位器	2kΩ	1
11	电阻	13kΩ, 1.8kΩ, 1kΩ, 2.2Ω	各2
12	小自锁开关	—	1
13	带插头电源线	50cm	1
14	立体声音频线	3.5mm	1
15	万能板	10cm×5cm, 单面	1

设计如图3-70所示的TDA2822应用电路，音源信号（R：右声道信号，L：左声道信号，D：接地信号）经13kΩ的偏置电阻和RP音量可调电位器，接入TDA2822功率放大器的⑦引脚和⑤引脚，经音频放大后从①引脚和③引脚分别输出，推动双声道扬声器发音。

4. 实施指导

1）按照原理图在焊接板上对元器件布局并正确连线。

2）安装与焊接：

① 按工艺要求对元器件引脚成形加工。

② 在实验电路板上排布插装元器件，电阻器、二极管采用卧式安装，并紧贴电路板；电解电容、晶体管、集成功放芯片应注意引脚的正确辨别。

③ 按工艺要求对元器件焊接，焊接完成后剪去多余引脚。

④ 装配完成后进行自检，检查装配的正确性，包括电容的极性，集成芯片的引脚，焊点质量应无虚、假、漏、错焊等，电路无短路、开路等故障。

5. 检测评价

（1）最大不失真输出功率及效率的测试

1）消振。在电路输入为零时，调节直流稳压电源使其输出 6V 电压加在电路中，用示波器观察输出是否有高频自激信号。若有（示波器上通常会有一条宽带子，并且静态电流可达几百毫安，增益显著下降），则可在电源与地之间接上 100nF 电容，对消振也能起到有效作用。

2）调节直流稳压电源使其输出 6V 电压，串接一个直流毫安表加到 TDA2822 的第 2 引脚；调节函数信号发生器使其输出频率为 1kHz、幅值（有效值）为 100mV 的正弦信号，加到测试电路的信号输入端，即 u_s；用双踪示波器观测功放电路的输入、输出信号波形。

3）将电位器 RP_1 和 RP_2 调至最小位置，逐渐增大函数信号发生器的输出电压大小，输出电压波形达到最大不失真输出，并使用交流毫伏表分别测量功放电路的输入电压 U_i 与输出电压 U_o，并填入表 3-35 中。当输出电压为最大不失真输出时，读出直流毫安表中的电流值，此电流即为直流电源提供的平均电流 I_C，填入表 3-35 中。根据测量结果，计算最大输出功率 P_{om}、效率 η。

4）将电位器 RP_1 和 RP_2 调至阻值最大，重复上面操作，并将测量结果填入表 3-35 中。

表 3-35 TDA2822 功率放大电路测试一

电位器 RP_1 和 RP_2 的阻值	输入电压 U_i/V	最大输出电压 U_o/V	I_C/A	最大输出功率 $P_{om}=\dfrac{U_o^2}{R_L}$	电源提供功率 $P_V=V_{CC}I_C$	效率 $\eta=\dfrac{P_o}{P_V}$
最小						
最大						

（2）输入灵敏度的测试

根据输入灵敏度的定义，在步骤（1）的基础上，只要测出输出功率 $P_o = P_{om}$ 时（最大不失真输出情况）的输入电压值 U_i 即可。

（3）频率响应的测试

1）将电位器 RP_1 和 RP_2 调至阻值最大，函数信号发生器输出频率为 1kHz、峰-峰值为 100mV 的正弦信号，加到测试电路的信号输入端，即 u_s，用示波器观测功放电路的输出信号波形，并测出输出电压的峰-峰值 U_{op-p}。

2）保持峰-峰值为 100mV，减小输入正弦信号的频率（f）并观察输出波形，当输出信号的峰-峰值减小到 $0.707U_{op-p}$ 时停止调节，并记录此时的 f 值（用 f_L 表示），见表 3-36。

3）保持峰-峰值为 100mV，增大输入正弦信号的频率（f）并观察输出波形，当输出信号的峰-峰值减小到 $0.707U_{op-p}$ 时停止调节，并记录此时的 f 值（用 f_H 表示），见表 3-36。

表 3-36 TDA2822 功率放大电路测试二

	f_L	$f=1kHz$	f_H
输出电压的峰-峰值	$0.707U_{op-p}=$	$U_{op-p}=$	$0.707U_{op-p}=$
f		1kHz	

注意：测试时，为保证电路的安全，应在较低电压下进行，通常取输入信号为输入灵敏度的 50%。在整个测试中，应保持 U_i 为恒定值，且输出波形不得失真。

（4）噪声电压的测试

测量时将输入端短路（$u_s = 0$），观察输出噪声波形，并用交流毫伏表测量输出电压，即为噪声电压 u_N，若本电路 $u_N<15mV$，即满足要求。

6. 引出问题

1）音响电路的工作原理是怎样的？

2）交越失真产生的原因是什么？如何克服交越失真？

3）电路中电位器 RP$_2$ 如果开路或短路，对电路工作有何影响？

4）若电路有自激现象，应如何消除？

5）试提供其他音响电路的设计方案，并进行比较。

习 题 三

一、填空题

1. PN 结的 P 区接电源正极，N 区接负极，称 PN 结_____。

2. 二极管最主要的特性是_____。

3. 晶体管从导通转向截止，必须把阳极的正向电压 U_A 降低至_____。

4. 晶体管的两个结都处于_____状态时晶体管截止。

5. 整流电路的作用是_____；滤波电路的作用是_____。

6. 串联型稳压电路一般由_____、_____、_____和_____组成。

7. 集成稳压器的三个引出端分别是_____、_____和_____。

8. 放大电路的核心部件是_____。

9. 偏置电阻的作用是_____；放大电路中电源的作用是_____。

10. 放大电路的直流通路可用来求_____，在画直流通路时，应将电路元器件中的_____开路。

11. 晶体管用来放大时，应使发射结处于_____偏置，集电结处于_____偏置。

12. 单级共基极放大电路中，若输入电压为正弦波形，输出电压与输入电压的相位_____；当为共集电极放大电路时，输出电压与输入电压的相位_____；当为共基极放大电路时，输出电压与输入电压的相位_____。

13. 交流通路只反映_____电压与_____电流之间的关系。在画交流通路时，应将耦合和旁路电容及直流电源_____。

二、选择题

1. 稳压管通常工作在（   ），发光二极管发光时，其工作在（   ）。

A. 正向导通区   B. 反向击穿区

C. 正向导通区或反向击穿区   D. 以上都不对

2. 桥式整流电路中的一个二极管若极性接反，则会产生（   ）。

A. 输出波形为全波   B. 输出波形为半波

C. 无输出波形且变压器或整流管可能烧坏   D. 以上都不对

3. 在桥式整流电容滤波电路中，若 $U_2 = 15V$，则 $U_0 =$（   ）。

A. 20V   B. 18V   C. 24V   D. 9V

4. 电路的静态是指（   ）。

A. 输入交流信号幅值不变时的电路状态   B. 输入交流信号频率不变时的电路状态

C. 输入交流信号且幅值为 0 时的电路状态   D. 输入端开路时的状态

5. 分析放大电路时常常采用交、直流分开分析的方法，这是因为（   ）。

A. 晶体管是非线性器件   B. 电路中存在电容

C. 电路中有直流电容 D. 电路中既有交流量又有直流量

6. NPN 型晶体管组成的放大电路中 $U_{CE} \approx 0.3V$，放大电路处于（　　）工作。

A. 线性区   B. 截止区   C. 不工作   D. 饱和区

7. 功率放大器最重要的指标是（　　）。

A. 输出电压   B. 输出功率及效率

C. 输入、输出电阻   D. 电压放大倍数

8. 要克服互补推挽功率放大器的交越失真，可采取的措施是（　　）。

A. 增大输入信号

B. 设置较高的静态工作点

C. 提高直流电源电压

D. 基极设置一小偏置，克服晶体管的死区电压

三、分析计算题

1. 单相桥式整流电路如图 3-71 所示，已知 $u_2 = 25\sqrt{2}\sin\omega t$，$R_L C = 5T/2$。

（1）估算输出电压 U_o 的大小并标出电容 C 上的电压极性。

（2）$R_L \to \infty$ 时，计算 U_o 的大小。

（3）滤波电容 C 开路时，计算 U_o 的大小。

（4）二极管 VD_1 开路时，计算 U_o 的大小；如果 VD_1 短路，将产生什么后果？

（5）若 $VD_1 \sim VD_4$ 中有一个极性接反，将产生什么后果？

2. 电路如图 3-72 所示，用交流电压表测得 $U_2 = 20V$，现用直流电压表测量输出电压 U_o，试分析下列测量数据，哪些说明电路正常工作？哪些说明电路出现了故障？并指明原因。

（1）$U_o = 28V$ （2）$U_o = 18V$ （3）$U_o = 24V$ （4）$U_o = 9V$

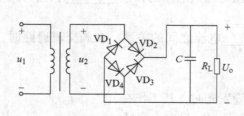

图 3-71　题 1 图

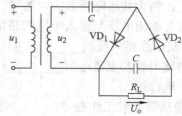

图 3-72　题 2 图

3. 图 3-72 所示是用于高电压、小电流场合的倍压整流电路，已知 $u_2 = \sqrt{2}U_2\sin\omega t$，$R_L$ 很大，可视为开路。

（1）试分析输出电压 U_o 的大小和极性及 VD_1、VD_2 所承受的最大反向电压值。

（2）若 VD_1 断开，输出电压等于多少？

（3）仿照此图，画出五倍电压整流电路的原理图。

4. 桥式整流电容滤波电路向负载供电，要求输出电压 $U_o = 6V$，输出电流 $I_o = 100mA$。交流电源的频率为 $50Hz$，应怎样选择整流二极管及滤波电容？若交流电网电压 u_i 的有效值为 $220V$，试求电源变压器的电压比（理想情况）。

5. 在图 3-73 所示的硅稳压管稳压电路中，交流电压 $U_2 = 12V$，负载电流 $I_{omin} = 0$，$I_{omax} = 5mA$，稳压管的型号为 2CW54，其各个参数为 $U_Z = 6V$，$I_{Zmin} = 5mA$，$I_{Zmax} = 38mA$，问限流

电阻 R 应选多大?

6. 电路如图 3-74 所示，稳压管的稳定电压 $U_Z = 4.3V$，晶体管的 $U_{BE} = 0.7V$，$R_1 = R_2 = R_3 = 300\Omega$，$R_o = 5\Omega$。试估算:

(1) 输出电压的可调范围。

(2) 调整管发射极允许的最大电流。

(3) 若 $U_i = 25V$，波动范围为 $\pm 10\%$，则调整管的最大功耗为多少?

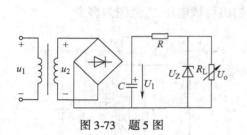

图 3-73　题 5 图

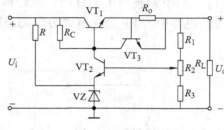

图 3-74　题 6 图

7. 元器件排列如图 3-75 所示，试合理连线，使构成直流稳压电源电路。

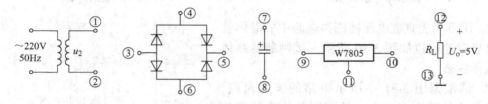

图 3-75　题 7 图

8. 在图 3-76 所示的电路中，若需要输出电压有一定的调节范围，则应如何改进电路，请画出电路图。

9. 在图 3-77 所示桥式整流滤波电路中，$U_2 = 20V$，$R_L = 40\Omega$，$C = 1000\mu F$，试计算:

(1) 正常情况下，U_o 是多少?

(2) 如果有一个二极管开路，U_o 是多少?

(3) 如果测得 U_o 为下列数值，可能出现什么故障?

1) $U_o = 18V$；2) $U_o = 28V$；3) $U_o = 9V$。

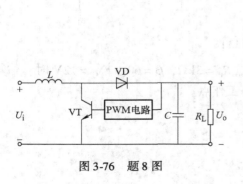

图 3-76　题 8 图

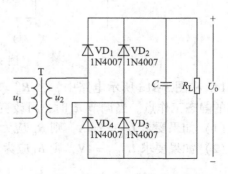

图 3-77　题 9 图

117

10. CW7805 组成的电路如图 3-78 所示，已知 $I_W = 5\text{mA}$，$R_1 = 200\Omega$ 时，R_2 范围为 0 ~ 200Ω，试计算：

（1）负载 R_2 上的电流 I_o 值范围；

（2）输出电压 U_o 的范围。

11. 三端可调式集成稳压器 W317 组成如图 3-79 所示的电路，已知 W317 调整端输出电流 $I_W = 50\mu\text{A}$，输出端 2 和调整端 1 间的电压 $U_{\text{REF}} = 1.25\text{V}$。

（1）当 RP 调整到 3.5kΩ 时，试计算图中电路的输出电压 U_o 值；

（2）电路中若 RP 变化范围为 0 ~ 5.1kΩ，则输出可调电压 U_o 范围为多少？

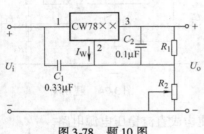

图 3-78　题 10 图

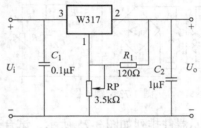

图 3-79　题 11 图

12. 用万用表直流电压档测得电路中的晶体管三个电极对地电位如图 3-80 所示，试判断各晶体管的工作状态。

13. 试根据图 3-81 中所示电路的直流通路，估算各电路的静态工作点，并判断晶体管的工作情况（所需参数如图中标注，其中 NPN 型为硅管，PNP 型为锗管）。

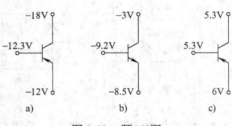

图 3-80　题 12 图

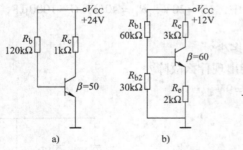

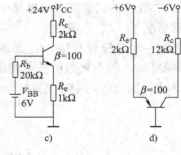

图 3-81　题 13 图

14. 在图 3-81a 所示电路中，当 $R_b = 300\text{k}\Omega$，$R_c = 3\text{k}\Omega$，$\beta = 60$，$V_{\text{CC}} = 12\text{V}$ 时，估算该电路的静态工作点。当调节 R_b 时，可改变其静态工作点。

（1）如果要求 $I_{\text{CQ}} = 2\text{mA}$，则 R_b 应为多大？

（2）如果要求 $U_{\text{CEQ}} = 4\text{V}$，则 R_b 应为多大？

项目4 红外线报警器电路的制作、调试与检测

随着电子技术的飞速发展和日益普及，各种电子报警器，如防盗报警器、监测报警器等在人们的日常生活中得到广泛应用。报警器的使用不仅提高了监测的精度，也为人们的安全保障带来便捷。

本项目设计制作的红外线报警器电路可监视几十米范围内运动的人体，当有人在该范围走动时，就会发出报警信号。如图4-1所示，红外线报警器电路主要由传感器电路、放大滤波电路、比较器电路、指示电路四部分组成。

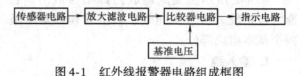

图4-1 红外线报警器电路组成框图

知识目标

1. 能分析计算集成运算放大器线性应用电路。
2. 理解集成运放工作在非线性区的特点。
3. 理解电压比较器的工作原理。

技能目标

1. 能对红外线报警器电路装配、调试和检测。
2. 能分析红外线报警器的工作过程。
3. 通过实用电路安装，提高实践操作技能。

知识导图

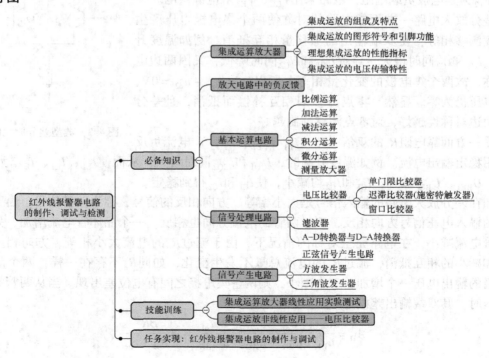

4.1 集成运算放大器

集成运算放大器简称集成运放，实质上是一个具有高放大倍数的直接耦合多级放大电路。在现代电子技术中，其应用远不止运算的范畴，它作为一种高增益器件，已成为模拟电子技术领域的核心部件，广泛应用于各种电子设备中。

4.1.1 集成运放的组成及特点

图 4-2 所示为集成运放内部结构框图。它通常包括输入级、中间级、输出级和偏置电路四个基本组成部分。

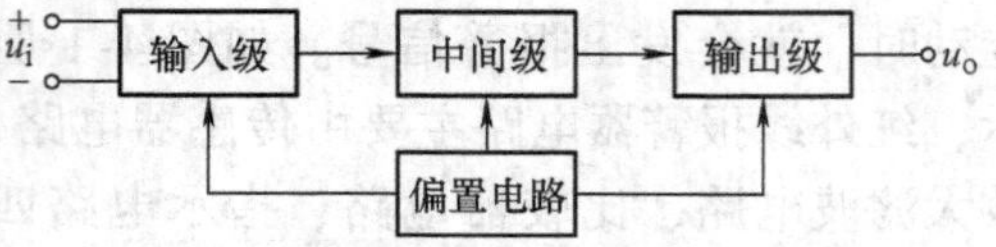

图 4-2 集成运放内部结构框图

1. 输入级

输入级要求输入电阻高。为减小零点漂移和抑制干扰信号，多采用差分放大电路。

所谓零点漂移指输出电压偏离初始静态值，出现了缓慢的、无规则的漂移。原因主要有电源电压波动，元器件参数变化及环境温度的变化。

图 4-3 所示的典型差分放大电路是由两个特性、参数完全相同的单管放大电路组成的，是一个左右对称的电路。输入信号 u_{i1}、u_{i2} 从两个晶体管的基极输入，称为双端输入；输出信号从两个集电极之间取出，称为双端输出。R_e 为差动放大电路的公共发射极电阻，用来决定晶体管的静态工作电流和抑制零漂。R_{c1}、R_{c2} 为集电极负载电阻，电路采用 V_{CC}、V_{EE} 双电源供电。

差分放大电路一方面靠电路的对称使两个集电极电压产生的温度漂移相等，使双端输出的漂移量相互抵消。例如温度升高时，I_{C1} 和 I_{C2} 同时增大，导致 U_{C1} 和 U_{C2} 同时降低，又因两边电路对称，故两个集电极的变化量相等，所以 $u_o = u_{o1} - u_{o2} = 0V$，输出电压仍为零。显然，零点漂移因相互补偿而抵消，且差分电路两边对称性越好，对零点漂移抑制越好。

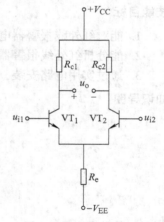

图 4-3 典型差分放大电路

另一方面靠电阻 R_e 的双倍（$I_E = I_{E1} + I_{E2} = 2 I_{E1}$）电流负反馈作用稳定输出电流。例如温度升高时，$I_{CQ1}$ 和 I_{CQ2} 同时增大，从而使 I_{E1}、I_{E2}、I_E 增大，U_E 增大，U_{BE1}、U_{BE2} 减小，I_{C1} 和 I_{C2} 均减小，使 I_{C1} 和 I_{C2} 得到稳定。

加在差分放大电路的输入信号是大小相等、方向相反的信号，称为差模信号。由于两管加入的输入电压信号方向相反，流过两管的电流方向也相反，一个晶体管电流增加，另一个晶体管电流减小，在电路完全对称的情况下，由于流过 R_e 的电流大小相等，方向相反，增加的和减小的相互抵消，流过 R_e 的电流总量不发生变化，如同 R_e 不存在一样；两个晶体管集电极的输出电压一个增加，一个减小，则两管集电极之间有电位差出现。当从两管集电极取电压时，其双端输出差模电压放大倍数表示为

$$A_D = \frac{u_o}{u_{iD}} = \frac{u_{o1} - u_{o2}}{u_{iD1} - u_{iD2}} = \frac{2 u_{o1}}{2 u_{iD1}} = -\frac{\beta R_L'}{R_B + r_{be}}$$

加在差分放大电路的输入信号是大小相等、方向相同的信号，称为共模信号。当从两管集电极取电压时，由于电路对称，输出电压为零，则双端输出共模电压放大倍数表示为

$$A_\mathrm{C} = \frac{u_\mathrm{o}}{u_\mathrm{iC}} = \frac{u_\mathrm{o1} - u_\mathrm{o2}}{u_\mathrm{iC}} = 0$$

2. 中间级

中间级的主要作用是放大电压，多采用直接耦合的共发射极放大电路。

3. 输出级

输出级提供足够大的输出功率，具有较小的输出电阻，多采用射极输出器或者互补对称电路。

4. 偏置电路

偏置电路的作用是为各级提供合适的工作电流，确定各级静态工作点。一般由各种恒流源电路组成长尾式差动放大电路。由于接入 R_e，提高了共模信号的抑制能力，且 R_e 越大，抑制能力越强。若 R_e 增大，则 R_e 上的直流压降增大，为了保证晶体管的正常工作，必须提高电源电压，这是不合算的。为此希望有这样一种器件，它的交流电阻 r 大，而直流电阻 R 小。恒流源就具有此特性。

$$r = \frac{\Delta U}{\Delta I} \to \infty, \quad R = \frac{U}{I}$$

将长尾式差动放大电路中的 R_e 用恒流源代替，即得恒流源差动放大电路，如图 4-4a 所示。恒流源电路的等效电阻与放大电路的输出电阻相同，其等效电路如图 4-4b 所示。按输入短路，输出加电源 U_o，求出 I_o，则恒流源的等效电阻为

$$r_\mathrm{o3} = \frac{U_\mathrm{o}}{I_\mathrm{o}}$$

$$U_\mathrm{o} = (I_\mathrm{o} - \beta I_\mathrm{b3})r_\mathrm{ce} + (I_\mathrm{o} + I_\mathrm{b3})R_3$$

$$I_\mathrm{b3}(r_\mathrm{be} + R_1 /\!/ R_2) + (I_\mathrm{o} + I_\mathrm{b3})R_3 = 0\mathrm{V}$$

$$I_\mathrm{b3} = \frac{R_3}{r_\mathrm{be} + R_3 + R_1 /\!/ R_2}I_\mathrm{o}$$

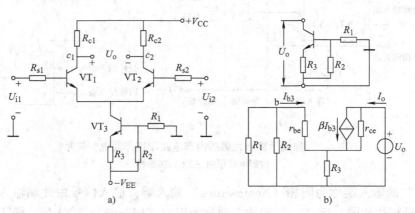

图 4-4　恒流源差动放大电路

a) 电路　b) 恒流源等效电路

$$r_{o3} = \frac{U_o}{I_o} = \left(1 + \frac{R_3}{r_{be} + R_3 + R_1 /\!/ R_2}\right)r_{ce} + R_3 /\!/ (r_{be} + R_1 /\!/ R_2)$$

$$\approx \left(1 + \frac{\beta R_3}{r_{be} + R_3 + R_1 /\!/ R_2}\right)r_{ce}$$

$\beta = 80$，$r_{ce} = 100\text{k}\Omega$，$r_{be} = 1\text{k}\Omega$，$R_1 = R_2 = 6\text{k}\Omega$，$R_3 = 5\text{k}\Omega$，$r_{o3} \approx 4.5\text{M}\Omega$

$$V_{EE} = U_{BE2} + U_{CE3} + I_{E3}R_3 + I_{B1}R_{s1}$$

$$I_{E1} = I_{E2} \approx \frac{1}{2}I_{E3}$$

4.1.2　集成运放的图形符号和引脚功能

集成运放的外形如图 4-5 所示，主要有双列直插式、圆壳式和扁平式三种。

μA741 芯片是高增益运算放大器，广泛应用于军事、工业和商业应用。其外形如图 4-6 所示，各引脚功能是：1、5 为外接调零电位器，2 为反相输入端，3 为同相输入端，4 为外接负电源，6 为输出端，7 为外接正电源，8 为空引脚。

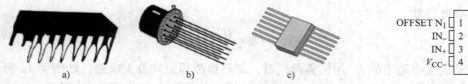

图 4-5　常见集成运放的外形
a）双列直插式　b）圆壳式　c）扁平式

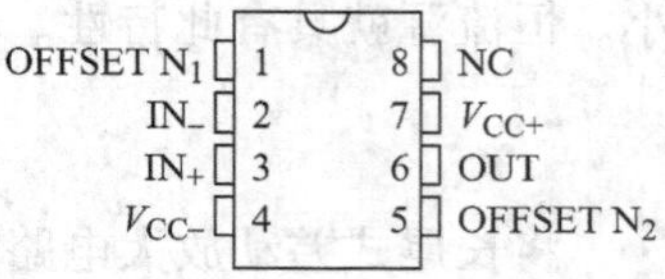

图 4-6　μA741 外形引脚图

图 4-7 给出了一个简单集成运算放大器的内部电路原理图及电气符号。它有两个对称的输入端和一个对地输出端，便于和任何电路相连接。除此以外还有电源端、调零端等。

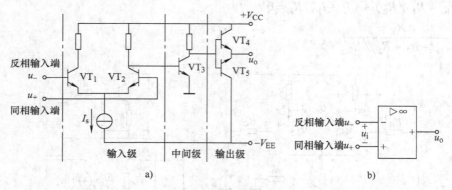

图 4-7　集成运算放大器的内部电路原理图及电气符号
a）内部电路原理图　b）国标符号

标"＋"的输入端称为同相（Noninverting）输入端，输入信号由此端输入时，输出信号与输入信号相位相同；标"－"的输入端称为反相（Inverting）输入端，输入信号由此端输入时，输出信号与输入信号相位相反，其输入输出关系式为

$$u_o = A_{od}(u_+ - u_-)$$

式中，A_{od}为集成运算放大器开环差模电压放大倍数。

集成运放 LM324 采用 14 引脚双列直插塑料封装，外形如图 4-8a 所示。它的内部包含四组完全相同的运算放大器，除电源共用外，四组运放相互独立。每一组运算放大器有 3 个外引出引脚，其中"+""－"为两个信号输入端，"U_o"为输出端。LM324 的引脚排列如图 4-8b 所示。由于 LM324 四运放电路具有电源电压范围宽、静态功耗低、可单电源使用、价格低廉等优点，因此被广泛应用于各种电路中。

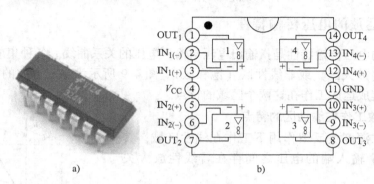

图 4-8　LM324 的外形和引脚排列

a）外形　b）引脚排列

4.1.3　集成运放的性能指标

集成运放的性能好坏常用一些参数表征，这些参数是选用集成运放的主要依据。

1. 开环差模电压放大倍数 A_{od}

A_{od}指集成运放在无外加反馈情况下的差模电压放大倍数。目前，性能较好的集成运放，其 A_{od}可达 140dB 以上。

2. 最大输出电压 U_{OPP}

U_{OPP}指在额定电源电压下，集成运放的最大不失真输出电压的峰-峰值。

3. 差模输入电阻 r_{id}

r_{id}的大小反映了集成运放的输入端向信号源索取电流的大小。一般要求 r_{id}越大越好，实际值有几十千欧至几兆欧。

4. 输出电阻 r_o

r_o反映了集成运放在输出信号时的带负载能力，r_o越小越好，理想集成运放的 r_o为零。

5. 共模抑制比 K_{CMR}

为全面衡量差分放大电路放大差模信号和抑制共模信号的能力，引入共模抑制比，定义为运放差模电压放大倍数与共模电压放大倍数之比的绝对值 K_{CMR}，即

$$K_{CMR} = 20\lg\frac{A_{ud}}{A_{uc}}(dB)$$

显然，共模抑制比越大，表示差分电路放大差模信号和抑制共模信号的能力越强，集成运放抑制零点漂移的能力越强。

目前，集成运放已得到广泛应用，性能也越来越好。在一般场合，使用者可将集成运放

的各项技术指标理想化，而不会造成误差超出允许范围，同时使分析大大简化。

理想运放的主要性能指标是：

1）开环差模电压放大倍数为无穷大，即 $A_{ud} \rightarrow \infty$。

2）差模输入阻抗为无穷大，即 $r_{id} \rightarrow \infty$。

3）输出阻抗为 0，即 $r_o \rightarrow 0$。

4）共模抑制比为无穷大，即 $K_{CMR} \rightarrow \infty$。

4.1.4　集成运放的电压传输特性

集成运放的电压传输特性是指输出电压与输入电压的关系曲线。各种集成运放应用电路工作于线性区（放大区）或非线性区（饱和区）。图 4-9 所示为集成运放的电压传输特性。下面分别介绍集成运放工作在这两个区域的特点。

1. 理想运放工作在线性区的特点

集成运放在深度负反馈作用下工作在线性区域，其输出电压与两个输入端的电压之间存在着线性放大关系，即

$$u_o = A_{od} U_{id} = A_{od}(u_+ - u_-)$$

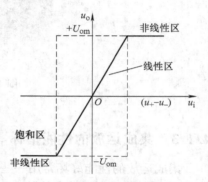

图 4-9　集成运放的电压传输特性

因为理想运放 $A_{od} \rightarrow \infty$，而输出 u_o 是一个有限值，所以有 $u_+ = u_-$，即理想运放的同相输入端与反相输入端的电位相等，好像这两个输入端短路一样，这种现象称为"虚短"。

由于理想运放 $r_{id} \rightarrow \infty$，因此在其两个输入端均可以认为没有电流流入集成运放，即

$$i_+ = i_- = 0A$$

好像两个输入端内部被断开一样，这种现象称为"虚断"。

2. 理想运放工作在非线性区的特点

在开环或正反馈状态下，集成运放工作在非线性区，即饱和区。输出电压 u_o 或是正饱和电压 $+U_{omax}$，或是负饱和电压 $-U_{omax}$。

当 $u_+ > u_-$ 时，u_o 等于正向最大输出电压 $+u_{omax}$；

当 $u_+ < u_-$ 时，u_o 等于负向最大输出电压 $-u_{omax}$。

在非线性区，运放的差模输入电压可能很大，此时电路的"虚短"将不存在，但因为理想运放的输入电阻 $r_{id} = \infty$，故"虚断"现象仍存在。

4.2　放大电路中的负反馈

反馈已在电子技术中得到广泛应用，在电子设备中经常采用反馈的方法来改善电路的性能，以达到预定的指标。

反馈就是将放大电路的输出量（电压或电流）的一部分或全部通过一定的方式引回到输入回路，据此提出了开环放大器和闭环放大器的概念。

1）开环放大器：放大电路无反馈，信号的传输只能从输入端到输出端。

2）闭环放大器：放大电路有反馈，将输出信号送回到放大电路的输入回路，与原输入信号相加或相减后再作用到放大电路的输入端。

根据反馈的极性不同，可分为正反馈和负反馈。前者可以提高放大倍数，后者以降低放大倍数为代价，全面改善放大器的各种性能。

图 4-10 所示为反馈框图，由单级或多级放大器构成的基本放大器及反馈网络组成，其中基本放大电路的主要功能为放大信号，反馈网络的主要功能则为传输反馈信号。

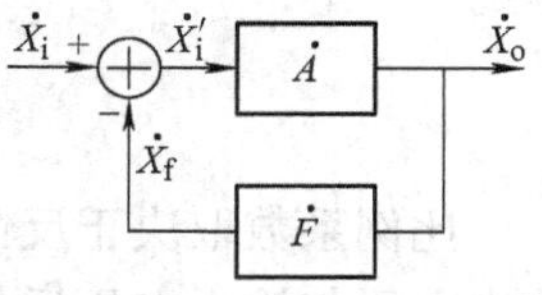

图中，$\dot{X}_o$ 为输出量，$\dot{X}_i$ 为输入量，$\dot{X}_i'$ 为净输入量，$\dot{X}_f$ 为反馈量，$\dot{X}_i' = \dot{X}_i - \dot{X}_f$。

图 4-10　反馈框图

反馈系数 $\dot{F} = \dfrac{\dot{X}_f}{\dot{X}_o}$ 表明反馈量中包含输出量的多少，当 $\dot{F} = 1$ 时称为全反馈；开/闭环

增益 $A = \dfrac{X_o}{X_i'}$，$\dot{A}_f = \dfrac{\dot{X}_o}{\dot{X}_i} = \dfrac{\dot{A}_f}{1 + \dot{A}\dot{F}}$，其中 $1 + \dot{A}\dot{F}$ 称为反馈深度，$\dot{A}\dot{F}$ 称为环路增益。

负反馈是指加入反馈后，净输入信号 $|\dot{X}_i| < |\dot{X}_i'|$，输出幅度下降。其作用主要是改善放大电路的性能指标，对 A_u、R_i、R_o 有影响。

正反馈是指加入反馈后，净输入信号 $|\dot{X}_i| > |\dot{X}_i'|$，输出幅度增加。其作用主要是提高增益，常用于波形发生器。

采用瞬时极性法判断出是正反馈或负反馈："看反馈的结果"，即净输入量是被增大还是被减小。判断方法如下：

1）在输入端，先假定输入信号的瞬时极性，可用 "＋" "－" 或 "↑" "↓" 表示。

2）根据放大电路各级的组态，决定输出量与反馈量的瞬时极性。

3）最后观察引回到输入端反馈信号的瞬时极性，若使净输入信号增强，则为正反馈，否则为负反馈。

4.3　基本运算电路

当集成运放工作在线性区时，可以组成各类信号运算电路，主要有比例运算、加减法运算和微积分运算等，下面分别加以介绍。

4.3.1　比例运算

实现输出信号与输入信号成比例关系的电路，称为比例运算电路。根据输入方式的不同，有反相比例运算和同相比例运算两种形式。

1. 反相比例运算电路

反相比例运算电路如图 4-11 所示，输入信号 u_i 通过 R_1 加到集成运放的反相输入端，输出信号通过 R_f 反馈到运放的反相输入端，构成电压并联负反馈，该电路可实现对输入信号的反相放大。

由于电路存在"虚短"和"虚断",有 $u_- = u_+ = 0$,即运放的两个输入端与地等电位,常称为"虚地"(Virtual Ground);根据"虚断"的概念,流过 R_1、R_f 的电流相等,即

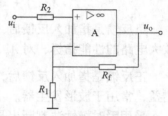

$$\frac{u_i}{R_1} = -\frac{u_o}{R_f}$$

得到

$$u_o = -\frac{R_f}{R_1} u_i \qquad (4-1)$$

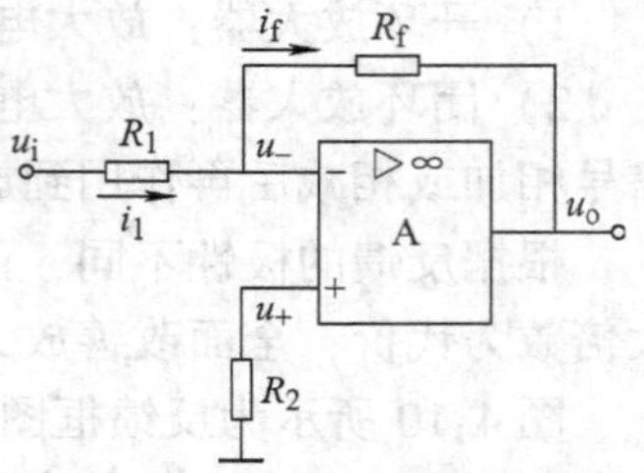

图 4-11 反相比例运算电路

比例系数取决于反馈网络的电阻 R_1 和 R_f,而与运放本身的参数无关,式中的负号说明了输出电压与输入电压反相。

当 $R_f = R_1$ 时,即 $u_o = -u_i$,$A_{uf} = -\frac{R_f}{R_1} = -1$,反相比例电路又叫反相器。

为了减小输入级偏置电流引起的运算误差,在实际电路中的同相输入端接入了平衡电阻 $R_2 = R_1 /\!/ R_f$。

2. 同相比例运算电路

图 4-12 所示为同相比例运算电路,输入信号 u_i 通过 R_2 加到集成运放的同相输入端,输出信号通过 R_f 反馈到运放的反相输入端,构成电压串联负反馈;反相输入端经电阻 R_1 接地。根据"虚短"和"虚断"的概念,有 $u_- = u_+ = u_i$,流过 R_1、R_f 的电流相等,即

$$\frac{u_i}{R_1} = \frac{u_o - u_i}{R_f}$$

则输出电压为

$$u_o = \left(1 + \frac{R_f}{R_1}\right) u_i \qquad (4-2)$$

图 4-12 同相比例运算电路

该比例系数取决于反馈网络的电阻 R_1 和 R_f,而与运放本身的参数无关。输出电压与输入电压反相。

当 $R_f = 0$(反馈电阻短路)或 $R_1 \to \infty$(反相输入端电阻开路)时,$A_{uf} = 1$,这时 $u_o = u_i$,称为电压跟随器。

4.3.2 加法运算

在反相比例运算电路的基础上,在反相输入端增加输入信号,电路能实现输出电压正比于若干输入电压之和的运算功能。

如图 4-13 所示为反相加法运算电路,根据运算放大器的"虚短""虚断"特性,得知反相输入端的电位应与正相输入端一致,也等于 0V,于是流过 R_1、R_2 的电流分别为 $i_1 = \frac{u_{i1}}{R_1}$、$i_2 = \frac{u_{i2}}{R_2}$。由于运放输入端的电流为零,因此反馈电阻 R_f 上

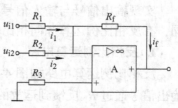

图 4-13 反相加法运算电路

的电流必然为 $i_1 + i_2$，于是运放输出端的电位为

$$u_o = -(i_1 + i_2)R_f = -\left(\frac{u_{i1}}{R_1} + \frac{u_{i2}}{R_2}\right)R_f \tag{4-3}$$

对于三个输入信号的反相加法运放，可用同样的方法分析和计算得到

$$u_o = -\left(\frac{u_{i1}}{R_1} + \frac{u_{i2}}{R_2} + \frac{u_{i3}}{R_3}\right)R_f$$

式（4-3）中，当 $R_1 = R_2$ 时，有 $u_o = -\dfrac{R_f}{R_1}(u_{i1} + u_{i2})$

4.3.3 减法运算

图 4-14 所示为减法运算电路，该电路的功能是对同相输入端和反相输入端的输入信号进行减法运算。分析电路可知，它相当于由一个同相比例放大电路和一个反相比例放大电路组合而成，利用叠加法进行分析，先考虑 u_{i1} 作用时产生的输出信号，此时 u_{i2} 作短路处理，则电路相当于前面分析的同相比例电路，有

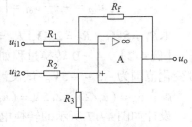

图 4-14 减法运算电路

$$u_o' = -\frac{R_f}{R_1}u_{i1}$$

再分析 u_{i2} 作用时产生的输出信号，将 u_{i1} 作短路处理，则电路为同相比例电路，有 $u_- = u_+ = \dfrac{R_3}{R_2 + R_3}u_{i2}$

$$u_o'' = \left(1 + \frac{R_f}{R_1}\right)\frac{R_3}{R_2 + R_3}u_{i2}$$

输出电压为两次分析的总和，则

$$u_o = u_o' + u_o'' = -\frac{R_f}{R_1}u_{i1} + \left(1 + \frac{R_f}{R_1}\right)\frac{R_3}{R_2 + R_3}u_{i2}$$

若取电阻对称，即 $R_1 = R_2$，$R_3 = R_f$，则

$$u_o = \frac{R_f}{R_1}(u_{i2} - u_{i1}) \tag{4-4}$$

由此可见，适当选择电路中的电阻，可使输出电压与两输入电压的差值成比例。

【例 4-1】 设计一个运算电路，要求它能实现 $Y = 2X_1 + 5X_2 + X_3$ 的运算。

解： 此题的电路模式为 $u_o = 2u_{i1} + 5u_{i2} + u_{i3}$，是 3 个输入信号的加法运算。各项系数由反馈电阻 R_f 与各输入信号的输入电阻的比例关系所决定，由于各系数均为正值，而反相加法器的系数都是负值，因此须加一级反相器，实现变号运算。实现这一运算的电路如图 4-15 所示。

输出电压和输入电压的关系如下：

$$R_{f1}/R_1 = 2, \quad R_{f1}/R_2 = 5, \quad R_{f1}/R_3 = 1, \quad R_{f2}/R_{i2} = 1$$

$$u_{o1} = -\left(\frac{R_{f1}}{R_1}u_{i1} + \frac{R_{f1}}{R_2}u_{i2} + \frac{R_{f1}}{R_3}u_{i3}\right)$$

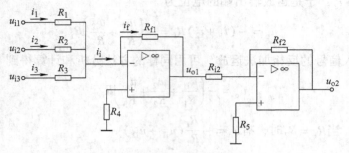

图 4-15　例 4-1 电路图

$$u_{o2} = -\frac{R_{f2}}{R_{i2}}u_{o1} = \left(\frac{R_{f1}}{R_1}u_{i1} + \frac{R_{f1}}{R_2}u_{i2} + \frac{R_{f1}}{R_3}u_{i3}\right)\frac{R_{f2}}{R_{i2}} = 2\,u_{i2} + 5\,u_{i2} + u_{i3}$$

取 $R_1 = 5\text{k}\Omega$，$R_2 = 2\text{k}\Omega$，$R_3 = 10\text{k}\Omega$，$R_{f2} = R_{i2} = 10\text{k}\Omega$，$R_4 = 1\text{k}\Omega$，$R_5 = 5\text{k}\Omega$

【例 4-2】　A－D 转换过程如图 4-16 所示，要求其输入电压的幅度为 0～+5V，现有信号变化范围为 -5～+5V。试设计一电平抬高电路，将其变化范围变为 0～+5V。

解：$u_o = (u_i/2) + 2.5\text{V} = (u_i + 5)/2$

设计如图 4-17 所示的转换电路。

$$u_{o1} = -(10/20)(u_i + 5) = -(u_i + 5)/2$$
$$u_o = -(20/20)u_{o1} = -u_{o1} = (u_i + 5)/2$$

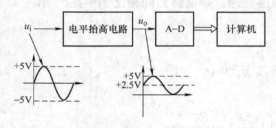

图 4-16　例 4-2 图（1）

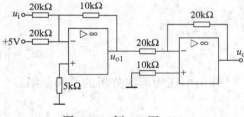

图 4-17　例 4-2 图（2）

4.3.4　积分运算

将反相比例运算电路中的反馈电阻用电容 C 来代替，便得到图 4-18 所示的积分运算电路。

根据运算放大器的"虚短""虚断"特性，得知反相输入端的电位应与正相输入端一致，也等于零，流过 R 的电流 $i = \dfrac{u_i}{R}$，流过电容上的电流也等于该值，而电容上的电流 $i_C = C\dfrac{\mathrm{d}u}{\mathrm{d}t} = \dfrac{u}{R}$，于是得到

$$u_o = -\frac{1}{RC}\int_0^t u_i \mathrm{d}t \tag{4-5}$$

式 (4-5) 表明，输出电压为输入电压对时间的积分，且相位相反，RC 为积分时间常数，用 τ 表示，其值大小反映积分强弱，τ 越小，积分作用越强。积分电路是利用电容的充放电来实现积分运算的。

积分电路的波形变换作用如图4-19所示，能将方波转换成三角波输出，常用作显示器的扫描电路、模-数转换器、数学模拟运算器等。

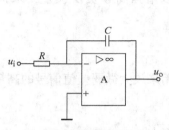

图4-18 积分运算电路

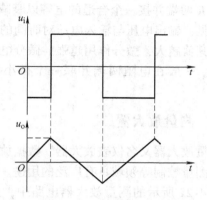

图4-19 积分电路波形变换

4.3.5 微分运算

将积分运算电路的反馈电容和输入端的电阻位置互换，就构成图4-20所示的微分运算电路。利用"虚断"和"虚地"的概念，可得

$$i_+ = i_- = 0\text{A}$$
$$u_\text{A} = 0\text{V}$$

则

$$i_C = i_R$$

假设电容初始电压为零，则

$$i_C = C\frac{\text{d}u_\text{i}}{\text{d}t}$$

输出电压为

$$u_\text{o} = -i_R R = -RC\frac{\text{d}u_\text{i}}{\text{d}t} \tag{4-6}$$

式(4-6)表明，输出电压为输入电压对时间的微分，且相位相反，RC为微分时间常数。

微分电路输出波形如图4-21所示，它能将方波转换成尖脉冲输出，常用于脉冲数字电路、自动控制系统中。

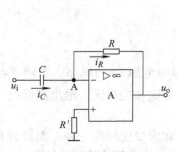

图4-20 微分运算电路

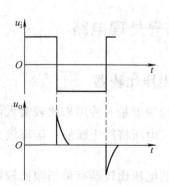

图4-21 微分电路输出波形

由于微分电路对输入电压变化特别敏感，抗干扰性差，干扰信号很可能会淹没有用信号，因此在实际电路中有时在输入端串联一个小电阻 R_1，可以减小干扰信号进入反相端；有时在 R 两端并接一个合适的电容以衰减干扰信号的作用。

可见，输出电压与输入电压对时间的微分成正比，实现了微分运算。RC 称为微分时间常数，其值越大，微分作用越强。微分电路对输入信号中的快速变化分量敏感，易受外界信号干扰。一般在电阻两端并联一个很小容量的电容，以增强高频负反馈量，来抑制高频干扰。

4.3.6　测量放大器

测量放大器又名仪表放大器、数据放大器，是一种用来放大微弱差值信号的高精度放大器，在测量控制等领域具有广泛的用途。

图 4-22 所示的测量放大器电路中，差动信号的输入信号由两个运放的正相输入端输入，设其电位分别为 U_1 和 U_2（差值为 $U_1 - U_2$）。根据运算放大器的"虚短"概念，两个运放的反相输入端的电位也分别是 U_1 和 U_2，于是 R_w 上的电流为 $\dfrac{U_1 - U_2}{R_w}$；根据运算放大器的"虚断"概念，R_{f1}、R_w 和 R_{f2} 可视为串联，则有

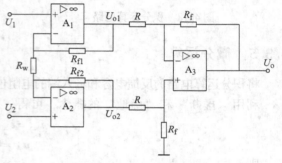

图 4-22　测量放大器电路

$$\frac{U_{o1} - U_{o2}}{R_{f1} + R_w + R_{f2}} = \frac{U_1 - U_2}{R_w}$$

后级减法电路输出 $U_o = \dfrac{R_f}{R}(U_{o2} - U_{o1})$。

当 $R_{f1} = R_{f2}$、$R_f = R$ 时，仪表放大器的电压放大倍数为

$$A_V = \frac{U_{o2} - U_{o1}}{U_2 - U_1} = \frac{2R_f + R_w}{R_w} = 1 + 2\frac{R_f}{R_w} \tag{4-7}$$

只要适当选取 R_w 和 R_{f1} 的阻值，就可以得到所需要的放大倍数。

4.4　信号处理电路

4.4.1　电压比较器

电压比较器是一种用来比较输入信号电压 u_i 和参考电压 u_r 的电路。当两者电压幅度不等时，输出电压将产生跃变，运算放大器进入非线性的饱和工作区，输出高低电平来表示比较结果。

常用的电压比较器有单门限比较器、迟滞比较器和窗口比较器三种，前者只有一个阈值电压，后两者具有两个阈值电压。图 4-23 所示为电压比较器的符号及传输特性。

因比较器工作在开环状态（此时构成单门限比较器）或正反馈闭环状态（此时构成迟滞比较器），电路增益很大，且输入信号为大信号，故比较器具有以下两个显著特性：

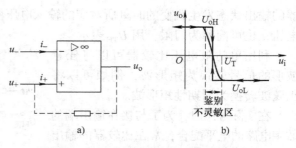

图 4-23　电压比较器的符号及传输特性
a) 符号　b) 传输特性

1) 开关特性。比较输出只有高电平和低电平两个稳定状态。

$$u_- < u_+ 时，u_o = u_{oH}$$

$$u_- > u_+ 时，u_o = u_{oL}$$

2) 非线性。比较器工作在非线性区，输出和输入不呈线性关系；由于集成运放差模输入电阻较大，输入电流约为零，故仍有"虚断"的特性。

1. 单门限比较器

单门限电压比较器输入电压只有一个参考电压，输入电压变化（增大或减小）经过参考电压时，输出电压发生跃变。其基本电路如图 4-24a 所示，集成运放处于开环状态时，工作在非线性区，输入电压 u_i 加在反相输入端，参考电压 U_{REF} 接在同相输入端，称为反相输入单门限电压比较器。当 $u_i > U_{REF}$ 时，即 $u_- > u_+$，$u_o = -U_{om}$；当 $u_i < U_{REF}$ 时，即 $u_- < u_+$，$u_o = +U_{om}$。传输特性如图 4-24b 所示。

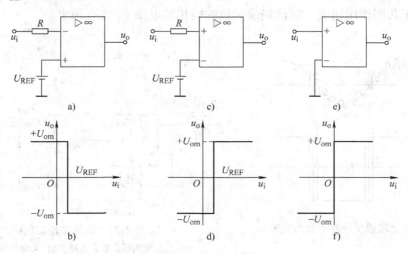

图 4-24　过零比较器单门限电压比较器电路
a) 反相输入单门限比较器　b) 反相输入单门限比较器传输特性　c) 同相输入单门限电压比较器
d) 同相输入单门限比较器传输特性　e) 过零比较器　f) 过零比较器传输特性

当输入电压 u_i 加在同相输入端，参考电压 U_{REF} 接在反相输入端时，如图 4-24c 所示，称为同相输入单门限电压比较器。其传输特性如图 4-24d 所示。

如果参考电压 $U_{REF} = 0V$，则输入电压过零时，输出电压发生跳变，这种比较器称为过零电压比较器，如图 4-24e 所示，其传输特性如图 4-24f 所示。

由上述分析可看出，输入电压 u_i 的变化经过 U_{REF} 时，输出电压发生翻转。因此把比较器的输出状态发生跳变的时刻所对应的输入电压值称为比较器的阈值电压，简称阈值或门限电压，也可简称为门限，用 U_{TH} 表示。

利用单门限电压比较器可以将任意波形的信号转换为矩形波，例如可以将正弦波转换为周期性矩形波。

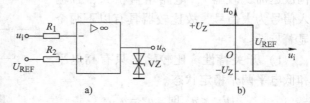

在实际应用时，为了与接在输出端的数字电路的电平配合，常在比较器的输出端与"地"之间接一个双向稳压管 VZ，作双向限幅用。稳压管的稳定电压为 U_Z，输出电压 u_o 被限制在 $+U_Z$ 和 $-U_Z$ 之间。电路及电压传输特性如图 4-25 所示。

图 4-25　带双向限幅的电压比较器
a）带双向限幅的电压比较器电路
b）双向限幅比较器电压传输特性

2. 迟滞比较器（施密特触发器）

单门限比较器结构简单，且灵敏度高，但它的抗干扰能力差，如图 4-26 所示，正弦波信号受到外界干扰，即在正弦波上叠加了高频干扰，过零比较器就容易出现多次误翻转。迟滞比较器正是克服了这一缺陷。

迟滞电压比较器的基本电路如图 4-27a 所示。它是在单门限电压比较器的基础上增加了正反馈元件 R_f 和 R_2，运算放大器工作于非线性状态，因此它的输出只可能有两种状态：正向饱和电压 $+U_{om}$ 和反向饱和电压 $-U_{om}$。由图可知，集成运放的同相端电压 u_+ 是由输出电压和参考电压共同作用而成，因此集成运放的同相端电压 u_+ 也有两个。

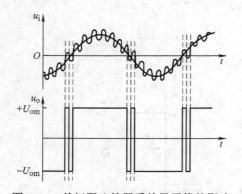

图 4-26　单门限比较器受外界干扰的影响

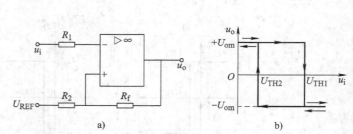

图 4-27　迟滞电压比较器
a）迟滞电压比较器电路　b）传输特性曲线

利用叠加定理可得

$$u_+ = U_{REF}\frac{R_f}{R_f + R_2} + u_o\frac{R_2}{R_f + R_2}$$

根据输出电压 u_o 的不同值（$+U_{om}$ 或 $-U_{om}$），可分别求出上门限电压 U_{TH1} 和下门限电压 U_{TH2}

$$U_{TH1} = U_{REF}\frac{R_f}{R_f + R_2} + U_{om}\frac{R_2}{R_f + R_2}$$

和

$$U_{\text{TH2}} = U_{\text{REF}} \frac{R_{\text{f}}}{R_{\text{f}} + R_2} - U_{\text{om}} \frac{R_2}{R_{\text{f}} + R_2}$$

把上门限电压 U_{TH1} 与下门限电压 U_{TH2} 之差称为回差电压，用 ΔU_{TH} 表示，

$$U_{\text{TH}} = U_{\text{TH1}} - U_{\text{TH2}} = 2U_{\text{om}} \frac{R_2}{R_2 + R_{\text{f}}}$$

当 u_{i} 很小时，电路输出为正向饱和电压 $+U_{\text{om}}$，同相端电压为 U_{TH1}。u_{i} 逐渐增加到接近 U_{TH1} 前，u_{o} 一直保持 $+U_{\text{om}}$ 不变。当 u_{i} 增加到略大于 U_{TH1}，u_{o} 由 $+U_{\text{om}}$ 跳变到 $-U_{\text{om}}$，同时使 u_{+} 跳变到 U_{TH2}，u_{i} 再增加，u_{o} 保持反向饱和电压 $-U_{\text{om}}$ 不变。

若 u_{i} 减小，只要 u_{i} 大于 U_{TH2}，则 u_{o} 将始终保持 $-U_{\text{om}}$ 不变，只有当 u_{i} 小于 U_{TH2} 时，u_{o} 才由 $-U_{\text{om}}$ 跳变到 $+U_{\text{om}}$。完整周期的传输特性曲线如图 4-27b 所示。

由此可见，只有输入电压超过上下门限电压时，输出电压才会改变极性，大大提高了电路的抗干扰能力。只要干扰信号的峰值小于半个回差电压，比较器就不会因为干扰而误动作。

3. 窗口比较器

窗口比较器是一种用于判断输入电压是否处于两个已知电平之间的电压比较器，典型电路如图 4-28a 所示，电路由两个单门限比较电路和一些二极管与电阻构成。两个参考电平分别为 U_{RH} 和 U_{RL}，且假定 $U_{\text{RH}} > U_{\text{RL}}$。

当 $u_{\text{i}} < U_{\text{RL}}$ 时，U_{o1} 为低电平 U_{oL}，U_{o2} 为高电平 U_{oH}，VD_1 截止，VD_2 导通，$u_{\text{o}} \approx U_{\text{oH}}$。

当 $U_{\text{RL}} < u_{\text{i}} < U_{\text{RH}}$ 时，U_{o1} 和 U_{o2} 均为低电平 U_{oL}，VD_1、VD_2 同时截止，$u_{\text{o}} = 0V$。

当 $u_{\text{i}} > U_{\text{RH}}$ 时，U_{o1} 为高电平 U_{oH}，U_{o2} 为低电平 U_{oL}，VD_1 导通，VD_2 截止，$u_{\text{o}} \approx U_{\text{oH}}$。

窗口比较器的电压传输特性曲线如图 4-28b 所示。该比较器有两个阈值，其传输特性曲线呈窗口状，故称为窗口比较器。

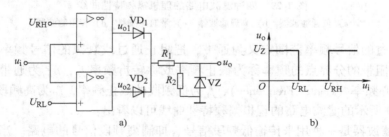

图 4-28 窗口比较器
a）电路 b）电压传输特性曲线

4.4.2 滤波器

滤波器在无线电通信、信号检测、信号处理、数据传输和干扰抑制等方面获得广泛应用。滤波器的作用实质上是选频，是对输入信号的频率具有选择性的一个二端网络。它允许某些频率（通常是某个频带范围）的信号通过，而其他频率的信号受到衰减或抑制，这些网络可以是由 RLC 元件或 RC 元件构成的无源滤波器，也可以是由 RC 元件和有源器件构成的有源滤波器。

有源滤波电路中，集成运放工作在线性区，即有源滤波器实际上是一种具有特定频率响应的放大器，它具有一定的电压放大和缓冲作用。

1. 幅频特性

根据通过或阻止信号频率范围的不同，滤波器可分为低通滤波器（Low – pass Filter，LPF）、高通滤波器（High – pass Filter，HPF）、带通滤波器（Band – pass Filter，BPF）和带阻滤波器（Band – elimination Filter，BEF）四种。它们的理想幅频特性曲线如图 4-29 所示。

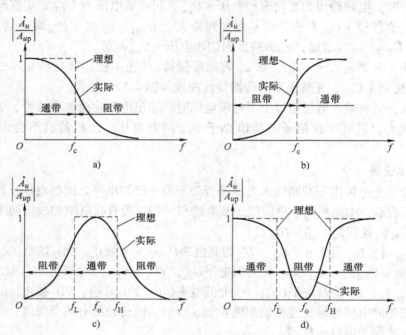

图 4-29　四种滤波电路的理想幅频特性曲线

a）低通滤波器　b）高通滤波器　c）带通滤波器　d）带阻滤波器

把能够通过的信号频率范围定义为通带，把阻止通过或衰减的信号频率范围定义为阻带。而通带与阻带的分界点的频率称为截止频率或称转折频率 f_c，A_{up} 为通带内的电压放大倍数，f_o 为中心频率（Center Frequency），f_L 为低频段的截止频率，f_H 为高频段的截止频率。

从图 4-29 所示的滤波电路的理想幅频特性曲线可以看出：

1）低通滤波器是一种用来传输低频段信号、抑制高频段信号的电路。当信号的频率高于截止频率 f_c 时，通过该电路的信号会被衰减（或被阻止），而低于 f_c 的信号则能够畅通无阻地通过该滤波器。

2）高通滤波器是一种用来传输高频段信号、抑制或衰减低频段信号的电路。

3）带通滤波器用来使某频段（$f_L \sim f_H$）内的有用信号通过，而将高于或低于此频段的信号衰减。

4）带阻滤波器可以用来抑制或衰减某一频段（$f_L \sim f_H$）内的信号，并让该频段以外的所有信号都通过。

5）具有理想幅频特性的滤波器是很难实现的，只能用实际的幅频特性去逼近理想的幅频特性。

滤波器分为一阶滤波器、二阶滤波器和高阶滤波器。阶数越高，其幅频特性越接近于理想特性，滤波器的性能就越好。

2. 一阶低通滤波器

图 4-30 所示为一阶低通滤波器，RC 为无源低通滤波电路环节，输入信号通过它加到同相比例运算电路的输入端，即集成运放的同相输入端。

输出信号通过 R_f 反馈到运放的反相输入端，构成电压并联负反馈，其输出电压为

$$\dot{U}_o = \left(1 + \frac{R_f}{R_1}\right)\dot{U}_+ = \left(1 + \frac{R_f}{R_1}\right)\frac{1/(j\omega C)}{R + 1/(j\omega C)}\dot{U}_i = \left(1 + \frac{R_f}{R_1}\right)\frac{1}{1 + j\omega RC}\dot{U}_i$$

则该电路的频率特性为

$$\dot{A}_u = \frac{\dot{U}_o}{\dot{U}_i} = \frac{1 + \frac{R_f}{R_1}}{1 + j\omega RC} = \frac{A_{up}}{1 + j\frac{f}{f_o}}$$

式中，$A_{up} = 1 + \frac{R_f}{R_1}$ 是 $f = 0$ 时的放大器的放大倍数，又称为通带增益，$f_o = \frac{1}{2\pi RC}$ 为特征频率。观察式中分母部分，由于频率 f 为一次幂，故称为一阶低通滤波器。

3. 二阶低通滤波器

图 4-31 所示为典型的二阶有源低通滤波器。它由两级 RC 滤波环节与同相比例运算电路组成，其中第一级电容 C 接至输出端，引入适量的正反馈，以改善幅频特性。

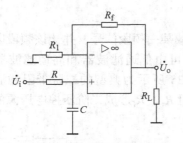

图 4-30　一阶低通滤波器

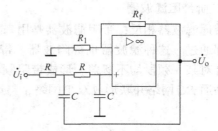

图 4-31　二阶低通滤波器

经推导，该电路的频率特性为

$$\dot{A}_u = \frac{A_{up}}{1 - \left(\frac{f}{f_c}\right)^2 + j(3 - A_{up})\frac{f}{f_c}}$$

式中，$A_{up} = 1 + \frac{R_f}{R_1}$ 为通带增益；$f_c = \frac{1}{2\pi RC}$ 为截止频率。Q 为品质因数，令 $Q = \frac{1}{3 - A_{up}}$，则

$$\dot{A}_u = \frac{A_{up}}{1 - \left(\frac{f}{f_c}\right)^2 + j\frac{1}{Q}\frac{f}{f_c}}。$$

4. 一阶高通滤波器

将图 4-30 所示一阶低通滤波器电路中起滤波作用的电阻、电容互换，即可变成一阶高

通滤波器，如图 4-32 所示。滤波电容接在集成运放输入端，它将阻隔、衰减低频信号，而让高频信号通过。

5. 二阶高通滤波器

将图 4-31 中的 RC 二阶低通网络中的 R 与 C 对换，即组成图 4-33 所示的二阶高通滤波器。

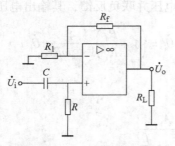

图 4-32　一阶高通滤波器

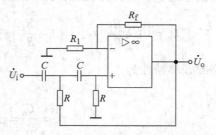

图 4-33　二阶高通滤波器

6. 二阶带通滤波器

带通滤波器用来使某频段内的有用信号通过，而将高于或低于此频段的信号衰减。比较图 4-29 所示低通、高通与带通的理想幅频特性曲线，不难发现，带通滤波器可用低通滤波器和高通滤波器串联而成。

图 4-34 中，R、C 组成低通网络，R_2、C 组成高通网络，两者串联构成 BPF，它们与 R_3 等则构成二阶压控电压源 BPF。

7. 二阶带阻滤波器

与带通滤波器相反，带阻滤波器是用来抑制或衰减某一频段信号，并让该频段以外的所有信号都通过，这种滤波器也称陷波器。带阻滤波器可由低通滤波器和高通滤波器并联而成，两者对某一频段均不覆盖，形成带阻频段，图 4-35 所示为典型的二阶带阻滤波器。其低通和高通 RC 网络并联形成双 T 网络，与运放和电阻 R_1、R_f 形成二阶压控电压源的 BEF。

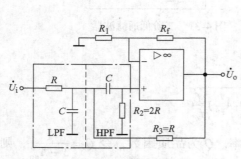

图 4-34　二阶带通滤波器

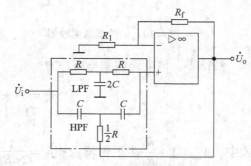

图 4-35　二阶带阻滤波器

4.4.3　A-D 转换器和 D-A 转换器

随着计算机在自动控制、自动检测及许多领域中的广泛应用，计算机越来越多地用于处理模拟信号。然而，大家都知道，计算机只能处理数字信号。为了能使计算机可以处理模拟信号，就必须在计算机和模拟信号之间架起一座桥梁，这座桥梁就是数或 A－D 转换器模转换器（Digital to Analog Converter，DAC 或 D－A 转换器）与模-数转换器（Analog to Digital Converter，ADC 或 A－D 转换器）。

D－A 转换器与 A－D 转换器是计算机系统中不可缺少的组成部分。在计算机控制系统中，D－A 转换器与 A－D 转换器是重要的接口电路，在智能仪表中，D－A 转换器与 A－D 转换器是核心电路。

1．D－A 转换器

D－A 转换器有权电阻网络 D－A 转换器、倒梯形电阻网络 D－A 转换器、权电流型 D－A 转换器、权电容网络 D－A 转换器及开关树形 D－A 转换器等多种类型。下面以权电阻网络 D－A 转换器为例，说明 D－A 转换器的工作原理。

图 4-36 所示为权电阻网络 D－A 转换器的示意图，图中 S_0、S_1、$\cdots$、S_{n-1} 为二选一数据选择器，D_{n-1}、$\cdots$、D_1、D_0 为数字量输入，用于控制数据选择器的数据选择，为"1"的数据量输入使数据选择器的输出与 V_+ 相连，R_0、R_1、$\cdots$、R_{n-1} 上有电流流过。R_0、R_1、$\cdots$、R_{n-1} 为权电阻，假定 $R_{n-1} = 2^0R$，通常取 $R_{n-2} =$

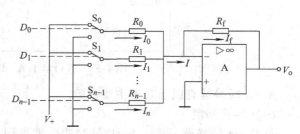

图 4-36　权电阻网络 D－A 转换器

2^1R，$R_{n-3} = 2^2R$，$\cdots$，$R_1 = 2^{n-2}R$，$R_0 = 2^{n-1}R$。由于运算放大器 A 的输入阻抗很大，接近于 ∞，因此流入运算放大器 A 的电流接近于"0"，通常认为 $I_f = I = I_0 + I_1 + \cdots + I_n$。

因为 $V_o = I_fR_f = IR_f = (I_0 + I_1 + \cdots + I_n)R_f$，而 I_0、I_1、$\cdots$、I_n 上有没有电流取决于 D_{n-1}、$\cdots$、D_1、D_0 的数值，所以 V_o 的值与 D_{n-1}、$\cdots$、D_1、D_0 的数值有一一对应的关系，可见该电路完成了数字量 D_{n-1}、$\cdots$、D_1、D_0 到模拟量 V_o 的转换。

D－A 转换器有以下几个主要参数。

（1）转换精度

在 D－A 转换器中通常用分辨率来描述转换精度。

分辨率可用两种方法来描述：一是用输入二进制数码的位数给出。D－A 转换器的输入二进制数码的位数越多，其精度越高；二是用 D－A 转换器能够分辨出来的最小电压（此时输入的二进制码只有最低有效位为 1，其余各位为 0）与最大输出电压（此时输入二进制码所有各位全是 1）之比给出分辨率。例如，8 位 D－A 转换器的分辨率可以表示为

$$\frac{1V}{(2^8 - 1)V} = \frac{1}{255} \approx 0.004$$

（2）转换速度

通常用建立时间来定量描述 D－A 转换器的转换速度。

建立时间是指从输入二进制码开始，到输出电流或电压达到稳态所需要的时间。一般情况下，输入的二进制码位数越多，精度越高，转换时间越长。

2．A－D 转换器

A－D 转换器通常分为并行比较型、逐次比较型和双积分型等。本书仅以示意图的形式说明 A－D 转换器的一般工作原理。

图 4-37 所示的示意图中，电压比较器输出初值 = 1，锁存器被锁定，与门被打开，计数器开始计数，当 D－A 转换器的输出为 V_i 时，电压比较器输出为 0，与门被封闭，计数器停止计数，锁存器被打开，A－D 转换器的输出 b_n、…、b_1、b_0 等于计数器的输出，就等于 V_i 所对应的数字量，也就完成了模拟量到数字量的转换。

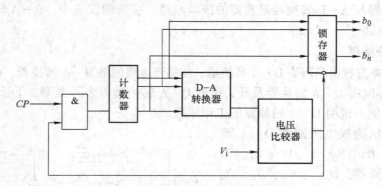

图 4-37　并行输出 A－D 转换器示意图

A－D 转换器有以下几个主要参数。

（1）转换精度

与 D－A 转换器一样，A－D 转换器也常采用分辨率来描述转换精度。分辨率以输出二进制数码的位数表示，输出二进制数码的位数越多，其精度越高。

（2）转换速度

转换速度是指 A－D 转换器从接到转换控制信号起，到输出稳定的数字量为止所用的转换时间。转换时间越少，速度越快。

另外，模-数转换需要一定的时间。为使转换的结果正确无误，必须确保转换过程中模拟量输入信号的值保持不变，实现此功能的电路称为采样保持器。

4.5　信号产生电路

在电子技术领域，广泛运用各种波形的信号，如正弦信号和非正弦信号。

4.5.1　正弦信号产生电路

1. 自激振荡

自激振荡是指电路在无输入信号下，输出端有一定频率和幅度的信号输出的现象。正弦波振荡器是由放大器和反馈网络组成的一个闭合环路。

图 4-38 所示为正弦波振荡器原理框图，$\dot{U}_f$、$\dot{U}_i$、$\dot{U}_o$ 分别是反馈电压、输入电压和放大器输出电压，电路接成正反馈形式，当外接一个某一频率且有一定幅度的正弦信号 u_s 时，经基本放大电路放大后由反馈电路引回反馈信号 u_f 并将其送到输入端。如果 u_f 和 u_i 在大小和相位上都一样，就可除去 u_s 而把 u_f 直接接入输入端，而不影响输出电压 u_o。

2. RC 串并联网络的选频特性

要想使一个没有外加激励的放大器能产生一定频率和幅度的正弦输出信号，就要求自激振荡只能在某一个频率上产生，因此在图 4-38 所示的闭合环路中必须含有选频网络。选频网络可以包含在放大器内，也可在反馈网络内。

如图 4-39 所示，RC 串并联网络由 R_2 和 C_2 并联后与 R_1 和 C_1 串联组成。在实际电路中通常取 $C_1 = C_2 = C$，$R_1 = R_2 = R$。

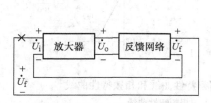

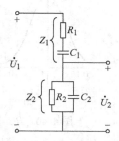

图 4-38　正弦波振荡器原理框图　　　　图 4-39　RC 串并联网络

将 R_1、C_1 串联部分看成一个整体，则有

$$Z_1 = R_1 + \frac{1}{j\omega C_1}$$

将 R_2、C_2 并联部分看成一个整体，则有

$$Z_2 = \frac{R_2\left(-j\frac{1}{\omega C_2}\right)}{R_2 - j\frac{1}{\omega C_2}} = \frac{R_2}{1 + j\omega R_2 C_2}$$

由图 4-39 可得 RC 串并联网络的电压传输系数 $\dot{F}_u$（即实验中测量的 A_u）为

$$\dot{F}_u = \frac{\dot{U}_2}{\dot{U}_1} = \frac{Z_2}{Z_1 + Z_2} = \frac{\dfrac{R_2}{1 + j\omega R_2 C_2}}{R_1 + \dfrac{1}{j\omega C_1} + \dfrac{R_2}{1 + j\omega R_2 C_2}}$$

$$= \frac{1}{\left(1 + \dfrac{R_1}{R_2} + \dfrac{C_2}{C_1}\right) + j\left(\omega R_1 C_2 - \dfrac{1}{\omega R_2 C_1}\right)}$$

通常在实际电路中取 $C_1 = C_2 = C$，$R_1 = R_2 = R$，则上式可简化为

$$\dot{F}_u = \frac{1}{3 + j\left(\omega RC - \dfrac{1}{\omega RC}\right)} = \frac{1}{3 + j\left(\dfrac{\omega}{\omega_0} - \dfrac{\omega_0}{\omega}\right)}$$

$\omega_0 = \dfrac{1}{RC}$，根据上式可得到 RC 串并联网络的幅频特性和相频特性分别为

$$|\dot{F}_u| = \frac{1}{\sqrt{3^2 + \left(\dfrac{\omega}{\omega_0} - \dfrac{\omega_0}{\omega}\right)^2}}$$

$$\varphi = -\arctan\frac{\dfrac{\omega}{\omega_0} - \dfrac{\omega_0}{\omega}}{3}$$

制作出的幅频特性和相频特性曲线如图4-40所示。

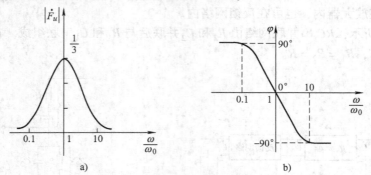

图4-40 RC串并联网络的幅频特性曲线和相频特性曲线

a）幅频特性曲线 b）相频特性曲线

由图4-40可以看出，当 $\omega = \omega_0 = \dfrac{1}{RC}$ 时，电压传输系数 $|\dot{F}_u|$ 最大，其值为 $\dfrac{1}{3}$，相移 $\varphi = 0°$。此时，输出电压 $\dot{U}_2$ 与输入电压 $\dot{U}_1$ 同相。

当 $\omega \neq \omega_0$ 时，$|\dot{F}_u| < \dfrac{1}{3}$，且 $\varphi \neq 0°$，此时输出电压的相位滞后或超前输入电压。

由以上分析可知：RC串并联网络只在 $\omega = \omega_0 = \dfrac{1}{RC}$，即 $f = f_0 = \dfrac{1}{2\pi RC}$ 时，输出幅度最大，且输出电压与输入电压同相，即相移为零。所以，RC串并联网络具有选频特性。

3. RC正弦振荡电路

在图4-41a中，RC串并联网络是选频网络，而且当 $f = f_0$ 时，它是一个接成正反馈的反馈网络。另外，R_1、R_t 接在放大器的输出端和反相输入端之间，构成负反馈。由图可见，RC串并联网络的串联支路和并联支路，以及负反馈支路中的 R_1 和 R_t 正好组成一个电桥的四个臂，如图4-41b所示。放大器的输入端和输出端分别跨接在电桥的对角线上，因此这种振荡器称为文氏桥振荡器，简称为RC桥式振荡器。

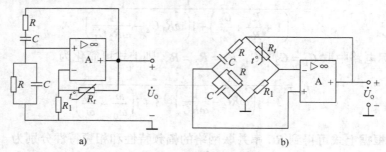

图4-41 RC桥式振荡器

a）RC振荡器 b）RC桥式反馈网络

4.5.2 方波发生器

在一个滞回电压比较器的基础上增加RC负反馈电路，即构成基本方波发生器，如图4-42所示。其中，R和C为定时元件，组成积分电路，电容C上的电压 u_C 加到反相输入端。两个稳压管的作用是将输出电压钳位在某个特定的电压值。VZ的击穿电压为 $\pm U_Z$，则输出电

压 $u_o = \pm U_Z$。u_o 与 u_C 的波形如图 4-43 所示。

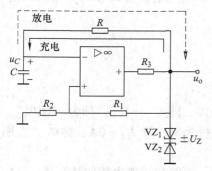

图 4-42 矩形波（方波）发生器

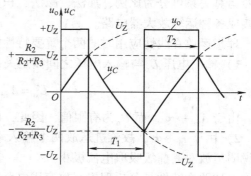

图 4-43 u_o 与 u_C 的波形

4.5.3 三角波发生器

三角波发生器电路如图 4-44 所示，其中集成运放 A_1 组成迟滞比较器，其反相端接地；A_2 组成反相积分器。积分器的作用是将迟滞比较器输出的矩形波转换为三角波，同时反馈给比较器的同相输入端，使比较器产生随三角波的变化而翻转的矩形波。u_{o1} 与 u_o 的波形如图 4-45 所示。

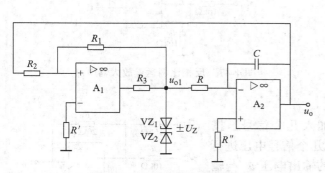

图 4-44 三角波发生器电路

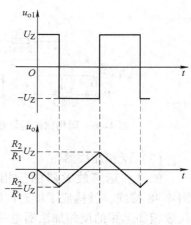

图 4-45 u_{o1}、u_o 的波形

技能训练 1 集成运算放大器线性应用实验测试

1. 实验目的

1）掌握集成运算放大器基本运算电路的接线、运算关系和测试方法。

2）通过实验加深对运算放大器特性和"虚短""虚断"概念的理解。

2. 实验原理

集成运算放大器是一种具有高开环放大倍数、深度负反馈的直接耦合多级放大器，是模拟电子技术领域应用最广泛的集成器件。按照输入方式可分为同相、反相、差动三种接法，按照运算关系可分为比例、加法、减法、积分、微分等。利用输入方式和运算关系的组合，可接成各种运算放大器电路。

理想运放在线性应用时的两个重要特性如下。

1）输出电压 U_o 与输入电压之间满足关系式

$$U_\text{o} = A_{ud}(U_+ - U_-)$$

由于 $A_{ud} \to \infty$，而 U_o 为有限值，因此，$U_+ - U_- \approx 0\text{V}$。即 $U_+ \approx U_-$，称为"虚短"。

2）由于 $r_\text{i} \to \infty$，故流进运放两个输入端的电流可视为零，即 $I_{IB} = 0\text{A}$，称为"虚断"。这说明运放对其前级吸取电流极小。

上述两个特性是分析理想运放应用电路的基本原则，可简化运放电路的计算。

（1）同相比例运算放大器

如图 4-46 所示，电路的输出电压 u_o 与输入电压 u_i 的关系式为：$u_\text{o} = \left(1 + \dfrac{R_\text{f}}{R_1}\right) u_\text{i}$。

（2）反相比例运算放大器

反相比例运算放大器电路是集成运放的一种最基本的接法，如图 4-47 所示。电路的输出电压 u_o 与输入电压 u_i 的关系式为：$u_\text{o} = -\dfrac{R_\text{f}}{R_1} u_\text{i}$。

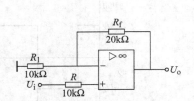

图 4-46　同相比例运算放大器电路

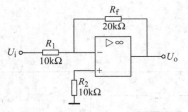

图 4-47　反相比例运算放大器电路

（3）反相加法器

如果在运算放大器的反相端同时加入几个信号，按图 4-48 接线，就构成了能对同时加入的几个信号电压进行代数相加运算的反相加法器电路。电路的输出电压 u_o 与输入电压 u_i 的关系式为：$u_\text{o} = -\left(\dfrac{R_\text{f}}{R_1} u_{i1} + \dfrac{R_\text{f}}{R_2} u_{i2}\right)$。

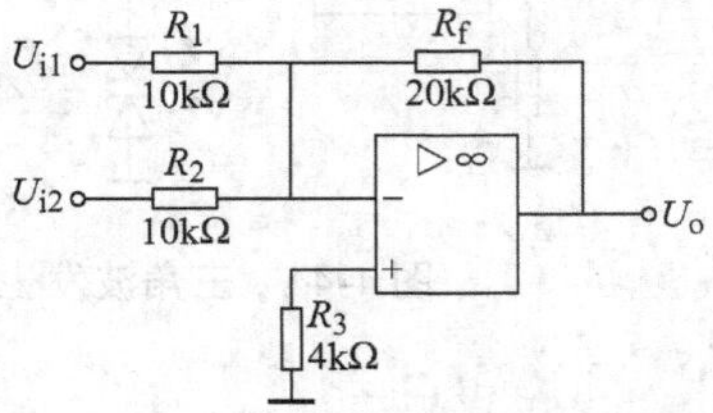

（4）差动运算放大器

差动运算放大器电路如图 4-49 所示。根据电路分析，

图 4-48　反相加法器电路

该电路的输出电压 u_o 与输入电压 u_i 的关系式为：$u_\text{o} = \dfrac{R_\text{f}}{R_1}(u_{i2} - u_{i1})$。该关系式说明了两个输入端的信号具有相减的关系，所以这种电路又称为减法器。同时，电路中同相输入电路参数与反相输入电路参数应保持对称，即同相输入端的分压电路也应该由电阻 R_f 和 R_1 来构成，其中 $R_3 = R_\text{f}$，$R_2 = R_1$。

（5）积分器电路

由运算放大器构成的基本积分器电路如图 4-50 所示，它的基本运算关系是：

$$u_o = -\frac{1}{R_1 C} \int u_i \mathrm{d}t$$

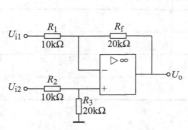

图 4-49　差动运算放大器电路

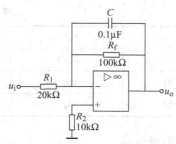

图 4-50　基本积分器电路

当 u_i 为恒定直流电压时，即 $u_i = U_i$，$u_o = -\frac{1}{R_1 C} U_i t$，这时输出电压是随时间作直线变化的电压，其上升（或下降）的斜率是 $\frac{U_i}{R_1 C}$，改变 U_i、R_1 或 C 三个量中的任一个量都可以改变输出电压上升（或下降）的斜率。

积分器的反馈元件是电容。无信号输入时，电路处于开环状态，所以运算放大器微小的失调参数就会使得运算放大器的输出逐渐偏向正（或负）饱和状态，使得电路无法正常工作。为了减小这种积分漂移现象，实际使用时应尽量选择失调参数小的运算放大器，并在积分电容两端并联一个高阻值电阻 R_f 以稳定直流工作点，构成电压反馈，限制整个积分器电路放大倍数。但 R_f 不能太小，否则将影响电路积分线性关系。

3. 预习要求

1）阅读本书中运算放大器在信号运算方面的应用等章节内容，了解实验内容的理论基础知识。

2）阅读本实验内容和步骤，熟悉实验要求和测试方法。

3）熟悉芯片 OP07 的引脚定义。

4. 实验设备

OP07；示波器；函数信号发生器；万用表；直流稳压电源。

5. 实验内容

（1）同相比例运算

按图 4-46 电路连接实验电路，适当改变同相输入电压 u_i，测量对应输出电压 u_o，填入表 4-1 中，计算放大倍数 A_f 并与理论值比较。

表 4-1　同相比例运算

测量值	U_i/V			
	U_o/V			
计算值	A_f			
理论值	$A_{f'}$			

（2）反相比例运算

按图 4-47 电路连接实验电路，适当改变反相输入电压 u_i，测量对应输出电压 u_o（注意正负），填入表 4-2 中，计算放大倍数 A_f 并与理论值比较。

表 4-2　反相比例运算

测量值	U_i/V			
	U_o/V			
计算值	A_f			
理论值	$A_{f'}$			

（3）加法运算

1）按图 4-48 连接反相加法器电路的实验电路。

2）任取两组输入电压值 U_{i1}、U_{i2}，测量对应的输出电压 U_o（注意 U_o 应在 $\pm V_{CC}$ 内，以避免运算放大器进入饱和区），填入表 4-3 中，并与理论值比较。

表 4-3　反相加法运算

测量值	U_{i1}/V			
	U_{i2}/V			
	U_o/V			
计算值	A_f			
理论值	$A_{f'}$			

（4）减法运算

1）按图 4-49 连接差动运算放大器电路的实验电路。

2）任取两组输入电压值 U_{i1}、U_{i2}，测量对应的输出电压 U_o，填入表 4-4 中，并与理论值比较。

表 4-4　减法运算

测量值	U_{i1}/V			
	U_{i2}/V			
	U_o/V			
计算值	A_f			
理论值	$A_{f'}$			

（5）积分运算

1）按图 4-50 连接积分器电路的实验电路。

2）在 u_i 端分别输入幅值为 1V、频率为 500Hz 的正弦、方波、三角波信号，将积分器电路的输入信号 u_i 和输出信号 u_o 接入示波器，双踪显示，观测 u_i 和 u_o 的波形，记录在表 4-5 中。（注意两路信号在时间上的对应关系。）

表 4-5　积分器输出波形

	u_i 为正弦信号	u_i 为方波信号	u_i 为三角波信号
u_i 和 u_o 双踪 显示的波形			

6. 实验思考题

1）在反相求和运算电路中，如果 u_{i1} 是幅值为 1V 的交流正弦电压，而 u_{i2} 为 1V 的直流电压，那么输出电压 u_o 的波形会如何，试分析之。

2）根据表 4-3 和表 4-4 中的数据，将输出电压 u_o 的测量值和理论值进行比较，试分析数据偏差的原因。

技能训练 2　集成运放非线性应用——电压比较器

1. 实验目的

1）掌握比较器的电路构成及特点。

2）学会测试比较器的方法。

2. 实验设备

双踪示波器；数字万用表。

3. 实验原理

生产实际中常常需要监视压力、温度、水位、电压等物理量是否超过上限值或低于下限值，是否工作在正常值范围内。

电压比较器是用来对输入电压信号（被测信号）与另一个电压信号（或基准电压信号）进行比较，并根据结果输出高电平或低电平的一种电子电路，是模拟电路与数字电路之间联系的桥梁，主要用于自动控制、测量、波形产生和波形变换方面。

4. 实验内容

（1）过零电压比较器

1）按图 4-51 正确连接电路。

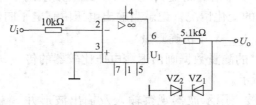

图 4-51　过零电压比较器

2）在输入端加不同的直流电压，用万用表直流电压档测出输出电压的值，填入表4-6中。

表4-6　过零电压比较器的研究

U_i/V	-3	-2	-1	1	2	3
U_o/V						

3）在输入端加可调的直流电压，从 -5V 变化到 +5V，用万用表直流电压档测量并观察输出直流电压的变化情况，记录当输出电压由高电平向低电平翻转或由低电平向高电平翻转时的 U_i = _____ V（精确测量）。

4）根据步骤2）、3）的测量数据画出过零电压比较器的传输特性曲线，如图4-52所示。

5）在输入端加 $f=500\text{Hz}$、信号幅值为 1V_{PP} 的正弦波，用示波器观察输入及输出波形并记录。

（2）迟滞电压比较器

1）按图4-53连接电路。

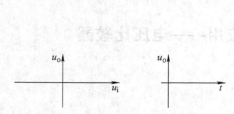

图4-52　过零电压比较器的传输特性曲线

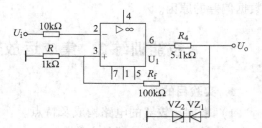

图4-53　迟滞电压比较器

2）调节 R_f 为 100kΩ，将输入端接直流电压，改变输入电压值，用万用表直流电压档测出输出电压，将测量数据填于表4-7中。

表4-7　迟滞电压比较器输入直流电压时输出电压的研究

U_i由小到大/V	-4	-3	-2	-1	0	1	2	3	4
U_o/V									
U_i由大到小/V	4	3	2	1	0	-1	-2	-3	-4
U_o/V									

3）在输入端加可调的直流电压，从 -5V 逐渐增大到 +5V，用万用表直流电压档测量并观察输出直流电压的变化情况，记录当输出电压由高电平向低电平翻转或由低电平向高电平翻转时的 U_i = _____ V（精确测量）；从 +5V 逐渐减小到 -5V，用万用表直流电压档测量并观察输出直流电压的变化情况，记录当输出电压由高电平向低电平翻转或由低电平向高电平翻转时的 U_i = _____ V（精确测量）。

4）根据步骤2）、3）的测量数据画出迟滞电压比较器的传输特性曲线，如图4-54所示。

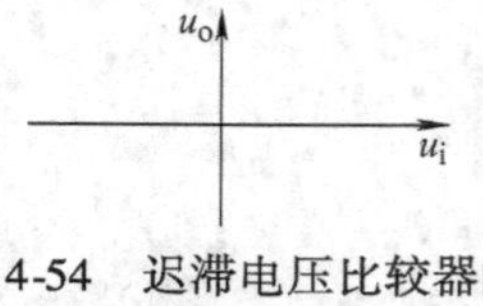

5）在输入端加正弦波，用示波器观察输入及输出波形并记录。

图4-54　迟滞电压比较器的
传输特性曲线

表4-8　迟滞电压比较器输入正弦波时输出电压的研究

u_i	1kHz, $0.1V_{PP}$		5kHz, $1V_{PP}$	
u_i 波形				
u_o 波形				
u_o 周期/s				

任务实现　红外线报警器电路的制作与调试

红外线报警器电路的设计思路来源于感应开关门、感应水龙头的生活场景，当手靠近红外发射管和红外接收管时，蜂鸣器发声，LED 灯点亮，手移开后立即停止发声、LED 灯熄灭，灵敏度高。

如图4-55 所示，红外线报警器电路由以红外发射管 VL_1、红外接收管 VL_2 为核心的红外感应电路，以可调电阻 RP、通用运算放大器 LM358 为核心的取样比较电路，以晶体管 VT_1、VT_2，蜂鸣器 Y_1，发光二极管 VL_3 为核心元器件的声音输出、显示电路构成。工作电压为直流5V。

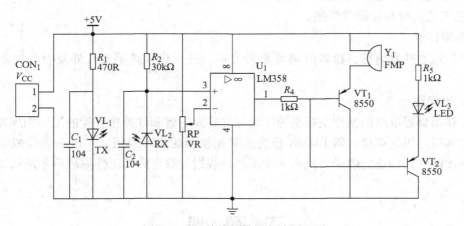

图4-55　红外线报警器电路原理图

工作原理：接通5V电源，红外发射管 VL_1 导通，发出红外光（眼睛是看不见的），如果此时没有用手挡住光，则红外接收管 VL_2 没有接收到红外光，仍然处于反向截止状态，其负极的电压仍然为高电平，并送到 LM358 的3引脚。LM358 的2引脚的电压取决于可调电阻 RP，只要调节可调电阻 RP 到合适的阻值（用万用表测量 LM358 的2引脚的电压为2.5V 左右），就能保证 LM358 的3引脚的电压大于 LM358 的2引脚的电压。根据比较器的工作原理，当 $V_+ > V_-$ 时，LM358 的1引脚就会输出高电平，并通过限流电阻 R_4 送到 PNP 型晶体管 VT_1、VT_2 的基极，致使晶体管 VT_1、VT_2 截止，蜂鸣器 Y_1 不发声，发光二极管

VL$_3$ 熄灭。当用手靠近红外发射管 VL$_1$ 时，将红外光挡住并反射到红外接收管 VL$_2$ 上，红外接收管 VL$_2$ 接收到红外光，立刻导通，使得红外接收管 VL$_2$ 负极的电压急速下降，该电压送到 LM358 的 3 引脚上。LM358 的 3 引脚电压下降到低于 2 引脚的电压。根据比较器的工作原理，$V_+ < V_-$ 时，LM358 的 1 引脚就会输出低电平，并通过限流电阻 R_4 送到 PNP 型晶体管 VT$_1$、VT$_2$ 的基极，致使晶体管 VT$_1$、VT$_2$ 导通蜂鸣器 Y$_1$ 发声，发光二极管 VL$_3$ 点亮。

通过以上调试，就可以实现当手移动到红外发射管 VL$_1$ 和红外接收管 VL$_2$ 的上面时，蜂鸣器发声，发光二极管点亮。当手离开红外发射管 VL$_1$ 和红外接收管 VL$_2$ 的上面时，蜂鸣器停止发声，发光二极管熄灭，产生了感应手的效果。

1. 工作任务

根据给定的元器件，按原理图 4-55 连接实物，并检测其功能。

2. 主要设备及元器件

数字万用表、示波器、信号发生器、可调直流稳压电源、红外线报警器、元器件 1 套、电烙铁、焊丝、镊子等。

3. 实施指导

1）按照原理图在焊接板上对元器件布局并正确连线。

2）安装与焊接：

① 按工艺要求对元器件引脚成形加工。

② 按布线图在实验电路板上排布插装。

③ 按工艺要求对元器件焊接。

4. 检测评价

用手靠近红外发射管，检验蜂鸣器是否发声，进一步调整手和红外发射管的距离重复验证。

5. 引出问题

红外线报警器电路的制作主要是为了学习红外发射管和红外接收管的工作原理及使用方法，同时掌握通用运算放大器 LM358 作为运算比较器的实际应用。本电路制作成功后，必须调试后才能达到相应的效果，只有弄懂了红外线报警器电路的工作原理后才能调试相关的参数。

习 题 四

一、填空题

1. 集成运算放大器内部一般包括四个组成部分：_____、_____、_____ 和 _____。

2. 集成运算放大器的输入级是采用晶体管或场效应晶体管组成的 _____ 放大电路。

3. 集成运算放大器有两个输入端，分别是 _____ 输入端和 _____ 输入端。

4. 集成运算放大器的两种工作状态分别是 _____ 和 _____。

5. 运算放大器工作在线性区的两大特征是 _____ 和 _____。

6. 集成运算放大器线性放大的条件是_____。

7. 运算放大器在非线性区工作时，输出端输出的电压等于_____。

8. 反相比例运算电路的闭环电压放大倍数 $A_{uf} =$ _____。

9. 比较器的输出电压发生翻转时相应的输入电压值 u_i 称为_____。

10. 滤波电路本质上是一个_____电路。

二、选择题

1. "虚短"是指运算放大器两个输入端电压（　　）。

A. $u_- = 0V$ B. $u_+ = 0V$ C. 电容上的电流   D. 电容上的电压

2. 理想集成运放的输入电阻为（　　），输出电阻为（　　）。

A. ∞ B. 0Ω C. $u_+ = u_-$ D. $u_+ = u_- = 0$

3. 输出电压 u_o 与输入电压 u_i 是（　　）的同相比例运算电路称为电压跟随器。

A. 反相位   B. 同相位   C. 正反馈   D. 电压不相等

4. 带阻滤波器可用（　　）组成。

A. 低通和高通串联   B. 低通和高通并联

C. 低通和低通串联   D. 高通和高通并联

5. 在微分电路中，占空比越少，尖脉冲的波形（　　）。

A. 幅度越小   B. 越平滑   C. 越窄   D. 越宽

6. 由集成运放组成的电压比较器，其运放电路必然处于（　　）状态。

A. 负反馈   B. 自激振荡   C. 开环或负反馈   D. 开环或正反馈

三、分析计算题

1. 请在图 4-56 中，完成一个反相放大器的连线（放大倍数为 -5 倍）。

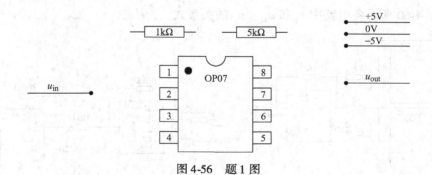

图 4-56　题 1 图

2. 电路如图 4-57 所示，求下列情况下，U_o 和 U_i 的关系式。

（1）S_1 和 S_3 闭合，S_2 断开时；

（2）S_1 和 S_2 闭合，S_3 断开时。

3. 电路如图 4-58 所示，试计算输出电压 u_o 的值。

4. 在图 4-59 所示的电路中，稳压管稳定电压 $U_Z =$ 6V，电阻 $R_1 = 10k\Omega$，电位器 $R_f = 10k\Omega$，试求调节 R_f 时输出电压 u_o 的变化范围，并说明改变电阻 R_f 对 u_o 有无影响。

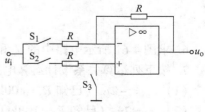

图 4-57　题 2 图

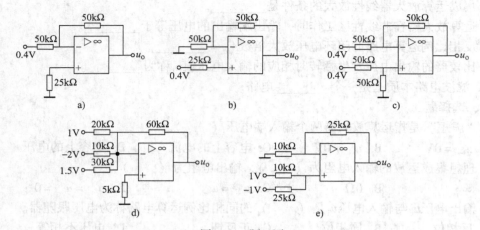

图 4-58 题 3 图

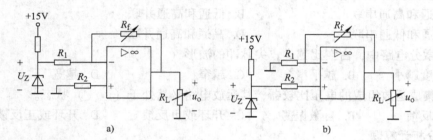

图 4-59 题 4 图

5. 求图 4-60 所示各电路中 u_o 和 u_{i1}、u_{i2} 的关系式。

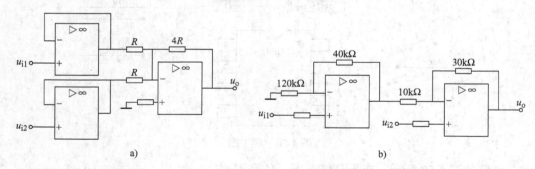

图 4-60 题 5 图

6. 求图 4-61 所示电路中的 u_o 和 u_{i1}、u_{i2}、u_{i3} 的关系式。

7. 按下列运算关系设计运算电路，并计算各电阻的阻值。

（1）$u_o = -2u_i$ （已知 $R_f = 100\text{k}\Omega$）；

（2）$u_o = 2u_i$ （已知 $R_f = 100\text{k}\Omega$）；

（3）$u_o = -2u_{i1} - 5u_{i2} - u_{i3}$ （已知 $R_f = 100\text{k}\Omega$）；

（4）$u_o = 2u_{i1} - 5u_{i2}$ （已知 $R_f = 100\text{k}\Omega$）。

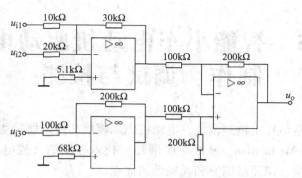

图 4-61　题 6 图

8. 如图 4-62a、b 所示的积分电路和微分电路，输入电压 u_i 如图 c 所示，$t = 0$ms 时，$u_C = 0$V，试分别画出电路输出电压 u_{o1}、u_{o2} 的波形。

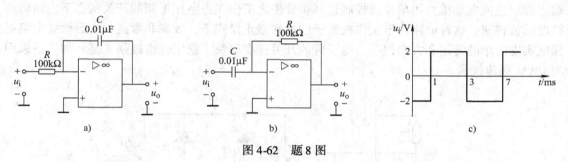

图 4-62　题 8 图

项目5　智能小车电动机驱动电路的制作、调试与检测

　　智能循迹小车包括单片机控制模块，电动机驱动模块、传感器检测模块和通信模块。采用 PWM（Pulse Width Modulation，脉冲宽度调制）技术控制的直流电动机调速技术具有调速精度高、响应速度快、调速范围宽和耗损低的优点。

　　单片机输出 PWM 信号到电动机驱动电路，经过电气隔离和放大，把经过放大的信号输入到电动机，完成对电动机的驱动与控制。

　　图 5-1 所示为晶体管全桥控制直流电动机驱动电路，采用功率晶体管作为功率放大器的输出控制直流电动机。用单片机控制达林顿管使之工作在占空比可调的开关状态下，精确调整电动机转速。这种电路由于工作在管子的饱和截止模式下，效率非常高，H 形桥式电路可保证实现简单的转速和方向控制，电子管的开关速度很快，稳定性也极强，是一种广泛采用的 PWM 调速技术。

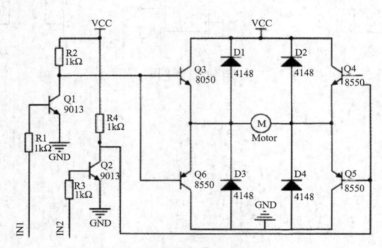

图 5-1　晶体管全桥控制直流电动机驱动电路

　　本项目设计制作一款智能循迹小车的直流电动机驱动模块，能正确接收单片机输出的指令，控制小车前进和后退，能根据单片机的 PWM 输出信号，控制小车左、右轮电动机的运动速度。

知识目标

1. 理解常见的脉冲波形及其参数。
2. 理解过渡过程的概念。
3. 掌握换路定律与初始值的计算，掌握零输入响应、零状态响应的过程及分析方法。
4. 掌握求解一阶电路阶跃响应的三要素法。

技能目标

1. 能正确识读常见的脉冲波形。
2. 能运用三要素法对一阶电路进行分析。
3. 能完成智能小车电动机驱动电路的装配、调试和检测。

知识导图

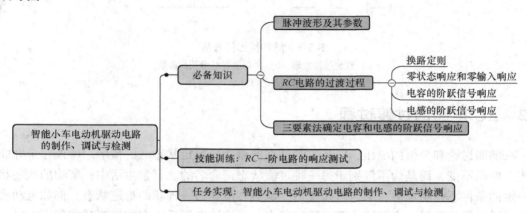

5.1 脉冲波形及其参数

脉冲信号是指短暂时间间隔内作用于电路的电压或电流。从广义而言，凡按非正弦规律变化的电压和电流都可称为脉冲波。

脉冲波形多种多样，常见的有方波、矩形波、梯形波、锯齿波、钟形波、三角波等，如图 5-2 所示。

准确描述一个脉冲波形比描述正弦波需更多的参数，参见图 5-3，主要参数有：

1）脉冲幅值 U_m——脉冲从起始值到峰值间的变化量。

2）脉冲上升时间 t_r——指脉冲从起始值上升到峰值所需时间，通常指从 $0.1U_m$ 上升到 $0.9U_m$ 所需要的时间。t_r 越短，脉冲上升得越快。

3）脉冲下降时间 t_f——指脉冲后沿由 $0.9U_m$ 下降至 $0.1U_m$ 所需要的时间。t_f 越短，脉冲下降得越快。

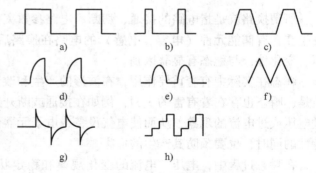

图 5-2 几种常见脉冲波形

a）方波 b）矩形波 c）梯形波 d）锯齿波
e）钟形波 f）三角波 g）尖峰波 h）阶梯波

4）脉冲周期 T——指周期性重复脉冲的前后相邻脉冲间隔时间。

5）脉冲宽度 t_w——指脉冲前沿与脉冲后沿的 $0.5U_m$ 处两点间的时间间隔。

6）占空比 ρ——指脉冲宽度 t_w 与脉冲周期 T 的比值，有

$$\rho = \frac{t_w}{T}$$

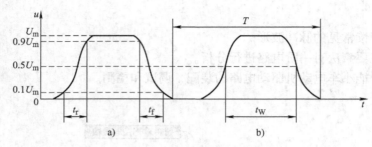

图 5-3 脉冲波形的参数

a) 理想脉冲波形　b) 实际脉冲波形及其参数

5.2 *RC* 电路的过渡过程

在前面讨论和分析的电压、电流，都是在电路达到稳定状态时的情形。所谓稳定并非说电流、电压不变，而是为了区别于另一种过渡状态而命名的。日常生活中，事物的运动状态在一定的条件下是稳定的，当条件改变后，就会过渡到另一种新的稳定状态。例如电动机在没有接通电源之前是一个转速为零的稳定状态；当接通电源后，它的转速从零逐渐上升，直到转速不变，达到新的稳定状态；当断开电源后，电动机的转速也会逐渐下降，最后为零。

以上说明从一个稳定状态转到另一个稳定状态需要经历一定的过程（时间）而不会发生突变，这个物理过程就称为过渡过程。因为过渡过程往往是短暂的，所以该过程也称为瞬态过程。

5.2.1 换路定则

所谓换路就是指电路的接通、切断、电路参数突变等动作的总称。电路的瞬态过程往往发生在含有储能元件（电容、电感）的电路在换路后一定的时间内所出现的状态。其时间短、变化快，与稳态有显著区别。

瞬态在实际中有着重要作用，在波形的产生和改善设计中广泛利用了电路的瞬态过程。但是，瞬态也存在着有害的一面，例如在接通或断开某些电路而发生的瞬态过程中，会产生过电压或过电流的现象，从而使电气设备或电子元器件受到损坏。因此在利用瞬态过程有利特性的同时，也要预防其产生的危害。

在瞬态过程中，电压、电流的变化规律和稳定状态的变化规律不同，虽然 KCL、KVL 等基本电路定律仍然适用，但不能用计算稳态电路的方法解决瞬态问题。

对于电容元件，其存储的电场能为 $\frac{1}{2}Cu^2$，换路时表现为电容元件的端电压不能跃变。

在电感元件中存储的磁能为 $\frac{1}{2}Li^2$，由于能量不能跃变，因此换路时表现为电感元件中的电流不能跃变。

设 $t=0$ 时刻换路，$t=0_-$ 表示换路前一瞬间，$t=0_+$ 表示换路后的瞬间，则换路定则可表述为

$$\begin{cases} u_C(0_+) = u_C(0_-) \\ i_L(0_+) = i_L(0_-) \end{cases} \qquad (5\text{-}1)$$

$t = 0_+$ 时的电压、电流也叫初始值。

5.2.2 零状态响应和零输入响应

根据电容、电感特性，在直流稳定状态下，电容可视作开路，电感视作短路，可计算出电容两端的电压和流过电感的电流。换路前，电路往往处于稳定状态，但由于在换路瞬间电容电压和电感电流不能突变，因此在 $t = 0_+$ 时刻的电路中，应将电容视作具有电压 $u_C(0_+)$ 的电压源，将电感视为具有电流 $i_L(0_+)$ 的电流源，由此容易计算出该时刻电路中其他各电量的初始值。

总结以上内容，求解初始值的一般步骤如下：

1）由换路前电路（稳态）求 $u_C(0_-)$ 和 $i_L(0_-)$。
2）由换路定律得 $u_C(0_+)$ 和 $i_L(0_+)$。
3）画出 $t = 0_+$ 的等效电路图。

若 $u_C(0_+) = 0$，$i_L(0_+) = 0$，说明电容和电感换路前均未储能，则在 $t = 0_+$ 时刻的电路中，电容相当于短路的状态，电感则是断路的状态。此时由电源激励所产生的电路响应称为零状态响应。反之，当无电源激励，输入信号为零时，有电容元件的初始状态所产生的电路响应，称为零输入响应。

可以用一阶微分方程描述的电路称为一阶电路。实际电路中除电压源（电流源）外，只含有一个储能元件（电感线圈或电容）的电路均是一阶电路，以下讨论的电路均为一阶电路。

5.2.3 电容的阶跃信号响应

下面考虑这样一个电路，看在一个电容和电阻串联的回路中，受到阶跃信号的作用后，电路中各部分的电压、电流是如何变化的。

在图 5-4 所示的电路中，假设开关最初是断开的，且电容两端的电压为 0V，则在开关闭合的瞬间，可以认为加载了一个上跳的阶跃信号，开始了电容的充电过程。

根据基尔霍夫电压定律，电压源的电压应该等于电容 C 上的电压加上电阻 R 上的电压，即 $U = u_C + u_R$。

对于电阻，可以利用欧姆定律，得到 $u_R = iR$，而流过电阻上的电流，也就是流过电容上的电流，通过项目 1 的学习

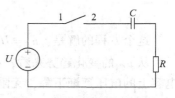

图 5-4 电容充电的示意图

知道，$C\dfrac{\mathrm{d}u_C}{\mathrm{d}t} = i$，于是得到下面的微分方程：

$$U = u_C + RC\frac{\mathrm{d}u_C}{\mathrm{d}t}$$

这个方程的解为 $u_C = U(1 - \mathrm{e}^{\frac{-t}{RC}})$

在图 5-5 所示的电容充放电曲线中，横轴表示电容充放电过程经过的时间 t（秒），纵轴

表示电容的端电压。电容的充电时间常数，是指电容的端电压达到最大值的 0.63 倍时所需要的时间。通常时间达到 5 倍的充电时间常数后就认为充满了。

充电时间常数的大小与电路的电阻有关，按照下式计算：$t_C = RC$，其中 R 是电阻；C 是电容。

求出电容上的电压信号，根据 $C \dfrac{du_C}{dt} = i$，则回路中的电流也就很容易求出了：

$$i = \frac{U}{R} e^{\frac{-t}{RC}}$$

图 5-6 所示为电容放电的电路示意图。

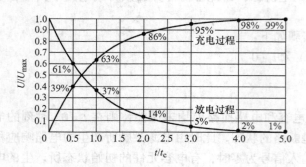

图 5-5　电容充电曲线

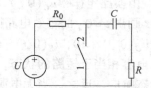

图 5-6　电容放电的电路示意图

假设在图 5-6 中，开关最初是断开的，这时电容上的电压等于电压源上的电压 U，在 $t = 0$ 时刻，将开关闭合。这时，将开始电容的放电过程。此时电容 C 和电阻 R 构成一个闭合回路。根据基尔霍夫电压定律，电容上的电压值与电阻上的电压值的代数和应该为 0V，即

$$u_C + u_R = 0$$

又根据欧姆定律 $u_R = iR$，以及 $C \dfrac{du_C}{dt} = i$，得到下面的微分方程：

$$u_C + RC \frac{du_C}{dt} = 0$$

这个方程的解是：$u_C = U e^{\frac{-t}{RC}}$

从 u_C 的变化趋势来看，在 $t \rightarrow 0^+$ 时，其值为 U，当 $t \rightarrow +\infty$ 时，其值为 0V。也就是说，电容上的电压逐渐下降，无限接近于 0V。

根据 $C \dfrac{du_C}{dt} = i$ 得到，$i = -\dfrac{U}{R} e^{\frac{-t}{RC}}$

5.2.4　电感的阶跃信号响应

图 5-7 所示为电感的阶跃信号响应电路示意图。

假设开关一开始时是闭合的，由于电感对于恒定的电流信号而言相当于短路，因此这时，回路中的电流将不会流过电阻 R，而是完全流经电感 L，此时回路中的电流为：$i_0 = \dfrac{U}{R_0}$。

假设在 $t = 0$ 时，将开关断开，因为流经电感的电流不会突变，所以在电感 L 和电阻 R

构成的回路中，将（在一段时间之内）存在电流。

根据基尔霍夫电压定律，电感上的电压值与电阻上的电压值的代数和应该为0V，即

$$u_L + u_R = 0$$

而且流经电感上的电流就等于流经电阻上的电流，所以有 $u_L + iR = 0$，而且对于电感而言，$L\dfrac{\mathrm{d}i}{\mathrm{d}t} = u_L$，所以得到下面的微分方程：

$$L\frac{\mathrm{d}i}{\mathrm{d}t} + iR = 0$$

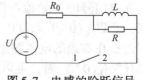

图 5-7　电感的阶跃信号响应电路示意图

这个方程的解是：$i = i_0 \mathrm{e}^{\frac{-Rt}{L}}$

从 i 的变化趋势来看，在 $t \to 0^+$ 时，其值为 i_0，当 $t \to +\infty$ 时，其值为 0。也就是说，电流逐渐下降，无限接近于 0，这时的时间常数为 $\dfrac{L}{R}$。

5.3　三要素法确定电容和电感的阶跃信号响应

在瞬态过程中，无论是电容电压还是电感电流均可用下式求得：

$$f(t) = f(+\infty) - [f(+\infty) - f(0^+)]\mathrm{e}^{-\frac{t}{\tau}} \tag{5-2}$$

式中，$f(t)$ 表示换路后电路中电压或电流的响应函数；$f(0^+)$ 表示换路后该电量在初始瞬间的数值；$f(+\infty)$ 表示换路后，经过 $t \to \infty$ 的时间，电路达到新的稳态时该电量的数值；τ 是时间常数，具有时间的量纲。

由 $f(0^+)$、$f(+\infty)$ 和 τ 三个要素就可以将一阶电路电压或电流的瞬态过程描述出来，它们的变化曲线都是按指数规律变化（增长或衰减）的。应用三要素公式求解响应的方法称为三要素法。

1. 初始值 $f(0^+)$

在前面电容充电的题目中，因为当 $t < 0$ 时，$u_C = 0\text{V}$，而电容两端的电压不能突变，所以 $u_C(0^+) = 0$。

2. 稳态值 $f(+\infty)$

在计算稳态值的时候，可以把电容看作开路，电感看作短路。在电容充电的题目中，把电容看作开路的话，则电压就都加在电容上了，于是 $u_C(+\infty) = U$。

3. 时间常数 τ

对 RC 电路的瞬态过程而言，$\tau = RC$；对 RL 电路的瞬态过程而言，$\tau = \dfrac{L}{R}$。R 是换路后从电容 C 或电感 L 两端看去的除电源作用的等效电阻。

【例 5-1】　如图 5-8 中，有一个单刀双掷开关，它连接两个电压源，虽然两个电压源的电压都是 3V，但是方向却相反。假设初始时，单刀双掷开关拨向右端（图中所示的情形）；$t = 0$ 时，将开关迅速拨向左端，看电感上的电流 i_L 是如何变化的。

先求信号的初始值：因为电感上的电流不会发生突变，所以$i_L(0^-)=i_L(0^+)$。因为在$t<0$时，开关长时间连接在右边的电压源上，回路中的电流是稳定的，所以计算$i_L(0^-)$时，可以把电感看作短路线。这样一来，可以很容易地算出$i_L(0^+)=i_L(0^-)=\dfrac{6}{5}$A，请注意电流的方向向上。

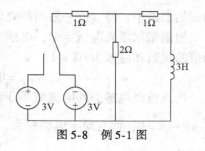

图 5-8　例 5-1 图

再求信号的稳态值：仿照前面的计算方法，得到$i_L(+\infty)=\dfrac{6}{5}$A，请注意电流的方向向下，如果规定电感上的电流向上为正、向下为负，则$i_L(+\infty)=-\dfrac{6}{5}$A。

接着求时间常数，时间常数$\tau=\dfrac{L}{R}$。可是，在这个电路中有三个电阻，该怎么计算R呢？不妨把电感以外的电路看作一个含源二端网络，利用戴维南定理，算出等效电阻R，这个等效电阻的阻值就是时间常数中的R，可以很容易地算出$R=\dfrac{5}{3}\Omega$。于是得到

$$\tau=\frac{L}{R}=\frac{9}{5}\text{s}$$

最后写出电感上电流的解析式：

$$i_L(t)=i_L(+\infty)-[i_L(+\infty)-i_L(0^+)]e^{-\frac{t}{\tau}}=-\frac{6}{5}+\frac{12}{5}e^{-\frac{5}{9}t}$$

有了这个电感上电流的解析式，电路中的其他电压、电流的解析式，也就迎刃而解了。

技能训练　*RC* 一阶电路的响应测试

1. 实验目的
1）测定 *RC* 一阶电路的零输入响应、零状态响应及完全响应。
2）学习电路时间常数的测定方法。
3）进一步学会用示波器测绘图形。

2. 原理说明
1）动态网络的过渡过程是十分短暂的单次变化过程，对时间常数 τ 较大的电路，可用慢扫描长余辉示波器观察光点移动的轨迹。然而能用一般的双踪示波器观察过渡过程和测量有关的参数，必须使这种单次变化的过程重复出现。为此，利用信号发生器输出的方波来模拟阶跃激励信号，即令方波输出的上升沿作为零状态响应的正阶跃激励信号；方波下降沿作为零输入响应的负阶跃激励信号，只要选择方波的重复周期远大于电路的时间常数 τ，电路在这样的方波序列脉冲信号的激励下，它的影响和直流电源接通与断开的过渡过程是基本相同的。

2）*RC* 一阶电路的零输入响应和零状态响应分别按指数规律衰减和增长，其变化的快慢决定于电路的时间常数 τ。

3）时间常数 τ 的测定方法。

如图 5-9a 所示电路，用示波器测得零输入响应的波形如图 5-9b 所示。

根据一阶微分方程的求解得知：

$$u_C = E \mathrm{e}^{\frac{-t}{RC}} = E \mathrm{e}^{\frac{-t}{\tau}}$$

当 $t = \tau$ 时，$U_C(\tau) = 0.368E$

此时所对应的时间就等于 τ，也可用零状态响应波形增长到 $0.632E$ 所对应的时间测得，如图 5-9c 所示。

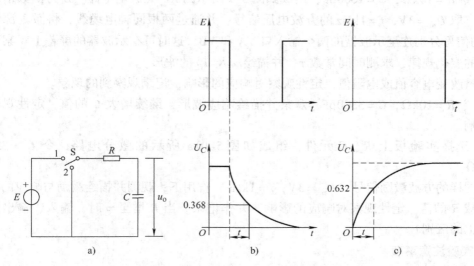

图 5-9　RC 一阶电路的零输入响应和零状态响应

a）RC 一阶电路　b）零输入响应　c）零状态响应

4）微分电路和积分电路是 RC 一阶电路中较典型的电路，它对电路元件参数和输入信号的周期有着特定的要求。一个简单的 RC 串联电路，在方波序列脉冲的重复激励下，当满足 $\tau = RC \ll \dfrac{T}{2}$ 时（T 为方波脉冲的重复周期），且由 R 端作为响应输出，如图 5-10a 所示。这就构成了一个微分电路，因为此时电路的输出信号电压与输入信号电压的微分成正比。

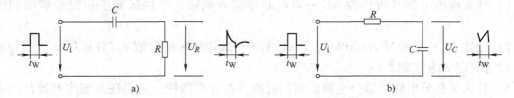

图 5-10　微分电路和积分电路

a）微分电路　b）积分电路

若将图 5-10a 中的 R 与 C 位置调换一下，即由 C 端作为响应输出，且当电路参数的选择满足 $\tau = RC \gg \dfrac{T}{2}$ 条件时，如图 5-10b 所示，即构成积分电路，因为此时电路的输出信号电压与输入信号电压的积分成正比。

从输出波形来看，上述两个电路均起着波形变换的作用，请在实验过程中仔细观察与记录。

3. 实验设备

函数信号发生器；双踪示波器。

4. 实验内容

1）选择实验板上的 R、C 元件：

① 令 $R=10\text{k}\Omega$，$C=1000\text{pF}$，组成如图 5-9 所示的 RC 充放电电路，E 为函数信号发生器输出，取 $U_m=3\text{V}$，$f=1\text{kHz}$ 的方波电压信号，并通过两根同轴电缆线，将激励源 u 和响应 u_C 的信号分别连至示波器的两个输入口 YA 和 YB，这时可在示波器的屏幕上观察到激励与响应的变化规律，求测时间常数 τ，并描绘 u 及 u_C 的波形。

少量改变电容值或电阻值，定性观察对响应的影响，记录观察到的现象。

② 令 $R=10\text{k}\Omega$，$C=3300\text{pF}$，观察并描绘响应波形，继续增大 C 的值，定性观察对响应的影响。

2）选择实验板上 R、C 元件，组成如图 5-10 a 所示的微分电路，令 $C=3300\text{pF}$，$R=30\text{k}\Omega$。

在同样的方波激励信号（$U_m=3\text{V}$，$f=1\text{kHz}$）作用下，观测并描绘激励与响应的波形。

增减 R 的值，定性观察对响应的影响，并作记录。当 R 增至 ∞ 时，输入、输出波形有何本质上的区别？

5. 实验注意事项

1）调节仪器旋钮时，动作不要过猛。

2）调节示波器时，要注意触发开关和电平调节旋钮的配合使用，以使显示的波形稳定。

3）作定量测定时，应将 "t/div" 和 "v/div" 微调旋钮旋至 "校准" 位置。

4）为防止外界干扰，函数信号发生器的接地端与示波器的接地端要连接在一起（称共地）。

6. 预习思考题

1）什么样的电信号可作为 RC 一阶电路零输入响应、零状态响应和完全响应的激励信号？

2）已知 RC 一阶电路 $R=10\text{k}\Omega$，$C=0.1\mu\text{F}$，试计算时间常数 τ，并根据 τ 值的物理意义，拟定测定 τ 的方案。

3）什么是积分电路和微分电路？它们必须具备什么条件？它们在方波序列脉冲的激励下，其输出信号波形的变化规律如何？这两种电路有何功用？

7. 实验报告

1）根据实验观测结果，在方格纸上绘出 RC 一阶电路充放电时 u_C 的变化曲线，由曲线测得 τ 值，并与参数值的计算结果作比较，分析误差原因。

2）根据实验观测结果，归纳、总结积分电路和微分电路的形成条件，阐明波形变换的特征。

任务实现　智能小车电动机驱动电路的制作、调试与检测

如图 5-1 所示的晶体管全桥控制驱动电路中，IN1、IN2 为电动机方向控制输入端，INI = 1、IN2 = 0，电动机正转；IN2 = 1、INI = 0，电动机反转。同样，IN1、IN2 同时也是电动机调速的脉宽输入端。特别注意对于死区时间的控制，可以通过时间常数进行设置，避免桥臂直通而烧毁开关。

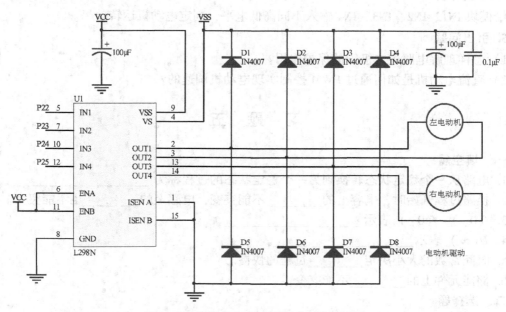

图 5-11　智能小车电动机驱动电路原理图

H 桥电路是运用最多、性能最好的，但是对于制作工艺上来说却相对麻烦和复杂。本设计中采用 H 桥集成电动机驱动芯片 L298N 实现智能小车电动机驱动电路。

如图 5-11 所示的智能小车电动机驱动电路中，L298N 是 ST 公司生产的一种高电压、大电流电动机驱动芯片。该芯片采用 15 引脚封装，主要特点是：工作电压高，最高工作电压可达 46V；输出电流大，瞬间峰值电流可达 3A，持续工作电流为 2A；额定功率 25W；内含两个 H 桥的高电压大电流全桥式驱动器，可以用来驱动直流电动机和步进电动机、继电器线圈等感性负载；采用标准逻辑电平信号控制；具有两个使能控制端，在不受输入信号影响的情况下允许或禁止器件工作；有一个逻辑电源输入端，使内部逻辑电路部分在低电压下工作；可以外接检测电阻，将变化量反馈给控制电路。L298N 芯片可以驱动一台两相步进电动机或四相步进电动机，也可以驱动两台直流电动机。

1. 任务实施

根据给定的元器件，按原理图 5-11 连接实物，并检测其功能。

2. 主要设备及元器件

数字万用表、示波器、信号发生器、可调直流稳压电源、智能小车电动机驱动电路元器件 1 套、电烙铁、焊丝、镊子等。

3. 实施指导

1）按照原理图在焊接板上对元器件布局并正确连线。

2）安装与焊接：

① 按工艺要求对元器件引脚成形加工。

② 按布线图在实验电路板上排布插装。

③ 按工艺要求对元器件焊接。

4. 检测评价

给模块 IN1、IN2、IN3、IN4 输入不同高低电平，判定电动机运转效果。

5. 引出问题

1）怎样理解电路中二极管的保护作用？

2）直流电动机是如何通过 PWM 控制实现电动机调速的？

习 题 五

一、填空题

1. 电路从一个稳定状态转换到另一个稳定状态的过程称为_____。

2. 换路过程开始时，电容上的_____不能突变，电感上的_____也不能突变。

3. $f(0_+)=f(0_-)$ 表示_____。

4. $U(\infty)$ 表示_____。

5. 时间常数的大小决定_____过程的快慢。

6. 储能元件上的_____不能突变。

二、选择题

1. 电阻和电容串联的电路在换路时（　　）不能突变。

A. 电源电压　　　　B. 电阻上的电压　　　　C. 电容上的电流　　　D. 电容上的电压

2. 暂态过程的初始值用（　　）表示。

A. $f(0)$　　　　　　B. $f(0_+)$　　　　　　C. $f(0_-)$　　　　　　D. $f(t)$

3. 稳态时，电感上的电压等于（　　）。

A. 零　　　　　　　B. 电源电压　　　　　C. $L\dfrac{\mathrm{d}i}{\mathrm{d}t}$　　　　D. 某一个电压值

4. 暂态过程中电容放电的快慢取决于（　　）。

A. 电源电压大小　　B. 电路元件多少　　　C. 电路时间常数　　　D. $U_C(\infty)$

5. 在微分电路中，占空比越小，尖脉冲的波形（　　）。

A. 幅度越小　　　　B. 越平滑　　　　　　C. 越窄　　　　　　　D. 越宽

三、分析计算题

1. 请推导出电感的阻抗为 $z_L=\mathrm{j}\omega L$。

2. 在图 5-12 中，开关在 $t=0$ 时刻闭合，请计算 $t=0+$ 和 $t=+\infty$ 时 30Ω 电阻上的电流。

3. 在图 5-13 中，请计算时间常数。

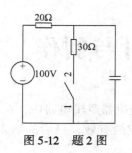

图 5-12　题 2 图

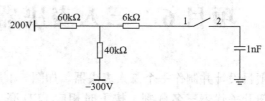

图 5-13　题 3 图

4. 在图 5-14 中，已知交流信号源的振幅为 1V，频率为 5Hz，电容的容量为 4.7μF，电阻为 6.8kΩ。求电阻上电压信号的振幅，以及该电压与信号源电压信号的相位差。

5. 在图 5-15 所示的电路中，开关在 $t=0$ 时刻闭合，求闭合后，电阻 R 上的电流函数。

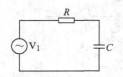

图 5-14　题 4 图

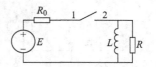

图 5-15　题 5 图

项目6 三人表决器的设计与制作

本项目设计并制作一个三人表决器。如图6-1所示的三人表决器逻辑电路中，A、B、C三个按钮开关代表三名裁判，按下时相应 LED 亮，表示裁定成绩有效，最后的结果由红、绿两个 LED 表示，绿灯亮表示成绩有效，红灯亮表示成绩无效。

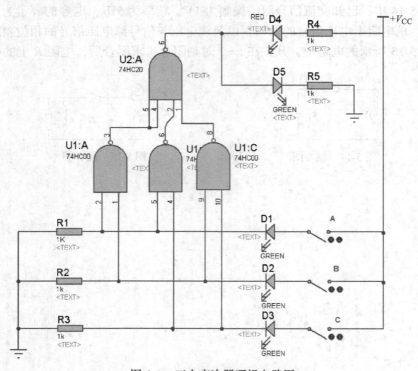

图6-1 三人表决器逻辑电路图

知识目标

1. 了解数字逻辑的概念，掌握数制的含义及常用数制间的相互转换。
2. 理解常用的编码，掌握数制与码制及不同码制间的相互转换。
3. 掌握与、或、非三种基本逻辑的逻辑关系及逻辑运算。
4. 熟悉逻辑门电路的逻辑功能，了解门电路的基本知识。
5. 掌握组合逻辑门电路的设计与分析方法。

技能目标

1. 能识别和测试常用的数字集成电路芯片。
2. 能完成三人表决器的制作。
3. 能检查并排除简单的故障。

知识导图

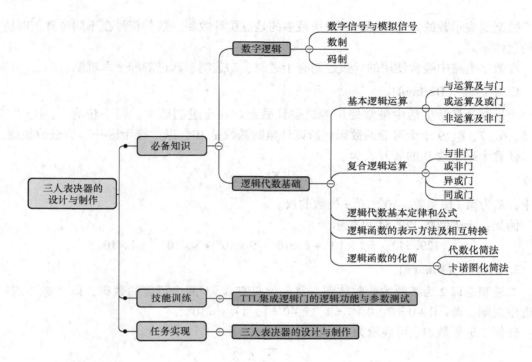

6.1 数字逻辑

6.1.1 数字信号与模拟信号

电子技术中的信号可分为模拟信号和数字信号两大类。从之前学习的项目知道，模拟信号是一种在时间和数值上连续变化的信号，如电视的图像和伴音信号、物理量（温度、压力等）转化成的电信号等。

与模拟信号不同，数字信号是指在时间上和数量上都不连续变化的离散信号，如开关的开、合，电灯的亮、灭等。模拟信号与数字信号的波形如图 6-2 所示。

把产生、传输和处理模拟信号的电子电路称为模拟电路，如运算放大器、由晶体管构成的基本放大电路就是模拟电路；

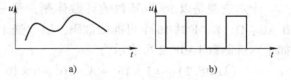

图 6-2　模拟信号与数字信号的波形

a）模拟信号波形　b）数字信号波形

把产生、传输和处理数字信号的电路称为数字电路，如各种数字钟、数字电压表等是数字电路。数字电路因其简单、抗干扰性强、精度高、集成度高，在应用电子技术领域应用日益广泛，数字化已成为当今电子技术的发展潮流。

6.1.2 数制

数制是表示数的方法和规则。使用最多的是进位计数制，数的符号在不同位置上时所代表的数值不同。

在数字电路中经常使用的计数进制有十进制、二进制、八进制和十六进制。

1. 十进制（Decimal）

十进制是日常生活中最常使用的进位计数制。在十进制数中，每一位有 0、1、2、3、4、5、6、7、8、9 十个可能的数码，所以计数的基数是 10，以"逢十进一"为进位规则。

任意十进制数 D 的展开式为

$$D = \sum K_i 10^i$$

式中，K_i 为第 i 位系数，10^i 为第 i 位数的权。

例如：十进制数 129.54 可表示为

$$(129.54)_{10} = 1 \times 10^2 + 2 \times 10^1 + 9 \times 10^0 + 5 \times 10^{-1} + 4 \times 10^{-2}$$

2. 二进制（Binary）

二进制是以 2 为基数的计数体制，每一位只有 0、1 两个可能的数码，以"逢二进一"为进位规则。即：$0+0=0$，$0+1=1$，$1+0=1$，$1+1=10$。

任何二进制数 D，可表示为

$$D = \sum K_i 2^i$$

例如：$(1101.01)_2 = 1 \times 2^3 + 1 \times 2^2 + 0 \times 2^1 + 1 \times 2^0 + 0 \times 2^{-1} + 1 \times 2^{-2} = (13.25)_{10}$

3. 八进制（Octal）

八进制是以 8 为基数的计数体制，每一位有 0、1、2、3、4、5、6、7 共八个可能的数码，以"逢八进一"为进位规则。

八进制数也可按权展开，各位的权是 8 的幂，如八进制数 107.22 可表示为

$$(107.22)_8 = 1 \times 8^2 + 0 \times 8^1 + 7 \times 8^0 + 2 \times 8^{-1} + 2 \times 8^{-2} = (71.28125)_{10}$$

4. 十六进制（Hexadecimal）

十六进制是以 16 为基数的计数体制，每一位有 0、1、2、3、4、5、6、7、8、9、A、B、C、D、E、F 共 16 个可能的数码，以"逢十六进一"为进位规则，各位的权为 16 的幂，如十六进制数 1A0F.2 可表示为

$$(1A0F.2)_{16} = 1 \times 16^3 + A \times 16^2 + 0 \times 16^1 + F \times 16^0 + 2 \times 16^{-1} = (6671.125)_{10}$$

5. 二—十进制转换

二进制数转换成十进制数时，只要将二进制数按权展开，然后将各项数值按十进制数相加，便可得到相应的十进制数，例如：

$$(10110.01)_2 = 1 \times 2^4 + 1 \times 2^2 + 1 \times 2^1 + 1 \times 2^{-2} = (22.25)_{10}$$

同理，若将任意进制数转换为十进制数，只须写成按权展开的多项式表示式，并按十进制规则运算，便可得到相应的十进制数。

十进制数转换为二进制数时，须对十进制数的整数和小数部分分别转换。

1）整数转换——除 2 取余法。

例如，将 $(69)_{10}$ 转换为二进制数：

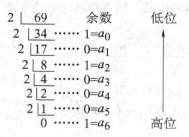

$(69)_{10} = (1000101)_2$

2）小数转换——乘 2 取整法。

例如：将 $(0.39)_{10}$ 转换为二进制小数。

$$0.39 \times 2 = 0.78 \qquad b_{-1} = 0$$
$$0.78 \times 2 = 1.56 \qquad b_{-2} = 1$$
$$0.56 \times 2 = 1.12 \qquad b_{-3} = 1$$
$$0.12 \times 2 = 0.24 \qquad b_{-4} = 0$$
$$0.24 \times 2 = 0.48 \qquad b_{-5} = 0$$
$$0.48 \times 2 = 0.96 \qquad b_{-6} = 0$$
$$0.96 \times 2 = 1.92 \qquad b_{-7} = 1$$
$$0.92 \times 2 = 1.84 \qquad b_{-8} = 1$$
$$0.84 \times 2 = 1.68 \qquad b_{-9} = 1$$
$$0.68 \times 2 = 1.36 \qquad b_{-10} = 1$$
$$\cdots$$

因此 $(0.39)_{10} = (0.0110001111\cdots)_2$。

最后乘积不为 0，因此转换值存在误差，通常在二进制小数的精度已达到预定要求时，运算便可结束。

显然，$(69.39)_{10} = (1000101.0110001111\cdots)_2$。

同理，若将十进制数转换成任意 R 进制数 $(N)_R$，必须将整数部分和小数部分分别按除 R 取余法和乘 R 取整法进行转换，然后再将两者的转换结果合并即可。

6. 二进制数和八进制数、十六进制数之间的相互转换

八进制数和十六进制数的基数分别为 $8 = 2^3$，$16 = 2^4$，所以三位二进制数对应一位八进制数，四位二进制数对应一位十六进制数。

二进制数转换成八进制数、十六进制数时，从小数点开始，分别向左、向右将二进制数按每三位（不足三位的补 0）分组，然后写出每一组等值的八进制数。例如，求 $(1101111010.1011)_2$ 的等值八进制数。

二进制	001	101	111	010	.	101	100
八进制	1	5	7	2	.	5	4

所以 $(1101111010.1011)_2 = (1572.54)_8$

二进制数转换成十六进制数，则要从小数点开始，分别向左、向右将二进制数按每 4 位（不足四位的补 0）分组，然后写出每一组等值的十六进制数。例如求 $(1101111010.1011)_2$ 的等值十六进制数。

二进制　0011　0111　1010　.　1011
十六进制　　3　　7　　A　.　B

所以，$(1101111010.1011)_2 = (37A.B)_{16}$

经验证，$(1572.54)_8 = (37A.B)_{16} = (890.6875)_{10}$

6.1.3 码制

在数字系统中，所有的代码都是用若干位二进制数码 0 和 1 的不同组合构成的，二进制码不仅可表示数值的大小，且常用于表示特定的信息。为便于记忆和查找，在编制代码时总要遵循一定的规则，这些规则称为码制。建立这种代码与特定对象间一一对应的过程就称为编码。

用二进制码来表示十进制 0 ~ 9 十个数符的代码称为 BCD（Binary Coded Decimal）码，因十进制数有 10 个不同的数码，需要 4 位二进制码表示。表 6-1 给出了几种常用的 BCD 码之间的对应关系。

表 6-1　几种常用的 BCD 编码之间的对应关系

十进制数	二进制数	8421 码	5421 码	余 3 码	余 3 循环码
0	0000	0000	0000	0011	0010
1	0001	0001	0001	0100	0110
2	0010	0010	0010	0101	0111
3	0011	0011	0011	0110	0101
4	0100	0100	0100	0111	0100
5	0101	0101	1000	1000	1100
6	0110	0110	1001	1001	1101
7	0111	0111	1010	1010	1111
8	1000	1000	1011	1011	1110
9	1001	1001	1100	1100	1010

8421BCD 码是一种应用最多的代码，每一个码组都与二进制数相对应，且每一位都有固定权值，二进制码从左到右每位权值分别为 8、4、2、1，因此属于有权码。例如，十进制数 129 对应的 8421BCD 码为 $(129)_{10} = (1\ 0010\ 1001)_{8421}$。

6.2　逻辑代数基础

逻辑代数是一种描述客观事物逻辑关系的数学方法，是英国数学家乔治·布尔（George Boole）于 1849 年创立的，又称为布尔代数。

逻辑代数是分析和设计数字电路的基础，逻辑代数研究的是逻辑函数与逻辑变量之间的关系。将逻辑变量作为输入，它们之间用各种逻辑运算符连接起来所形成的比较复杂的逻辑

代数的运算结果作为输出，就称为逻辑函数，写作

$$Y = F(A, B, C, \cdots)$$

逻辑变量取值只有两种：0 或 1。这里的 0 和 1 不表示数量大小，仅代表两种对立的逻辑状态，如开关的"闭合"与"断开"、灯的"亮"与"灭"、事件的真和假。

脉冲信号的高、低电平可分别用"1"和"0"表示。同时规定，如果高电平用"1"表示，低电平用"0"表示，则称这种表示方法为正逻辑；反之，高电平用"0"表示，低电平用"1"表示，称这种表示方法为负逻辑。

6.2.1 基本逻辑运算

在逻辑代数中只有三种基本运算：与运算、或运算、非运算。这三种基本运算反映了逻辑电路中最基本的逻辑关系，其他复杂逻辑关系都可通过此三种基本运算来实现。

逻辑门电路是指用来实现基本逻辑功能的电子电路，简称为门电路。门电路是构成组合逻辑电路的最基本单元。相应的基本逻辑运算也有与门、或门、非门。

1. 与运算及与门

若决定某一事件的所有条件都成立，这个事件就发生，否则这个事件就不发生，这样的逻辑关系称为逻辑"与"。逻辑与运算符号可用 & 或 · 表示。

图 6-3a 中灯泡 H 亮的条件是开关 A 和 B 都闭合。若用 $A = 1$、$B = 1$ 表示开关闭合，$A = 0$、$B = 0$ 表示开关断开，$Y = 1$ 表示灯泡亮，$Y = 0$ 表示灯泡灭，可列出输入变量 A、B 的各种取值组合和输出变量 Y 的一一对应关系，该列表称为真值表，如图 6-3b 所示。

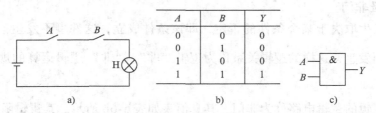

图 6-3 与逻辑运算

a）电路图　b）真值表　c）逻辑符号

从真值表中可以看出，输出变量 Y 与输入变量 A、B 是对应的函数关系，当表中输入变量有一个为 0 时，输出逻辑函数就为 0；只有当全部输入变量均为 1 时，输出函数才为 1。

逻辑与的表达式：$Y = A \cdot B = AB$，读作"Y 等于 A 与 B"。

与逻辑符号如图 6-3c 所示。

图 6-4a 所示为由二极管构成的与门电路，设输入的高电平为 +3V，低电平为 0V，忽略二极管正向导通电压。当输入 A、B 中有一个为低电平 0 时，则相应的二极管导通，输出也为低电平 0；如果输入均为高电平 1，则输出才是高电平 1。

2. 或运算及或门

若决定某一事件的条件中有一个或一个以上成立，这个事件就发生，否则就不发生，这样的逻辑关系称为逻辑"或"。逻辑或运算符号可用 + 表示。

图 6-5a 中，只要开关 A 或 B 闭合，灯泡就会点亮，列出如图 6-5b 所示的真值表。

从真值表中可以看出，只要 $A = 1$ 或 $B = 1$，就有 $Y = 1$。

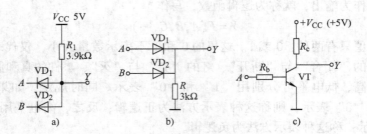

图 6-4　基本门电路

a）与门　b）或门　c）非门

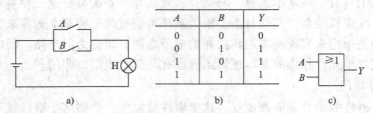

图 6-5　或逻辑运算

a）电路图　b）真值表　c）逻辑符号

逻辑或的表达式：$Y = A + B$，读作 Y 等于 A 或 B（或 A 加 B）。

或逻辑符号如图 6-5c 所示。

3. 非运算及非门

某件事的发生取决于某个条件的否定，即该条件成立，这件事不发生；而该条件不成立，这件事反而发生，这样的逻辑关系称为逻辑"非"。"非"逻辑运算的规则为：$\overline{1} = 0$，$\overline{0} = 1$。

能实现非逻辑的逻辑电路称为非门，其真值表如表 6-6b 所示。其逻辑函数表达式为

$$Y = \overline{A}$$

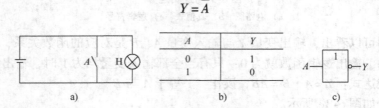

图 6-6　非逻辑运算

a）电路图　b）真值表　c）逻辑符号

如图 6-6a 中，开关 A 闭合，灯泡 H 熄灭，用 $Y = 0$ 表示；A 断开，灯泡 H 点亮，用 $Y = 1$ 表示，列出如图 6-6b 所示的真值表。

如图 6-4c 所示的二极管构成的非门电路，当输入 A 为高电平时，晶体管 VT 饱和，输出 Y 为低电平 0；输入 A 为低电平时，晶体管 VT 截止，输出 Y 为高电平 1。

非逻辑符号如图 6-6c 所示。

6.2.2　复合逻辑运算

把与门、或门和非门三种基本门电路组合使用可构成组合逻辑门电路，常见的有与非门、或非门、异或门等。

1. 与非门

与逻辑和非逻辑的复合逻辑，称为与非逻辑。能实现与非逻辑的逻辑电路称为与非门。它是由与门和非门组合成的逻辑电路，其逻辑表达式为

$$Y = \overline{A \cdot B} \quad \text{或} \quad Y = \overline{AB}$$

与非门的逻辑功能用图 6-7a 所示的真值表来描述：只要有一个输入变量是 0，输出就是 1；只有当全部输入变量为 1 时，输出才为 0，即见 0 得 1，全 1 得 0。

与非逻辑符号如图 6-7b 所示。

2. 或非门

或逻辑和非逻辑的复合逻辑，称为或非逻辑。能实现或非逻辑的逻辑电路称为"或非门"。它是由一个或门和非门组合成的逻辑电路，逻辑表达式为

$$Y = \overline{A + B}$$

或非门的逻辑功能用图 6-8a 所示的真值表来描述：只要有一个输入变量为 1，输出 $Y = 0$；只有当输入变量全为 0 时，Y 才为 1，即见 1 得 0，全 0 得 1。

或非逻辑符号如图 6-8b 所示。

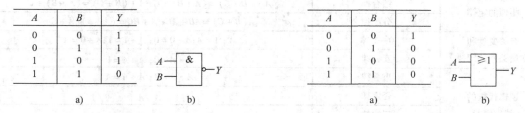

A	B	Y
0	0	1
0	1	1
1	0	1
1	1	0

a)　　　　　　　　b)

图 6-7　与非逻辑运算
a) 真值表　b) 逻辑符号

A	B	Y
0	0	1
0	1	0
1	0	0
1	1	0

a)　　　　　　　　b)

图 6-8　或非逻辑运算
a) 真值表　b) 逻辑符号

3. 异或门

若决定某一事件的两个条件对立，这个事件就发生，否则这个事件就不发生，这样的逻辑关系称为逻辑异或。其运算规则为

$$0 \oplus 0 = 0 \quad\quad 0 \oplus 1 = 1 \quad\quad 1 \oplus 0 = 1 \quad\quad 1 \oplus 1 = 0$$

异或门的逻辑功能用图 6-9a 所示的真值表来描述：输入变量一致则输出 $Y = 0$，输入变量不同则输出 $Y = 1$。

异或逻辑符号如图 6-9b 所示。

4. 同或门

若决定某一事件的两个条件相同，这个事件就发生，否则这个事件就不发生，这样的逻辑关系称为逻辑同或。其运算规则为

$$0 \odot 0 = 1 \quad\quad 0 \odot 1 = 0 \quad\quad 1 \odot 0 = 0 \quad\quad 1 \odot 1 = 1$$

能实现同或逻辑的逻辑电路称为同或门。其真值表如图 6-10a 所示，逻辑函数表达式为

$$L = A \odot B = A\,\overline{B} + \overline{A}B$$

同或逻辑符号如图 6-10b 所示。

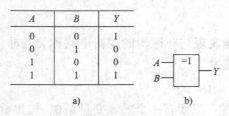

A	B	Y
0	0	1
0	1	0
1	0	0
1	1	1

a)　　　　　b)

图 6-9　异或逻辑运算

a）真值表　b）逻辑符号

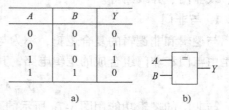

A	B	Y
0	0	0
0	1	1
1	0	1
1	1	0

a)　　　　　b)

图 6-10　同或逻辑运算

a）真值表　b）逻辑符号

6.2.3　逻辑代数基本定律和公式

1. 逻辑代数基本定律

表 6-2 为逻辑代数的基本定律，这些定律为用于描述逻辑问题的逻辑表达式的化简提供了依据。这些定律的正确性可用真值表的方法加以验证。

表 6-2　逻辑代数基本定律

与普通代数相似的定律	交换律	$A \cdot B = B \cdot A$；$A + B = B + A$
	结合律	$A \cdot (B \cdot C) = (A \cdot B) \cdot C$；$A + (B + C) = (A + B) + C$
	分配律	$A(B + C) = AB + AC$；$A + BC = (A + B)(A + C)$
有关变量和常量关系的定律	0—1 律	$A \cdot 1 = A$；$A \cdot 0 = 0$；$A + 1 = 1$；$A + 0 = A$
	互补律	$A \cdot \overline{A} = 0$；$A + \overline{A} = 1$
逻辑代数的特殊定律	重叠律	$A \cdot A = A$；$A + A = A$
	否定律	$\overline{\overline{A}} = A$
	反演律（狄·摩根定律）	$\overline{A \cdot B} = \overline{A} + \overline{B}$；$\overline{A + B} = \overline{A}\,\overline{B}$

2. 逻辑代数常用公式

由上述 8 个基本定律通过推理和证明可得逻辑代数常用的四个公式：

公式 1（吸收定律 1）：$AB + A\overline{B} = A$

公式 2（吸收定律 2）：$A + AB = A$

公式 3（吸收定律 3）：$A + \overline{A}B = A + B$

公式 4（多余项定律）：$AB + \overline{A}C + BC = AB + \overline{A}C$

3. 逻辑代数中的基本规则

（1）代入规则

将等式两边的同一个逻辑变量均以一个逻辑函数取代，等式仍成立。

例如摩根定律 $\overline{A + B} = \overline{A}\,\overline{B}$，若以（$B + C$）代替原等式中 B 的位置，则有

$$\overline{A + (B + C)} = \overline{A} \cdot \overline{B + C} = \overline{A} \cdot \overline{B} \cdot \overline{C}$$

172

（2）反演规则

对于任意逻辑函数 Y，若将其中所有"·"换成"＋"，"＋"换成"·"，0 换成 1，1 换成 0，原变量换成反变量，反变量变成原变量，得到的函数式就是 $\bar{Y}$。

例如：$Y=(A+\overline{B}C)(\overline{A}+D)$，则

$$\overline{Y}=\overline{A}\cdot(B+\overline{C})+A\cdot\overline{D}$$
$$=\overline{A}B+\overline{A}\,\overline{C}+A\overline{D}$$

用反演规则求反函数时应注意：

1）必须遵循"先括号，后乘，最后加"的运算原则。

2）不属于单个变量上的非号应保留不变。

（3）对偶规则

对于任意逻辑函数 Y，若将其中所有"·"换成"＋"，"＋"换成"·"，0 换成 1，1 换成 0，所得到的新的逻辑函数式，就是函数 Y 的对偶式，记为 Y'。

例如：$Y=A\overline{B}+A(C+0)$，则

$$Y'=(A+\overline{B})(A+C\cdot1)$$

可以证明，若两个逻辑函数相等，则其对应的对偶式也相等。

6.2.4 逻辑函数的表示方法及相互转换

要描述一个逻辑问题，必须交代问题发生的原因（条件）和产生的结果，可以用逻辑真值表、逻辑函数式、逻辑图、卡诺图及波形图来表示。

1. 从真值表到逻辑函数式

【例 6-1】 已知一个奇偶判断电路的真值表见表 6-3，试写出它的逻辑函数式。

表 6-3　例 6-1 真值表

A	B	C	Y
0	0	0	0
0	0	1	0
0	1	0	0
0	1	1	1
1	0	0	0
1	0	1	1
1	1	0	0
1	1	1	0

解：（1）找出真值表中使 $Y=1$ 的那些输入变量的组合。

（2）每组输入变量取值的组合对应一个乘积项，取 1 的写成原变量，取 0 的写成反变量。

（3）将这些乘积项相加，得到的即为逻辑函数式。

注意到 3 个输出 $Y=1$ 的组合，列写出

$$Y=\overline{A}BC+A\overline{B}\,\overline{C}+A\overline{B}C$$

2. 从逻辑函数式列出真值表

将输入变量的所有取值组合代入逻辑函数式中，求出函数值，列成表格，即可得到真值表。

【例 6-2】 已知 $Y = A\overline{B} + B\overline{C}$，求其对应的真值表。

解： 由逻辑函数式列出真值表，见表6-4，只要将 A、B、C 的 8 种取值组合逐一代入函数式，得出函数值，列成表格即可。

表 6-4　例 6-2 真值表

A	B	C	Y
0	0	0	0
0	0	1	0
0	1	0	1
0	1	1	0
1	0	0	1
1	0	1	1
1	1	0	1
1	1	1	0

3. 从逻辑函数式画出逻辑图

逻辑图即用逻辑符号表示的基本单元电路组成的具有对应于某一逻辑函数功能的电路图。用图形符号逐一代替函数式的运算符号，即可得到逻辑图。

【例 6-3】 已知 $Y = A\overline{B} + B\overline{C}$，试画出对应的逻辑图。

解： 由逻辑函数式画出逻辑图，如图 6-11 所示。

4. 由逻辑图写出逻辑函数式

从输入端到输出端逐级写出每个图形符号对应的逻辑式，即可得到对应的逻辑函数式。

【例 6-4】 已知某一函数的逻辑图如图 6-12 所示，写出对应的逻辑函数式。

解： 图 6-12 对应的逻辑函数式为 $Y = A\overline{B} + B\overline{C}$。

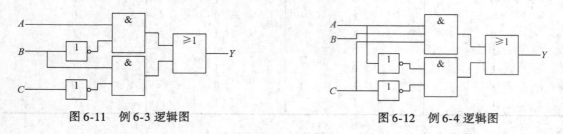

<table>
<tr><td>图 6-11　例 6-3 逻辑图</td><td>图 6-12　例 6-4 逻辑图</td></tr>
</table>

6.2.5　逻辑函数的化简

同一个逻辑函数可用多个不同的逻辑表达式来描述，函数化简就是把逻辑函数表达式转换成最简与-或表达式。最简与-或表达式的特点是表达式中与项最少，且每个与项中变量个数最少。

设有 n 个逻辑变量，由它们组成的具有 n 个变量的与项中，每个变量以原变量或反变量的形式出现一次且仅出现一次，则称这个与项为最小项。对于 n 个变量来说，可以有 2^n 个最小项。

用化简后的函数表达式设计电路不仅经济（元器件最少、型号种类最少），而且可靠性也得到了提高（电路简单）。常用的化简方法主要有：代数化简法和卡诺图化简法。

1. 代数化简法

代数化简法就是运用逻辑代数的基本分式、基本定理和规则对给定的逻辑函数进行化简的方法。常用的方法有以下几种。

（1）并项法

利用公式 $A + \bar{A} = 1$，合并两项为一项，并消去一个变量，例如：

$$F = AB + CD + A\bar{B} + \bar{C}D$$

$$F = A(B + \bar{B})D(C + \bar{C}) = A + D$$

（2）吸收法

利用公式 $A + AB = A$，消去多余项，例如：

$$F = \bar{B} + AB + A\bar{B}CD$$

$$F = (\bar{B} + A\bar{B}CD) + AB$$

$$= \bar{B} + AB$$

$$= \bar{B} + A$$

（3）消因子法

利用公式 $A + \bar{A}B = A + B$，消去多余项，例如：

$$F = AB + \bar{A}C + \bar{B}C = AB + \overline{AB}C = AB + C$$

（4）消项法

利用公式 $AB + \bar{A}C + BC = AB + \bar{A}C$，消去多余项，例如：

$$F = AB + \bar{A}CD + BCD = AB + \bar{A}CD$$

（5）配项法

利用公式 $A + \bar{A} = 1$，再选择合适的与项配项再化简，例如：

$$F = \bar{A}\bar{B}\bar{C}\bar{D} + \bar{A}\bar{B}\bar{C}D + \bar{A}\bar{B}CD + \bar{A}BCD + A\bar{B}\bar{C}D$$

$$F = (\bar{A}\bar{B}\bar{C}\bar{D} + \bar{A}\bar{B}\bar{C}D) + (\bar{A}\bar{B}CD + \bar{A}\bar{B}\bar{C}D) + (\bar{A}BCD + \bar{A}\bar{B}\bar{C}D) + (A\bar{B}\bar{C}D + \bar{A}\bar{B}\bar{C}D)$$

$$= \bar{A}\bar{B}\bar{C} + \bar{A}\bar{B}\bar{D} + \bar{A}\bar{C}D + \bar{B}\bar{C}D$$

其中 $\bar{A}\bar{B}\bar{C}D$ 与其余四项均是相邻关系，被重复使用。

2. 卡诺图化简法

卡诺图是真值表的变形，采用图形的方式表示逻辑问题输入变量和输出变量之间的关系。图 6-13 为电灯亮灭问题的卡诺图。

A \ B	0	1
0	0	0
1	0	1

图 6-13　电灯亮灭问题的卡诺图

n 个变量的逻辑函数都可表示成最小项之和的形式，而 n 个变量的卡诺图包含了 n 个变量的所有最小项。根据函数中的变量数画出对应的卡诺图，再将函数中所有最小项在卡诺图中找到对应的小方格，并作以"1"标记，其余小方格填"0"，填有"1"的小方格合成的区域就是该函数的卡诺图。

卡诺图化简的原理就是找相邻关系，用吸收法和消项法消去多余的变量达到化简的目的。

【例6-5】 用卡诺图化简函数 $L = \overline{A}\,\overline{B}\,\overline{C} + \overline{A}\,\overline{B}\,C + \overline{A}BC + ABC + \overline{A}B\overline{C}$

解：本例的函数已为与或逻辑表达式，可直接画卡诺图。

（1）本例的卡诺图如图6-14所示。

（2）在卡诺图上画圈。

（3）在每个圈外标出消去取值有变化的变量后的逻辑项。

（4）将所有圈外的逻辑项相加得化简后的逻辑函数表达式：$L = \overline{A} + BC$

【例6-6】 用卡诺图化简函数 $L(A,B,C,D) = \sum(0,1,2,5,6,7,12,13,15)$，括号中的数字表示输入变量 A、B、C、D 编码组合对应的输出为"1"。

解：本例的卡诺图及化简过程如图6-15所示，化简后的函数为 $L = \overline{A}\,\overline{B}\,\overline{C} + AB\overline{C} + BD + \overline{A}C\overline{D}$

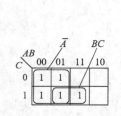

图6-14　例6-5卡诺图

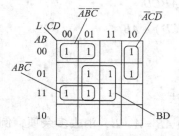

图6-15　例6-6卡诺图

技能训练　TTL 集成逻辑门的逻辑功能与参数测试

1. 实验要求

1）掌握 TTL 集成与非门的逻辑功能和主要参数的测试方法。

2）掌握 TTL 器件的使用规则。

2. 实验原理

实验采用四输入双与非门 74LS20，即在一块集成块内含有两个互相独立的与非门，每个与非门有四个输入端。其逻辑框图、逻辑符号及引脚排列如图6-16a、b、c所示。

（1）与非门的逻辑功能

当输入端中有一个或一个以上是低电平时，输出端为高电平；只有当输入端全部为高电平时，输出端才是低电平（即有0得1，全1得0）。

其逻辑表达式为　$Y = \overline{AB\cdots}$

（2）TTL 与非门的主要参数

1）低电平输出电源电流 I_{CCL} 和高电平输出电源电流 I_{CCH}。

与非门处于不同的工作状态，电源提供的电流是不同的。I_{CCL} 是指所有输入端悬空、输

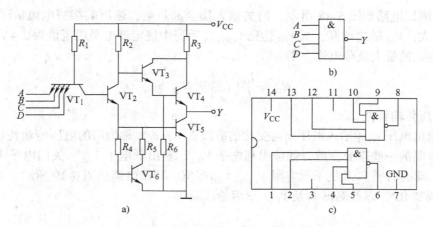

图6-16　74LS20逻辑框图、逻辑符号及引脚排列

出端空载时，电源提供给元器件的电流。I_{CCH}是指输出端空载、每个门各有一个以上的输入端接地、其余输入端悬空时，电源提供给器件的电流。通常$I_{CCL} > I_{CCH}$，它们的大小标志着元器件静态功耗的大小。I_{CCL}和I_{CCH}测试电路如图6-17a、b所示。

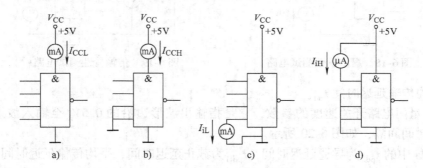

图6-17　TTL与非门静态参数测试电路图

2）低电平输入电流I_{iL}和高电平输入电流I_{iH}。I_{iL}是指被测输入端接地、其余输入端悬空、输出端空载时，由被测输入端的电流值。在多级门电路中，I_{iL}相当于前级门输出低电平时，后级向前级门灌入的电流，因此它关系到前级门的灌电流负载能力，即直接影响前级门电路带负载的个数，因此希望I_{iL}小些。

I_{iH}是指被测输入端接高电平、其余输入端接地、输出端空载时，流入被测输入端的电流值。在多级门电路中，它相当于前级门输出高电平时，前级门的拉电流负载，其大小关系到前级门的拉电流负载能力，希望I_{iH}小些。

I_{iL}与I_{iH}的测试电路如图6-17c、d所示。

3）扇出系数N_0。

扇出系数N_0是指门电路能驱动同类门的个数，它是衡量门电路负载能力的一个参数。TTL与非门有两种不同性质的负载，即灌电流负载和拉电流负载，因此有两种扇出系数，即低电平扇出系数N_{OL}和高电平扇出系数N_{OH}。通常$I_{iH} < I_{iL}$，则$N_{OH} > N_{OL}$，故常以N_{OL}作为门的扇出系数。

N_{OL}的测试电路如图 6-18 所示，门的输入端全部悬空，输出端接灌电流负载 R_L，调节 R_L 使 I_{OL} 增大，V_{OL} 随之增高，当 V_{OL} 达到 V_{OLm}（手册中规定低电平规范值为 0.4V）时的 I_{OL} 就是允许灌入的最大负载电流，则

$$N_{OL} = \frac{I_{OL}}{I_{iL}}（通常 N_{OL} \geqslant 8）$$

4）电压传输特性。

门的输出电压 v_0 随输入电压 v_i 而变化的曲线 $v_o = f(v_i)$ 称为门的电压传输特性。通过它可读得门电路的一些重要参数，如输出高电平 V_{OH}、输出低电平 V_{OL}、关门电平 V_{OFF}、开门电平 V_{ON}、阈值电平 V_T 及抗干扰容限 V_{NL}、V_{NH} 等值。测试电路如图 6-19 所示，采用逐点测试法，即调节 RP，逐点测得 V_i 及 V_O，然后绘成曲线。

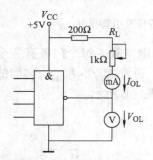
图 6-18　扇出系数测试电路

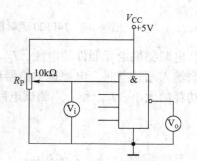
图 6-19　传输特性测试电路

5）平均传输延迟时间 t_{pd}。

t_{pd} 是衡量门电路开关速度的参数，它是指输出波形边沿的 $0.5V_m$ 至输入波形对应边沿 $0.5V_m$ 点的时间间隔，如图 6-20 所示。

图 6-20a 中的 t_{pdL} 为导通延迟时间，t_{pdH} 为截止延迟时间，平均传输延迟时间为

$$t_{pd} = \frac{1}{2}(t_{pdL} + t_{pdH})$$

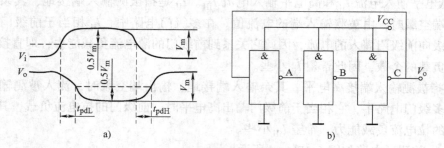
图 6-20　传输延迟时间 t_{pd}

a）传输延迟特性　b）t_{pd} 的测试电路

t_{pd} 的测试电路如图 6-20b 所示，由于 TTL 门电路的延迟时间较小，直接测量时对信号发生器和示波器的性能要求较高，故实验采用测量由奇数个与非门组成的环形振荡器的振荡周期 T 来求得。其工作原理是：假设电路在接通电源后某一瞬间，电路中的 A 点为逻辑"1"，

经过三级门的延迟后，使 A 点由原来的逻辑"1"变为逻辑"0"；再经过三级门的延迟后，A 点电平又重新回到逻辑"1"。电路中其他各点电平也跟随变化。说明使 A 点发生一个周期的振荡，必须经过 6 级门的延迟时间。因此平均传输延迟时间为

$$t_{pd} = \frac{T}{6}$$

TTL 电路的 t_{pd} 一般在 10 ~ 40ns 之间。

74LS20 主要电参数规范见表 6-5。

表 6-5　74LS20 主要电参数规范

参数名称和符号			规范值	单位	测试条件
直流参数	通导电源电流	I_{CCL}	< 14	mA	$V_{CC} = 5V$，输入端悬空，输出端空载
	截止电源电流	I_{CCH}	< 7	mA	$V_{CC} = 5V$，输入端接地，输出端空载
	低电平输入电流	I_{iL}	≤1.4	mA	$V_{CC} = 5V$，被测输入端接地，其他输入端悬空，输出端空载
	高电平输入电流	I_{iH}	< 50	μA	$V_{CC} = 5V$，被测输入端 $V_{in} = 2.4V$，其他输入端接地，输出端空载
			< 1	mA	$V_{CC} = 5V$，被测输入端 $V_{in} = 5V$，其他输入端接地，输出端空载
	输出高电平	V_{OH}	≥3.4	V	$V_{CC} = 5V$，被测输入端 $V_{in} = 0.8V$，其他输入端悬空，$I_{OH} = 400\mu A$
	输出低电平	V_{OL}	< 0.3	V	$V_{CC} = 5V$，输入端 $V_{in} = 2.0V$，$I_{OL} = 12.8mA$
	扇出系数	N_O	4 ~ 8	V	同 V_{OH} 和 V_{OL}
交流参数	平均传输延迟时间	t_{pd}	≤20	ns	$V_{CC} = 5V$，被测输入端输入信号：$V_{in} = 3.0V$，$f = 2MHz$

3. 实验设备与元器件

+5V 直流电源，逻辑电平开关，逻辑电平显示器，直流数字电压表，直流毫安表，直流微安表，74LS20 × 2，1kΩ、10kΩ 电位器，200Ω 电阻（0.5W）。

4. 实验内容

在实验板 14P 插座上按定位标记插好 74LS20 集成块。

（1）验证 TTL 集成与非门 74LS20 的逻辑功能

按图 6-21 接线，门的四个输入端接逻辑开关输出插口，以提供"0"与"1"电平信号，开关向上时输出逻辑"1"，开关向下时输出逻辑"0"。门的输出端接由 LED 发光二极管组成的逻辑电平显示器（又称 0 - 1 指示器）的显示插口，LED 亮为逻辑"1"，不亮为逻辑"0"。按表 6-6 的真值表逐个测试集成块中两个与非门的逻辑功能。74LS20 有 4 个输入端，有 16 个最小项，在实际测试时，只要通过对输入 1111、0111、1011、1101、1110 五项进行检测就可判断其逻辑功能是否正常。

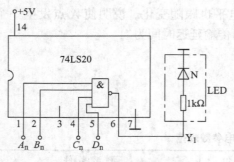

图 6-21　与非门逻辑功能测试电路

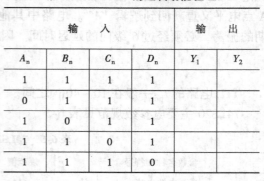

表 6-6　74LS20 的逻辑功能验证

输 入				输 出	
A_n	B_n	C_n	D_n	Y_1	Y_2
1	1	1	1		
0	1	1	1		
1	0	1	1		
1	1	0	1		
1	1	1	0		

（2）74LS20 主要参数的测试

1）分别按图 6-17、图 6-18、图 6-20b 接线并进行测试，将测试结果记入表 6-7 中。

表 6-7　74LS20 主要参数的测试

I_{CCL}/mA	I_{CCH}/mA	I_{iL}/mA	I_{OL}/mA	$t_{pd} = T/6$

2）按图 6-19 接线，调节电位器 RP，使 V_i 从 0V 向高电平变化，逐点测量 V_i 和 V_o 的对应值，记入表 6-8 中。

表 6-8　传输特性测试

V_i/V	0	0.2	0.4	0.6	0.8	1.0	1.5	2.0	2.5	3.0	3.5	4.0
V_o/V												

5. 实验报告与思考题

记录和整理实验结果，对结果进行分析并完成下列思考题。

1）根据表 6-6 写出 Y_1、Y_2 的表达式。

2）计算扇出系数 N_O。

3）计算 74LS20 的传输延迟时间 t_{pd}。

4）画出实测的电压传输特性曲线，读出其阈值电压 V_T。

5 对于 TTL 与非门，输入端悬空相当于接 1 还是接 0？悬空会有什么问题？怎样解决？

任务实现　三人表决器的设计与制作

根据给定的元器件，按图 6-1 所示的原理图搭建如下电路，并检测其功能。

1. 主要设备及元器件

数字万用表、可调直流稳压电源、电烙铁、焊丝、镊子等，所需元器件清单见表 6-9。

表 6-9　三人表决器电路元器件清单

序　号	种　类	名　称	规格型号	数　量
1	U_1	芯片	74HC00	1
2	U_2	芯片	74HC20	1
3	R_1、R_2、R_3、R_4、R_5	电阻	1kΩ	5
4	A、B、C	按钮	普通	3
5	LED	发光二极管	单色发光二极管	5

2. 实施指导

1）按照原理图在焊接板上对元器件布局并正确连线。

2）安装与焊接：

① 按工艺要求对元器件引脚成形加工。

② 按布局图在实验电路板上排布插装，认清芯片各引脚的定义及连接。

③ 按工艺要求对元器件焊接。

3）电路检查无误后，接通电源，检测电路的功能。调整稳压电源输出 5V 电压。当所有开关按钮都不按下时，输出端红色发光二极管亮；当分别按下 A、B、C 按钮开关时，输出端红色发光二极管亮；当任意按下两个按钮开关时，输出端绿色发光二极管亮，红色发光二极管不亮；当按下 3 个按钮开关时，输出端绿色发光二极管亮，红色发光二极管不亮。

3. 检测评价

电路功能可按表 6-10 进行检测，当检测结果与表内一致时，说明电路连接正确无误。

表 6-10　电路功能检测

A	按下 A 时发光二极管的状态	B	按下 B 时发光二极管的状态	C	按下 C 时发光二极管的状态	输　出	
						红色发光二极管	绿色发光二极管
断开	不亮	断开	不亮	断开	不亮	亮	不亮
断开	不亮	断开	不亮	闭合	亮	亮	不亮
断开	不亮	闭合	亮	断开	不亮	亮	不亮
闭合	亮	断开	不亮	断开	不亮	亮	不亮
断开	不亮	闭合	亮	闭合	亮	不亮	亮
闭合	亮	断开	不亮	闭合	亮	不亮	亮
闭合	亮	闭合	亮	断开	不亮	不亮	亮
闭合	亮	闭合	亮	闭合	亮	不亮	亮

4. 思考

1）按钮开关的两种状态（闭合和断开）以及发光二极管的两种状态（亮和不亮），在数字电路中是如何描述的？

2）三人表决器电路是如何工作的？

习 题 六

一、填空题

1. 逻辑代数有两个状态_____和三种基本运算_____。

2. 数码 11000110 作为二进制数时，相当于十进制数_____，作为 8421BCD 码时，相当于十进制数_____。

3. 如果对键盘上的 104 个符号进行二进制编码，至少要_____位二进制数码。

4. 逻辑函数有四种表示方法，它们分别是_____、_____、_____和_____。

二、选择题

1. 逻辑表达式中函数 $AB + A\bar{B}$ 为 1 时，变量应取（　　）。

A. $B = 1$　　　　B. $A = 0$　　　　C. $B = 0$　　　　D. $A = 1$

2. 一个四输入或非门，使其输出为 1 的输入变量取值组合有（　　）种。

A. 15　　　　　　B. 8　　　　　　　C. 7　　　　　　　D. 1

3. 逻辑表达式 $A + A\bar{B}$ 等于（　　）。

A. AB　　　　　B. $A + B$　　　　C. $A + \bar{B}$　　　　D. $\bar{A} + B$

4. 4 变量的卡诺图中，$Y = \sum(1,3,9,11)$，简化结果为（　　）。

A. ABC　　　　B. BCD　　　　C. $\bar{A}C$　　　　D. $\bar{B}D$

5. 函数 $F(A,B,C) = AB + BC + AC$ 的最小项表达式为（　　）。

A. $F(A,B,C) = \sum m(0,2,4)$　　　　B. $F(A,B,C) = \sum m(3,5,6,7)$

C. $F(A,B,C) = \sum m(0,2,3,4)$　　　　D. $F(A,B,C) = \sum m(2,4,6,7)$

三、分析计算题

1. 简述与逻辑、或逻辑、非逻辑的基本概念，并举出生活中的与逻辑、或逻辑、非逻辑各两例。

2. 某逻辑电路的输入 A、B、C 及输出 L_1、L_2、L_3 的波形如图 6-22 所示，试写出 L_1、L_2、L_3 的逻辑表达式。

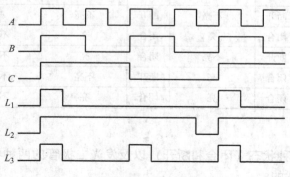

图 6-22　题 2 图

3. 列出下述问题的真值表，并写出逻辑表达式：

（1）设输入变量 A、B、C 组合中出现奇数个 1 时，$F = 1$，否则为 0。

（2）列出三输入变量多数表决器的真值表。

（3）一位二进制数加法器，有三个输入端 A_i、B_i、C_i，它们分别为加数、被加数及由低位来的进位，有两个输出端 S_i、C_{i+1} 分别表示输出和及向高位的进位。

4. 用逻辑函数的代数化简法，将下列函数化简成最简的"与或"式：

（1）$F = ABC + \bar{A} + \bar{B} + \bar{C}$；

（2）$F = A\bar{B} + A\bar{C} + B\bar{C} + A\bar{B}\bar{C} + AB\bar{C}D$；

（3）$F = AB + ABD + A\bar{C} + BCD$；

（4）$F = (A \oplus B)AB + A\bar{B} + AB$；

（5）$F = A(\bar{A} + B) + B(B + C) + B$；

（6）$F = \overline{\overline{AB + \overline{B}\overline{C}} + BC\overline{A}\overline{B}}$；

（7）$F = \overline{\overline{AC + \bar{B}C} + B \ (A\bar{C} + \bar{A}C)}$；

（8）$F = A\bar{C}\bar{D} + BC + \bar{B}D + A\bar{B} + \bar{A}C + \bar{B}\bar{C}$。

5. 用卡诺图将下列函数化简成最简"与或"式：

（1）$F(A,B,C) = \sum(0,1,4,7)$；

（2）$F(A,B,C) = \sum(0,1,3,4,5,7)$；

（3）$F(A,B,C) = \sum(0,2,4,6)$；

（4）$F(A,B,C,D) = \sum(0,2,8,10)$；

（5）$F(A,B,C,D) = \sum(0,2,3,5,7,8,10,11,13,15)$；

（6）$F(A,B,C,D) = \sum(1,2,3,4,5,7,9,15)$。

6. 用卡诺图将下列含有无关项的逻辑函数化简为最简的"与或"式。

（1）$F(A,B,C,D) = \sum(0,1,5,7,8,11,14) + \sum(3,9,15)$；

（2）$F(A,B,C,D) = \sum(1,2,5,6,10,11,12,15) + \sum(3,7,8,14)$；

（3）$F = AB\bar{C} + A\bar{B}\bar{C} + \bar{A}BC\bar{D} + A\bar{B}C\bar{D}$（变量 A、B、C、D 不可能出现相同的取值）。

（4）$F = \bar{A}\bar{B}C + ABC + A\bar{B}C\bar{D}$（约束条件为 $A\bar{B} + \bar{A}B = 0$）。

项目 7　三路抢答器的设计与制作

抢答器广泛应用于各种竞赛场合，是一种能提供公正、客观、快速裁决的常用电子设备。抢答器的制作涉及编码器和解码器的一些基本知识。编码就是将人们的实际操作（具有不同特定含义的信息如数字、文字、符号等）用二进制的电信号表示的过程，能够实现编码功能的电路称为编码器。译码是编码的逆过程，能够将不同编码的特定含义再"翻译"过来，借助显示电路即可把经编码后的二进制数字信号所代表的特定信息显示出来。

知识目标

1. 掌握常用组合逻辑集成电路芯片的型号及功能。
2. 掌握七段数码显示驱动电路的应用方法。

技能目标

1. 能用组合逻辑集成电路芯片完成简单的数字电路设计。
2. 能根据设计图样完成集成芯片电路的焊接以及电路故障检测与调试。
3. 学会数字集成电路的资料查阅、识别、测试与选取方法。

知识导图

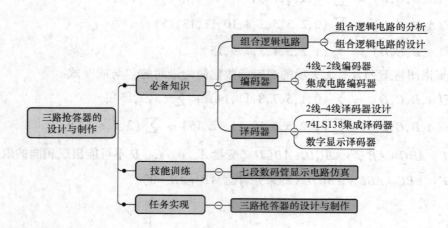

7.1　组合逻辑电路

数字电路按逻辑功能分为组合逻辑电路和时序逻辑电路两大类。

组合逻辑电路指电路在任一时刻的输出仅与该时刻的输入有关，而与该时刻之前的电路状态无关。组合逻辑电路的基本结构框图如图 7-1 所示。

组合逻辑电路由逻辑门电路组成，主要有两个特点：

1）无记忆功能。

2）输出与输入之间无反馈回路。

组合逻辑电路的功能可通过逻辑函数表达式、真值表、卡诺图、逻辑图和波形图表示。它们之间可相互转换，只要给出其中一个，就能推出其他表示形式。

图 7-1　组合逻辑电路基本结构框图

7.1.1　组合逻辑电路的分析

组合逻辑电路的分析就是指根据所给的逻辑电路，写出其输入与输出之间的逻辑函数表达式或真值表，从而确定该电路的逻辑功能。其步骤如下：

1）根据给定的逻辑电路写出输出逻辑函数式。

2）根据输出函数表达式列出真值表。

3）分析概括出电路的逻辑功能。

4）对原电路改进优化设计，寻找最佳方案。

【例 7-1】　组合逻辑电路逻辑图如图 7-2 所示，分析该逻辑电路的逻辑功能。

解：该电路是由与非门、与门、或门组成的三级组合逻辑功能，从输入端开始，根据元器件的基本功能，逐级推导出输出端的表达式，按照逻辑电路分析的步骤依次分析。

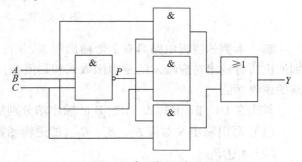

图 7-2　组合逻辑电路逻辑图

第一步，由逻辑图逐级写出逻辑函数式并化简。

$$P = \overline{ABC}$$

$$Y = AP + BP + CP$$

$$= \overline{\overline{ABC}(A+B+C)} = \overline{\overline{ABC} + \overline{A+B+C}} = \overline{ABC} + \overline{A}\,\overline{B}\,\overline{C}$$

第二步，由逻辑函数式列出真值表（见表 7-1）。

表 7-1　例 7-1 真值表

A	B	C	Y
0	0	0	0
0	0	1	1
0	1	0	1
0	1	1	1
1	0	0	1
1	0	1	1
1	1	0	1
1	1	1	0

第三步，确定电路功能。

当 A、B、C 三个变量不一致时，电路输出 "1"，所以该电路称为 "不一致电路"。

【例7-2】 图7-3为一由5个与非门构成的组合逻辑电路，试分析其逻辑功能。

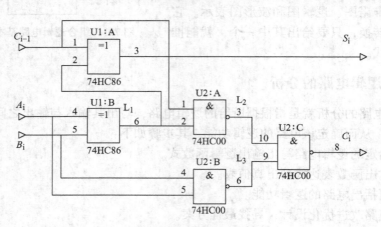

图7-3 例7-2逻辑图

解：本例的逻辑电路具有2个输出端 S_i、C_i，是一个多输出组合逻辑电路，分析时应分别列出所有输出对应输入的逻辑函数式和真值表，并根据所有输出与输入的对应关系分析电路的逻辑功能。

首先在 U1：B、U2：A、U2：B 的输出端分别加标号 L_1、L_2、L_3，然后按以下步骤进行。

（1）写出输出 S_i 对应 A_i、B_i、C_{i-1} 的逻辑函数式。

$$L_1 = A_i \oplus B_i$$
$$S_i = L_1 \oplus C_{i-1} = A_i \oplus B_i \oplus C_{i-1}$$

表7-2 例7-2真值表

A_i	B_i	C_{i-1}	S_i	C_i
0	0	0	0	0
0	0	1	1	0
0	1	0	1	0
0	1	1	0	1
1	0	0	1	0
1	0	1	0	1
1	1	0	0	1
1	1	1	1	1

（2）写出输出 C_i 对应 A_i、B_i、C_{i-1} 的逻辑式。

$$L_2 = \overline{L_1 C_{i-1}}$$
$$L_3 = \overline{A_i B_i}$$
$$C_i = \overline{L_2 L_3} = \overline{\overline{L_1 C_{i-1}} \cdot \overline{A_i B_i}} = L_1 C_{i-1} + A_i B_i = (A_i \oplus B_i) C_{i-1} + A_i B_i$$

186

（3）列出 S_i、C_i 的真值表。

由于 S_i、C_i 的输入是一致的，因此 S_i、C_i 的真值表合二为一。表 7-2 为输出 S_i、C_i 的真值表。

（4）写出逻辑功能。

分析表 7-2 所示真值表可以发现：如假设 A_i 是一个被加数，B_i 是一个加数，C_{i-1} 为低位向高位的进位，则 S_i 就为 A_i、B_i 这两个一位二进制数相加的和，C_i 为 A_i、B_i 这两个一位二进制数相加的进位，并且进位参与了运算。因此该电路是一个"全加器"电路。

7.1.2　组合逻辑电路的设计

组合逻辑电路的设计就是根据给定逻辑要求，找出用最小的门电路实现给定逻辑功能的设计方案，并画出逻辑电路图。设计的方法和步骤如下：

1）根据设计任务的要求确定输入变量和输出变量，并列出真值表。

2）用逻辑函数的代数化简化或卡诺图化简法求出简化的逻辑表达式。

3）根据简化后的逻辑函数式画出逻辑图，用标准元器件构成逻辑电路。

4）最后用实验来验证设计的正确性。

【例 7-3】　用基本门电路设计一个比较器，要求能判断出 2 个 1 位二进制数是否相等，如不相等还要判断出谁大谁小。

解：本题既要判断出 2 个 1 位二进制数是否相等，同时当不等时还要分出大小，因此有相等、大于、小于 3 个输出。

（1）把逻辑问题符号化。

表 7-3　例 7-3 真值表

A	B	L_1	L_2	L_3
0	0	1	0	0
0	1	0	0	1
1	0	0	1	0
1	1	1	0	0

设 2 个 1 位二进制数分别为 A 和 B，相等为 L_1，大于为 L_2，小于为 L_3，并假设条件成立时对应的输出为 1。

（2）根据题意列出如表 7-3 所示的真值表。

（3）由真值表写出逻辑函数式。

$$L_1 = \overline{A \oplus B}$$

$$L_2 = A\overline{B}$$

$$L_3 = \overline{A}B$$

（4）对逻辑函数式进行化简及形式转换。

$$L_1 = \overline{A \oplus B} = \overline{\overline{AB} + \overline{A}B} = \overline{\overline{AB}} \cdot \overline{\overline{A}B} = \overline{\overline{\overline{AB}} \cdot \overline{\overline{A}B}}$$

$$L_2 = A\overline{B} = \overline{\overline{A\overline{B}}}$$

$$L_3 = \overline{\overline{A}B} = \overline{\overline{AB}}$$

（5）按转换后的逻辑函数式画出如图7-4所示的逻辑图。

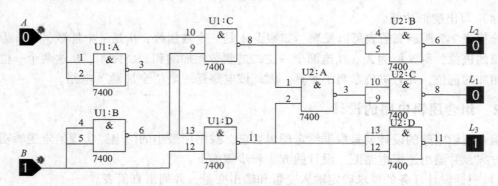

图7-4　2个1位二进制数比较器

7.2　编码器

编码就是将特定含义的输入信号（文字、数字、符号等）转化成二进制代码的过程。实现编码操作的数字电路称为编码器（Encoder）。按照编码方式的不同，分为普通编码器和优先编码器。按照输出代码种类的不同，又分为二进制编码器和非二进制编码器。

7.2.1　4线-2线编码器

编码器有若干个输入，在某一时刻只有一个输入信号被转换成二进制码。2位二进制编码器有4个输入端、2个输出端，所以常称为4线-2线编码器，满足抢答器3名选手（或3个代表队）竞赛使用的设计需求。其电路原理如图7-5所示。

1. 设计原理

为满足电路功能，设置4个输入端信号（用$I_0 \sim I_3$表示），设置2个输出端信号（用Y_0、Y_1表示）。每条信号线任一时刻只有1位二进制信号传输（高电平1或低电平0）。按照前述规定任一时刻只有一个输入信号有效，那么这个有效信号可以和其他3个输入信号设为不同的电平状态。

图7-5　4线-2线编码器原理图

假设有效信号为高电平1（也可以是低电平0），依此假设得出4个输入信号分别为有效状态的4种情况。而为了在输出端能够唯一区分和表示这4种不同的输入情况，需要使用2位二进制编码。

为便于观察是哪一个信号有效，采用以下这样的方式分配输出编码：使2位输出信号二进制码对应的十进制数与有效输入信号字母下标一致，如输出二进制编码00对应信号I_0，其中二进制编码00对应十进制0，与I_0下标一致，其他依此类推，详见表7-4。

表 7-4 4 线−2 线编码器真值表

输　入				输　出	
I_0	I_1	I_2	I_3	Y_0	Y_1
1	0	0	0	0	0
0	1	0	0	0	1
0	0	1	0	1	0
0	0	0	1	1	1

表 7-4 中示出了高电平输入有效的编码器真值表，由 7.1 节所述组合逻辑电路设计的知识可得出如下逻辑函数式：

$$Y_0 = \overline{I_0}\ \overline{I_1} I_2 \overline{I_3} + \overline{I_0}\ \overline{I_1}\ \overline{I_2} I_3$$

$$Y_1 = \overline{I_0} I_1 \overline{I_2}\ \overline{I_3} + \overline{I_0}\ \overline{I_1}\ \overline{I_2} I_3$$

由上述逻辑函数式可绘制并搭建出如图 7-6 所示逻辑电路。

仔细研究该逻辑电路，发现 $I_0 \sim I_3$ 为状态 0000 和 1000 时，输出的编码均为 00，实际应用中则必须区分。

2. 电路改进方法

在输出端增加一个信号，用它的两种状态 0、1 配合 $Y_1 Y_0$ 区分是哪种情况；假定增加信号 GS，当它为状态 0 时为无信号输入状态，反之为有信号输入状态，则可得到新的带输入显示功能的 4 线−2 线编码器，真值表见表 7-5。

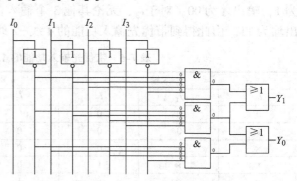

图 7-6 4 线−2 线编码器逻辑电路

表 7-5 带输入显示功能的 4 线−2 线编码器真值表

输　入				输　出		
I_0	I_1	I_2	I_3	Y_0	Y_1	GS
0	0	0	0	0	0	0
1	0	0	0	0	0	1
0	1	1	0	0	1	1
0	0	1	0	1	0	1
0	0	0	1	1	1	1

由以上真值表得出如下逻辑函数式：

$$Y_0 = \overline{I_0}\ \overline{I_1}\ \overline{I_1} I_2 \overline{I_3} + \overline{I_0}\ \overline{I_1}\ \overline{I_2} I_3$$

$$Y_1 = \overline{I_0} I_1 I_2 \overline{I_3} + \overline{I_0}\ \overline{I_1}\ \overline{I_2} I_3$$

$$GS = Y_0 + Y_1 + I_0$$

由上述逻辑函数式可绘制并搭建出如图 7-7 所示逻辑电路。

3. 思维拓展

以上设计实现了无信号输入和仅允许一个信号输入的情形，如果两个或两个以上的信号同时有效时，原先的电路设计已经不能满足要求。

优先编码器则允许同时输入两个及两个以上的编码信号，编码器给所有的输入信号规定了优先顺序，当多个输入信号同时出现时，只对其中优先级最高的一个进行编码。本项目中假定 I_0、I_1、I_2、I_3 优先级别依次升高，那么对于 I_0，只有当 I_1、I_2、I_3 均为 0，即均为无有效电平输入，且 I_0

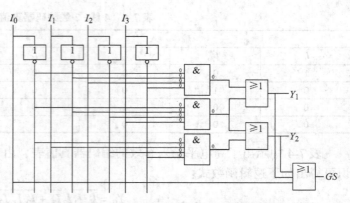

图 7-7 带输入显示功能的 4 线-2 线编码器逻辑电路

为 1，输出才为 00；对于 I_3，无论其他 3 个输入信号是否为有效输入电平，只要 I_3 为 1，输出均为 11。由此得到带优先输入功能的 4 线-2 线编码器真值表，见表 7-6。

表 7-6 带优先输入功能的 4 线-2 线编码器真值表

输	入			输	出	
I_0	I_1	I_2	I_3	Y_0	Y_1	GS
0	0	0	0	0	0	0
1	0	0	0	0	0	1
×	1	0	0	0	1	1
×	×	1	0	1	0	1
×	×	×	1	1	1	1

上表中，"×"表示状态为 0 或者 1 不确定，可以得出如下逻辑函数式。

$$Y_0 = I_2\overline{I_3} + I_3$$

$$Y_1 = I_1\overline{I_2}\,\overline{I_3} + I_3$$

$$GS = \overline{\overline{I_0}\,\overline{I_1}\,\overline{I_2}\,\overline{I_3}}$$

由上述逻辑函数式可绘制并搭建出如图 7-8 所示逻辑电路。

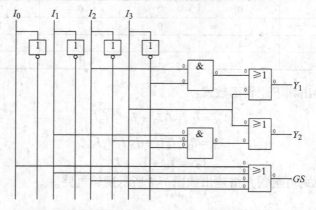

图 7-8 带优先输入功能的 4 线-2 线编码器逻辑电路

7.2.2 集成电路编码器

74147 优先编码器有 10 个输入端和 4 个输出端。其引脚图如图 7-9 所示。

其功能见表 7-7,其中 $I_1 \sim I_9$ 为编码输入端,低电平有效。D、C、B、A 依次对应输出编码从高到低的各个位。

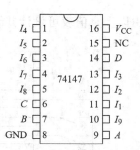

图 7-9 74147 优先编码器引脚图

表 7-7 10 线-4 线优先编码器 74147 真值表

输　　　入									输　　　出			
I_1	I_2	I_3	I_4	I_5	I_6	I_7	I_8	I_9	D	C	B	A
1	1	1	1	1	1	1	1	1	1	1	1	1
×	×	×	×	×	×	×	×	0	0	1	1	0
×	×	×	×	×	×	×	0	1	0	1	1	1
×	×	×	×	×	×	0	1	1	1	0	0	0
×	×	×	×	×	0	1	1	1	1	0	0	1
×	×	×	×	0	1	1	1	1	1	0	1	0
×	×	×	0	1	1	1	1	1	1	0	1	1
×	×	0	1	1	1	1	1	1	1	1	0	1
×	0	1	1	1	1	1	1	1	1	1	0	1
0	1	1	1	1	1	1	1	1	1	1	1	0

该编码器的工作原理是当某个输入端为 0 时,代表输入某一个二进制数。当 9 个输入端全为 1 时,代表输入的是十进制数 0。4 个输出端反映输入的十进制数的 BCD 三编码输出,且以编码按位取非的形式输出。74147 优先编码器的输入端和输出端都是低电平有效,即当某一个输入端有低电平 0 输入时,4 个输出端就输出其对应 8421BCD 编码按位取非的形式。当 9 个输入端全为 1 时,4 个输出端全为 1,代表输入十进制数"0"的 8421BCD 编码输出。

根据以上功能设计抢答器项目中的按键输入电路,该电路部分由按键电路和编码器输入电路两个部分组成,需要确保每个按键按下后输入编码器为低电平 0,同时考虑到 74147 芯片只有 9 个输入信号引脚对应 8421BCD 编码 1~9,则编码 0 输入的情况需要单独设计。参考前面学习的 4 线-2 线编码器的设计方法,在输入端增加信号 0,同时在输出端增加输入有效显示信号 GS,则可得到真值表,见表 7-8。

表 7-8 10 线-4 线 8421BCD 优先编码器 74147 真值表

输　　　入									输　　　出				
I_1	I_2	I_3	I_4	I_5	I_6	I_7	I_8	I_9	D	C	B	A	GS
1	1	1	1	1	1	1	1	1	1	1	1	1	0
×	×	×	×	×	×	×	×	0	0	1	1	0	1
×	×	×	×	×	×	×	0	1	0	1	1	1	1
×	×	×	×	×	×	0	1	1	1	0	0	0	1
×	×	×	×	×	0	1	1	1	1	0	0	1	1
×	×	×	×	0	1	1	1	1	1	0	1	0	1
×	×	×	0	1	1	1	1	1	1	0	1	1	1
×	×	0	1	1	1	1	1	1	1	1	0	0	1
×	0	1	1	1	1	1	1	1	1	1	0	1	1
0	1	1	1	1	1	1	1	1	1	1	1	0	1

由以上真值表可设计并绘制出如图 7-10 所示逻辑电路。

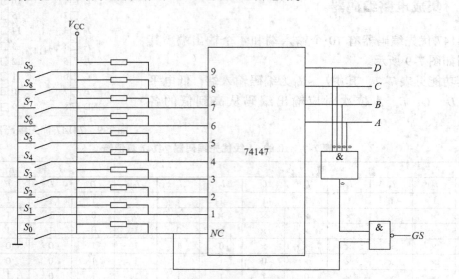

图 7-10　十按键 8421BCD 编码电路

将 NC 引脚接入按钮开关 S_0，GS 信号显示是否有按键按下，以区分 S_0 和 D、C、B、A 同时都为 1 时，GS 为 0，即 $GS = \overline{S_0ABCD}$，由此构造出图中 GS 连接电路，至此完成了按键输入及编码电路的部分。

7.3　译码器

译码是编码的逆过程，其主要功能是对具有特定含义的二进制代码进行辨别并转换成控制信号，具有译码功能的逻辑电路称为译码器。如数字仪表中的各种显示译码器、计算机中的地址译码器、指令译码器等。

把二进制代码的各种状态按照原意翻译成对应输出信号的电路称为二进制译码器。常用的有 2 线-4 线译码器、3 线-8 线译码器和 4 线-16 线译码器。

7.3.1　2 线-4 线译码器设计

设计如图 7-11 所示的 2 线-4 线译码器电路，由 2 输入变量确定的 2 位二进制编码 AB，最终由 4 种不同的代码状态组合，分别对应输出端的 4 个输出信号 $Y_0 \sim Y_3$。即 2 组不同的 2 位二进制代码可分别译码得到 4 个不同的输出信号。

图 7-11　2 线-4 线译码器原理图

图中信号 EI 为电路功能端，用于控制电路工作的开关。由图可得表 7-9 所示 2 线-4 线译码器真值表。

由真值表可知，当信号 EI 为高电平时，无论 A、B 为何种状态，输出为全 1，译码器处于非工作状态；当 EI 为低电平时，对应于 A、B 的某一组合状态，其对应输出中只有一个为 0，其余各输出均为 1。由此可见，译码器是通过输出端的逻辑电平状态识别不同输入代码的。

由表 7-10 可得各输出端的逻辑表达式：

$$Y_0 = \overline{\overline{EI}\,\overline{A}\,\overline{B}}$$

$$Y_1 = \overline{\overline{EI}\,\overline{A}\,B}$$

$$Y_2 = \overline{\overline{EI}\,A\,\overline{B}}$$

$$Y_3 = \overline{\overline{EI}\,A\,B}$$

由上式绘制出逻辑电路图，如图 7-12 所示。

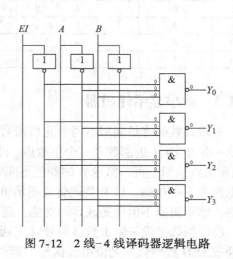

表 7-9　2 线-4 线译码器真值表

输	入		输		出	
EI	A	B	Y_3	Y_2	Y_1	Y_0
1	×	×	1	1	1	1
0	0	0	1	1	1	0
0	0	1	1	1	0	1
0	1	0	1	0	1	1
0	1	1	0	1	1	1

图 7-12　2 线-4 线译码器逻辑电路

7.3.2　74LS138 集成译码器

74LS138 是电路设计中最常用的集成译码器，3 个输入端 A_2、A_1、A_0，共有 8 种状态组合，即可译出 8 个输出信号 $\overline{Y}_0 \sim \overline{Y}_7$，因此称之为 3 线-8 线译码器。其引脚排列如图 7-13 所示。

其中，A_2、A_1、A_0 为地址输入端，$\overline{Y}_0 \sim \overline{Y}_7$ 为译码输出端，S_1、$\overline{S}_2$、$\overline{S}_3$ 为使能端。

当 $S_1 = 1$，$\overline{S}_2 + \overline{S}_3 = 0$ 时，器件使能，地址码所指定的输出端有信号（为 0）输出，其他所有输出端均无信号（全为 1）输出。当 $S_1 = 0$，$\overline{S}_2 + \overline{S}_3 = ×$ 时，或 $S_1 = ×$，$\overline{S}_2 + \overline{S}_3 = 1$ 时，译码器被禁止，所有输出同时为 1。74LS138 集成译码器的真值表见表 7-10。

由表 7-10 可知，每一个 3 位的输入二进制码译码后会使得

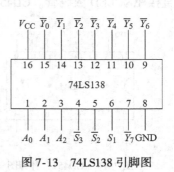

图 7-13　74LS138 引脚图

$\overline{Y}_0 \sim \overline{Y}_7$ 中唯一一个信号为低电平，且输出信号引脚符号正好是这个 3 位输入码的十进制形式。

表 7-10　74LS138 集成译码器真值表

S_1	$\overline{S}_2+\overline{S}_3$	A_2	A_1	A_0	$\overline{Y}_0$	$\overline{Y}_1$	$\overline{Y}_2$	$\overline{Y}_3$	$\overline{Y}_4$	$\overline{Y}_5$	$\overline{Y}_6$	$\overline{Y}_7$
1	0	0	0	0	0	1	1	1	1	1	1	1
1	0	0	0	1	1	0	1	1	1	1	1	1
1	0	0	1	0	1	1	0	1	1	1	1	1
1	0	0	1	1	1	1	1	0	1	1	1	1
1	0	1	0	0	1	1	1	1	0	1	1	1
1	0	1	0	1	1	1	1	1	1	0	1	1
1	0	1	1	0	1	1	1	1	1	1	0	1
1	0	1	1	1	1	1	1	1	1	1	1	0
0	×	×	×	×	1	1	1	1	1	1	1	1
×	1	×	×	×	1	1	1	1	1	1	1	1

7.3.3　数字显示译码器

　　分段式数码管是利用不同发光段组合的方式来显示数字字符，一个 LED 数码管可用来显示一位 0~9 十进制数和一个小数点。小型数码管每段发光二极管的正向压降，随显示光（通常为红、绿、黄、橙色）的颜色不同略有差别，通常为 2~2.5V，每个发光二极管的点亮电流为 5~10mA。LED 数码管要显示 BCD 码所表示的十进制数字就需要有一个专门的译码器，该译码器不但要完成译码功能，还要有相当的驱动能力。

　　所以当数字设备输出数值信号时（通常是 BCD 码形式），需要一个能够将 BCD 码信号转换成 LED 数码管发光段组合信号的器件，使数码管相应段发光，从而显示出对应数字字符图形，这种器件称为七段显示译码器/驱动器。

　　常用的 BCD 码七段显示译码器/驱动器是集成 IC 芯片，如 TTL 类型的 7446、7447 以及 CMOS 类型的 4511 等。其中 7446、7447 使用共阳极型七段数码管，4511 则使用共阴极型七段数码管，下面以 4511 为例进行介绍。

　　CD4511 具有 BCD 转换、消隐和锁存控制、七段译码等功能，能提供较大的拉电流，可直接驱动 LED 数码管。CD4511 引脚排列和功能说明分别如图 7-14 和表 7-11 所示。

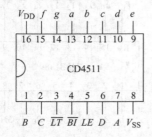

图 7-14　CD4511 引脚图

表 7-11　CD4511 引脚功能说明

引　脚	功　能	引　脚	功　能
$\overline{LT}$	灯测试	$a\sim g$	输出
$\overline{BI}$	消隐	V_{DD}	电源
LE	锁存控制	V_{SS}	数字地
D、C、B、A	BCD 输入		

　　$\overline{LT}$ 为灯测试端，加高电平时，显示器正常显示，加低电平时，显示器各发光段点亮，显示数码 "8"，以检查显示器是否有故障。

　　$\overline{BI}$ 为消隐功能端，低电平时有发光段消隐，正常显示则须使 $\overline{BI}$ 加高电平。

194

LE 为锁存控制端, 高电平时锁存, 低电平时传输数据。

D、C、B、A 为 BCD 码输入端引脚, A 为最低位; $a \sim g$ 为输出端, 可驱动共阴极 LED 数码管。

CD4511 七段显示译码器/驱动器真值表见表 7-12。

表 7-12 CD4511 真值表

输入							输出							显示字形
LE	$\overline{BI}$	$\overline{LT}$	D	C	B	A	a	b	c	d	e	f	g	
×	×	0	×	×	×	×	1	1	1	1	1	1	1	8
×	0	1	×	×	×	×	0	0	0	0	0	0	0	消隐
0	1	1	0	0	0	0	1	1	1	1	1	1	0	0
0	1	1	0	0	0	1	0	1	1	0	0	0	0	1
0	1	1	0	0	1	0	1	1	0	1	1	0	1	2
0	1	1	0	0	1	1	1	1	1	1	0	0	1	3
0	1	1	0	1	0	0	0	1	1	0	0	1	1	4
0	1	1	0	1	0	1	1	0	1	1	0	1	1	5
0	1	1	0	1	1	0	0	0	1	1	1	1	1	6
0	1	1	0	1	1	1	1	1	1	0	0	0	0	7
0	1	1	1	0	0	0	1	1	1	1	1	1	1	8
0	1	1	1	0	0	1	1	1	1	0	0	1	1	9
0	1	1	1	0	1	0	0	0	0	0	0	0	0	消隐
0	1	1	1	0	1	1	0	0	0	0	0	0	0	消隐
0	1	1	1	1	0	0	0	0	0	0	0	0	0	消隐
0	1	1	1	1	0	1	0	0	0	0	0	0	0	消隐
0	1	1	1	1	1	0	0	0	0	0	0	0	0	消隐
0	1	1	1	1	1	1	0	0	0	0	0	0	0	消隐
1	1	1	×	×	×	×	锁 存							锁存

CD4511 内接有上拉电阻, 故只须在输出端与数码管笔段之间串入限流电阻即可工作。译码器还有拒伪码功能, 当输入码超过 1001 时, 输出全为 "0", 数码管熄灭。

正常工作时, 应使消隐功能和试灯功能失效, 所以 $\overline{BI}$ 端和 $\overline{LT}$ 端应接入高电平, 同时使输出端处于信号传输状态, 因此 LE 端应接入低电平。图 7-15 所示为 CD4511 七段数码管译码驱动电路。

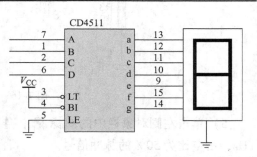

图 7-15 CD4511 七段数码管译码驱动电路

技能训练 七段数码管显示电路仿真

1. 任务要求

1）掌握利用 4511 芯片驱动数码管的方法。

2）学会信号源的使用方法。

3）学会使用逻辑分析仪。

2. 任务实施

1）打开 Proteus 软件的 ISIS 程序，单击工具栏中的新建设计图标，新建一个文件。

2）单击左侧对象栏中的图标 ➡ 后，再单击 P 按钮，打开元件拾取对话框。采用直接查询法，把表 7-13 中所有元器件拾取到编辑窗口的元器件列表。

表 7-13　数码管驱动电路元器件清单

元器件名	含　义	所在库	参　数
RES	电阻	DEVICE	1kΩ
CAP	电容	DEVICE	1000pF
4511	驱动芯片	CMOS	
4518	译码器	CMOS	
7SEG – DIGITAL	数码管	DISPLAY	七段数码管

3）把元器件从对象选择窗口放置到编辑窗口。

4）调整元器件在编辑窗口中的位置，右击各元器件图标，在弹出的快捷菜单中选择"Edit Properties"命令修改各元器件参数，再将电路连接，如图 7-16 所示。

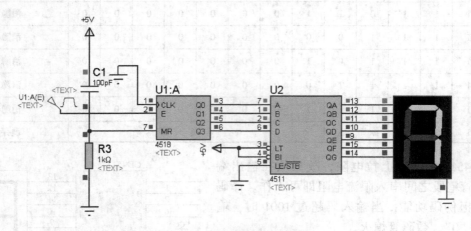

图 7-16　数码管驱动电路图

5）单击左侧对象栏中的图标 ⊘，连接电路 U_1 第 7 引脚，设置信号源参数为 0 ~ 5V、1Hz，占空比为 50% 的脉冲信号。

6）单击仿真按钮，看到数码管从 0 ~ 9 循环闪亮，每 1s 变化一次。

7）为进一步探究 4518 输入信号 E 与输出信号 Q_0、Q_1、Q_2、Q_3 间的相互关系，使用仿真工具逻辑分析仪进行仿真。

单击左侧对象栏中的虚拟仪器图标 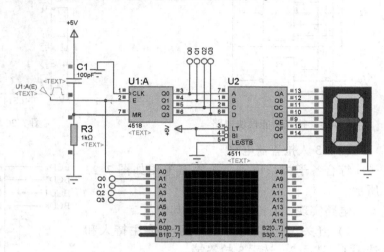，选取逻辑分析仪（LOGIC ANALYSER），放置到编辑窗口。给 U_1 部件的 3、4、5、6 引脚分别添加接线端子，并分别命名为 Q_0、Q_1、Q_2、Q_3，在逻辑分析仪上按图 7-17 所示逻辑分析仪的连接电路添加接线端子。

8）更改信号源输出脉冲的频率为 100Hz，进入仿真状态，双击逻辑分析仪图标，对逻辑分析仪进行各种操作。

9）单击记录开始按钮（Capture），指示灯变红，当采样结束后，指示灯变为绿色，逻辑分析仪在屏幕上显示出相应的信号波形。

10）用鼠标调整缩放比例，译码器 4518 的输入、输出信号显示如图 7-17 所示。

图 7-17　逻辑分析仪的连接电路

3. 任务小结

本模块利用 4518 数码管驱动电路，利用信号源产生脉冲信号，用逻辑分析仪观察数码管驱动数字系统的运行情况。

任务实现　三路抢答器的设计与制作

1. 任务描述

抢答器用于 3 名选手的竞赛，主持人发出开始信号后抢答开始，第一个按下抢答键的选手抢答成功，并将此选手的编号通过数码显示器显示出来，其后抢答的无效。

2. 任务分析

数字电路中传输的是二进制信号，要实现上述内容，电路需要具备如图 7-18 所示的功能。

（1）抢先功能模块

对选手信号进行处理，完成抢答功能（允许、抢先功能），电路如图 7-19 所示。

（2）编码功能模块

对抢先信号进行 8421 编码，电路如图 7-20 所示。

（3）显示功能模块

对输入进行译码，显示一位数码，电路如图 7-21 所示。

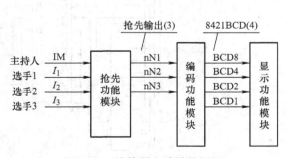

图 7-18　抢答器电路结构框图

197

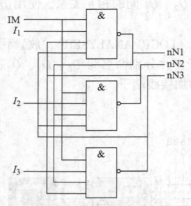

图 7-19　抢先功能模块电路

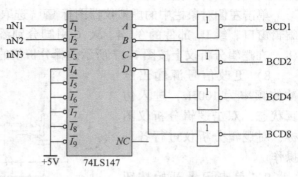

图 7-20　编码功能模块电路

（4）3 人抢答器电路

综合各子模块电路，抢答器电路如图 7-22 所示。

电路实现 3 人抢答器功能，其中：

1）开关 J_1、J_2、J_3、J_4 分别代表主持人和选手 1、选手 2、选手 3 抢答端。

2）当主持人按下开始开关（送入高电平）时抢答开始，此高电平信号送给 3 个四输入与非门。若 J_2 先抢答（送入高电平），此高电平信号

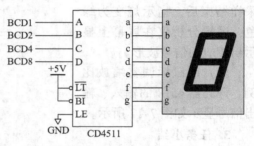

图 7-21　显示功能模块电路

送入与非门 U_{1A} 输入端，此时选手 J_3、J_4 未抢答（送入低电平），则此时与非门 U_{1B}、U_{2A} 输出 "1"。这两个信号送给与非门 U_{1A}，则 U_{1A} 输出 "0"，此时这 3 个与非门输出信号分别为 011，将此信号送给编码器 74LS147 输入端 $\overline{I_1}$、$\overline{I_2}$、$\overline{I_3}$ 进行编码，而编码器的 $\overline{I_4}$–$\overline{I_9}$ 输入端均输入 "1"，则编码器对有效信号 $\overline{I_1}$ 编码，编码结果为其反码，即 "1110"。

抢先功能模块　　　　　　编码功能模块　　　　显示功能模块

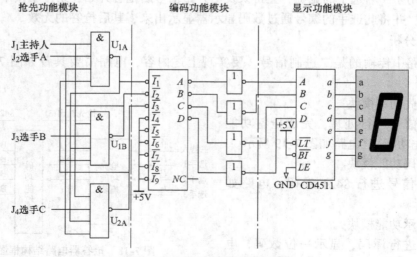

图 7-22　3 人抢答器电路原理图

3）反码信号经过四个反相器后变为原码 "0001"。

4）经过显示译码/驱动器 CD4511 驱动显示器显示选手 J_2 的编号 1。

若选手 J_2 抢答成功，则选手 J_3、J_4 的抢答无效。同理，若选手 J_3 或选手 J_4 先抢答，则显示器显示其编号 2 或 3，之后抢答的无效。

3. 任务实施

（1）工作任务

按照图 7-22 所示的原理图，在焊接板上搭建电路，完成本项目中 3 路抢答器电路制作。

（2）主要设备及元器件

1）设备。

万用表，示波器，电源。

2）元器件清单。

抢答器的元器件清单见表 7-14。

表 7-14 抢答器电路元器件清单

元器件名称	型号（标称值）	数 量
色环电阻	10kΩ	28
色环电阻	510kΩ	14
七段数码管	Dpy Amber - CC	1
拨码开关	SW DIP - 9	1
10 线-4 线优先编码器	MM74HC147N	1
六反相器	MC74HC04D	1
四 2 输入与非门	MM74HC00N	1
七段显示译码器	CD4522BCN	1

3）工具与辅料。

电烙铁，单股导线一段，焊接板一块，焊锡丝一段。

4. 实施指导

可按如下步骤完成电路制作：

1）按照表 7-14 所示元器件清单中的型号和数量准备好所需元器件，准备一块 20cm × 20cm 的焊接板。

2）利用实验仪器检测各元器件是否工作正常。

3）按照图 7-22 所示的电路原理图在焊接板上对元器件进行布局，并正确连线。

4）将搭建完成的电路接 +5V 电源和地，并测试其是否工作正常。

5. 检测评价

1）判断输出所选用的七段数码管类型。七段数码管通常分为共阴极和共阳极两种，试通过后续相应内容的学习区分并检测每段灯管是否工作正常，一般电压大于 2V 时数码管发光，不加电压或加反向电压时，数码管不亮，应与数码管串联 100 ~ 1000Ω 电阻以保护数码管不因过电流而损坏。

2）电路制作完成后，接通接地和电源，按抢答开关并从 LED 显示器观察结果是否正确，确定电路工作正常。

习 题 七

一、填空题

1. 数字电路按照逻辑功能通常分为两类：_____和_____。

2. 中小规模组合逻辑电路通常由_____组合而成。

3. 设计编码器将 25 个一般信号转换成二进制代码，则输出就是一组_____位的二进制代码。

4 优先编码器只对优先级别_____的输入信号编码，而对_____的输入信号忽略。

二、选择题

1. 下列逻辑电路中，不是组合逻辑电路的是（　　）。

A. 译码器　　　　　　　B. 编码器　　　　　　C. 全加器　　　　　　D. 寄存器

2. 二–十进制编码器指的是（　　）。

A. 将二–十进制代码转换成 0 ~ 9 十个数字的电路

B. BCD 代码转换电路

C. 将 0 ~ 9 十个数字转换成二进制代码的电路

D. 8 线–3 线二进制编码电路

3. 4 线–10 线二–十进制译码器每次译码时只有（　　）个输出信号是高电平。

A. 1　　　　　　　　　B. 4　　　　　　　　C. 10　　　　　　　D. 16

三、分析计算题

1. 根据全加器的设计思想设计一个一位二进制数全减器：输入的被减数为 A_1、减数为 B_1、低位来的借位信号为 J_0，输出差为 D_1，向高位的借位信号为 J_1。

2. 某库房有两重门，每一重门上各装一把锁，当打开任何一重门时就会发出报警声，试设计此逻辑电路。

3. 列出 74LS138 及与非门构成 $Y = AB + BC + \overline{B}\,\overline{C}$ 的设计过程，并画出逻辑图。

4. 设 $ABCD$ 是一个 8421BCD 码的四位，若此码表示的数字 X 符合下列条件，输出 L 为 1，否则输出 L 为 0，请用与非门实现此逻辑电路。

（1）$4 < X_1 \leqslant 9$；　　　（2）$X_2 < 3$ 或者 $X_2 > 6$。

5. 设计一个将四位循环码（Gray）转换成四位二进制码的码制变换器。（用与非门构成逻辑电路）

6. 用 3 线–8 线译码器和少量门器件实现逻辑函数 $F(C,B,A) = \sum m(0,3,6,7)$。

项目8　定时器电路的设计与制作

定时器在日常生产和生活中应用非常广泛，充分利用定时器，可以有效提高人们的工作和学习效率。本项目利用所学知识完成一个简单的定时器电路，可以定时30s和60s，由数码管显示，555定时器构成多谐振荡器来产生秒信号，为计数器提供时钟脉冲信号。

知识目标

1. 了解触发器的概念、类型、电路组成、工作原理及应用。
2. 掌握时序逻辑电路的特点和表示方法。
3. 掌握555定时器电路。
4. 掌握常用集成计数器的电路结构和工作原理。
5. 能制作和调试定时器电路。

技能目标

1. 能用数字集成芯片或仿真软件验证各类触发器的逻辑功能。
2. 能用常见的集成计数器设计出任意进制计数器。
3. 能制作和调试定时器电路并进行简单故障的排除。

知识导图

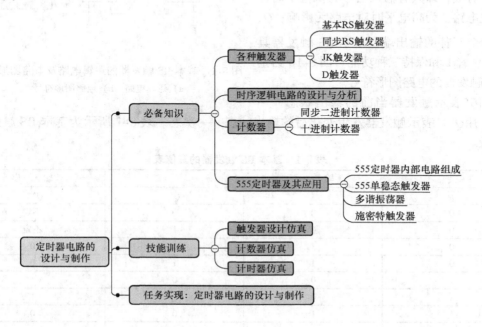

8.1　各种触发器

在数字电路中，不但需要对信号进行算术运算和逻辑运算，有时还要保存信号和运算结果，这就需要使用具有记忆功能的逻辑器件，常用的逻辑器件之一就是触发器。

触发器具有以下基本特点：

1）具有两个稳定状态，用以表示逻辑状态"1"和"0"。

2）在输入信号的作用下，触发器的两个稳定状态可相互转换（翻转）。

3）在输入信号消失后，能将获得的新状态保存下来。

触发器是一个具有记忆功能的二进制信息存储器件，是构成寄存器、计数器等各种时序电路的最基本逻辑单元。

触发器分为具有时钟输入端的时钟触发器和没有时钟输入端的基本触发器；按触发方式分，触发器又可分为同步触发器（高电平触发）、维持阻塞触发器（上升沿触发）、边沿触发器（下降沿触发）和主从触发器四类；按电路结构，触发器又分为基本 RS 触发器、同步触发器、主从触发器和边沿触发器等；按逻辑功能可将触发器分为 RS 触发器、JK 触发器、D 触发器和 T 触发器等几种类型。不同电路结构的触发器有不同的动作特点，以下按逻辑功能分类方式介绍常见触发器的组成、功能及特点。

8.1.1　基本 RS 触发器

图 8-1a 为两个与非门交叉耦合构成的基本 RS 触发器，$\bar{S}$、$\bar{R}$ 符号的"－"号表明低电平有效，即只有输入信号为低电平时才能触发电路，为高电平时对电路无影响；Q、$\bar{Q}$ 为两个互补的输出端，基本 RS 触发器具有置 0、置 1 和保持三种功能。图 8-1b 为基本 RS 触发器的电路图形符号。

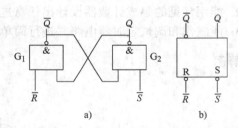

图 8-1　基本 RS 触发器的逻辑电路及电路图形符号
a）逻辑电路　b）电路图形符号

用 Q^n 表示触发器当前的输出状态——现态；用 Q^{n+1} 表示触发器发生变化后的输出状态——次态。表 8-1 所示为基本 RS 触发器的真值表。

表 8-1　基本 RS 触发器的真值表

输　入			输　　出
$\bar{R}$	$\bar{S}$	Q^n	Q^{n+1}
0	0	0	不定
0	0	1	不定
0	1	0	0
0	1	1	0
1	0	0	1
1	0	1	1
1	1	0	0
1	1	1	1

当 $\overline{R} = \overline{S} = 1$ 时，触发器保持原状态不变（即 $Q^{n+1} = Q^n$）；

当 $\overline{R} = 0$，$\overline{S} = 1$ 时，触发器置 0（即 $Q^{n+1} = 1$），称 $\overline{S}$ 为置 0 端；

当 $\overline{R} = 1$，$\overline{S} = 0$ 时，触发器置 1（即 $Q^{n+1} = 0$），称 $\overline{R}$ 为置 1 端；

当 $\overline{R} = \overline{S} = 0$ 时，触发器状态不定（即 Q^{n+1} 不确定）。

由触发器真值表得到图 8-2 所示的卡诺图，经化简后列写出 Q^{n+1} 关于 $\overline{R}$、$\overline{S}$、Q^n 的最简与或式，即基本 RS 触发器的特性方程：

$$\begin{cases} Q^{n+1} = \overline{S} + \overline{R}Q^n \\ \overline{R} + \overline{S} = 1 \quad \text{（约束条件）} \end{cases} \tag{8-1}$$

状态转换图是真值表的图形化。在图 8-3 所示的基本 RS 触发器的状态转换图中，两个圆圈 0、1 分别代表了基本 RS 触发器的两个稳态，状态的转换方向用箭头表示，状态转换的条件标明在箭头旁边。

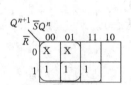

图 8-2　基本 RS 触发器的卡诺图

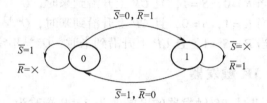

图 8-3　基本 RS 触发器的状态转换图

8.1.2　同步 RS 触发器

基本 RS 触发器的状态翻转因受输入信号直接控制，其抗干扰能力较差。在实际应用中常常要求触发器在某一指定时刻按输入信号要求动作。因此除 R、S 两个输入端外，增加控制端 CP。当控制端出现时钟脉冲时触发器才动作。这种触发器称为同步 RS 触发器。

图 8-4 为同步 RS 触发器的逻辑电路及电路图形符号。

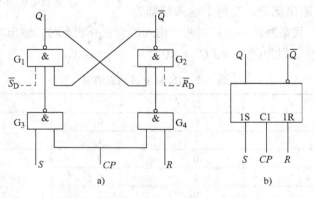

图 8-4　同步 RS 触发器的逻辑电路及电路图形符号

a）逻辑电路　b）电路图形符号

经分析得到表 8-2 所示的同步 RS 触发器真值表。

表 8-2　同步 RS 触发器功能真值表

S	R	Q^n	Q^{n+1}	功能说明
0	0	0	0	保持
0	0	1	1	
1	0	0	1	输出状态同 S 端
1	0	1	1	
0	1	0	0	
0	1	1	0	
1	1	0	0	不定
1	1	1	1	

1）当 $CP=0$ 时，G_3、G_4 门被封锁，无论 R、S 端信号如何变化，触发器保持原状态不变。

2）当 $CP=1$ 时，即 CP 脉冲的上升沿到来后，G_3、G_4 门打开，输出状态由 R、S 决定，即：

① 当 $R=S=0$，且 CP 上升沿到来时，$Q^{n+1}=Q^n$（保持原态）。

② 当 $R=0$，$S=1$，且 CP 上升沿到来时，$Q^{n+1}=1$（置1）。

③ 当 $R=1$，$S=0$，且 CP 上升沿到来时，$Q^{n+1}=0$（置0）。

④ 当 $R=S=1$，且 CP 上升沿到来时，Q^{n+1} 不定（不定状态）。

8.1.3　JK 触发器

把同步式 RS 触发器的 S 端改为 J，R 端改为 K，同时把与 J、K 端连接的与非门分别增加一个输入端并分别与 $\overline{Q}$ 和 Q 相连，就得到了如图 8-5a 所示的 JK 触发器。

图 8-5b 所示的 JK 触发器符号，CP 端三角符号表示边沿触发，圆圈表示负跳变有效，即触发器的状态在脉冲下降沿发生变化。

从表 8-3 所示的 JK 触发器真值表可见，当两个输入端都为 0 时，输出保持；当两个输入端都为 1 时来一个 CP 脉冲，状态翻转一次；当两个输入端为互补状态时，输出端与 J 端状态相同。

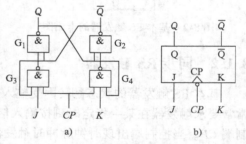

图 8-5　JK 触发器的逻辑电路及电路图形符号
a）逻辑电路　b）电路图形符号

JK 触发器的特性方程为 $Q^{n+1}=J\overline{Q}^n+\overline{K}Q^n$。

表 8-3　JK 触发器的真值表

J	K	Q^n	Q^{n+1}	功能说明
0	0	0	0	保持
0	0	1	1	
0	1	0	0	输出状态同 J 端
0	1	1	0	
1	0	0	1	
1	0	1	1	
1	1	0	1	每输入一个脉冲，
1	1	1	0	输出状态翻转一次

8.1.4 D 触发器

D 触发器的电路图形符号如图 8-6 所示。只有一个触发输入端 D，逻辑关系简单，表 8-4 所示为 D 触发器的真值表，当脉冲输入端上升沿到来时，状态翻转，而在输入脉冲不变期间，状态保持不变，故又称为上升沿触发的边沿触发器。

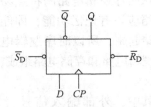

图 8-6 D 触发器的电路图形符号

表 8-4 D 触发器的真值表

D	Q^n	Q^{n+1}	功 能 说 明
0	0	0	
0	1	0	输出状态与 D 输入相同
1	0	1	
1	1	1	

其特性方程为：$Q^{n+1} = D$。

D 触发器的状态只取决于时钟到来前 D 端的状态。D 触发器的应用很广，可用作数字信号的寄存、移位寄存、分频和波形发生等。

在图 8-7 所示的 D 触发器波形图中，在 $CP = 0$、下降沿、$CP = 1$ 期间，输入信号不起作用，只有在 CP 上升沿时刻，触发器才会按其特性方程改变状态。边沿 D 触发器通过缩短输入信号的作用时间，避免了空翻现象。

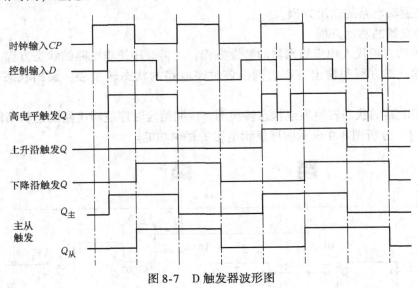

图 8-7 D 触发器波形图

8.2 时序逻辑电路的设计与分析

1. 时序逻辑电路的定义与分类

在数字逻辑电路中，任何时刻电路的稳定输出，不仅与该时刻的输入有关，还与电路原来的状态有关，这样的逻辑电路称为时序逻辑电路。

从时序逻辑电路的特点易知时序逻辑电路应该有记忆功能，即能将电路状态存储起来，所以时序逻辑电路一般由组合逻辑电路和存储电路组成，如图8-8所示。

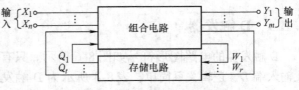

图8-8　时序逻辑电路的结构框图

其中，外部输入信号（$X_1 \sim X_n$）输入到组合电路产生一组输出信号（$Y_1 \sim Y_m$），同时产生一组输出信号作为触发器存储电路的输入信号（$W_1 \sim W_r$）输入到存储电路，用来保存电路原来的状态，触发器存储电路输出一组信号（$Q_1 \sim Q_t$）反馈到组合电路作为一组输入，与输入信号共同作用。

时序逻辑电路按是否有统一时钟控制分为同步时序逻辑电路和异步时序逻辑电路。前者所有触发器的状态更新都在同一时钟控制下同时进行，后者的各触发器时钟脉冲不同，电路状态改变时，触发器的更新有先有后，是异步进行的。

2. 时序逻辑电路的分析方法

分析时序逻辑电路就是要得出该时序电路的工作过程和具体功能，即找出电路的触发器状态和输出状态在输入变量和时钟信号作用下的变化规律。具体来说就是给定时序逻辑电路，求状态转换表、状态转换图和时序图。

分析时序逻辑电路的一般步骤如下。

1）由逻辑图写出以下逻辑函数式：

① 各触发器的时钟方程。

② 时序逻辑电路的输出方程。

③ 各触发器的驱动方程。

2）将驱动方程代入相应触发器的特性方程，求得时序逻辑电路的状态方程。

3）根据状态方程和输出方程，列出该时序电路的状态转换表，画出状态转换图或时序图。

4）根据电路的状态转换表或状态转换图，说明给定时序逻辑电路的逻辑功能。

【例8-1】 分析图8-9所示时序逻辑电路的逻辑功能。

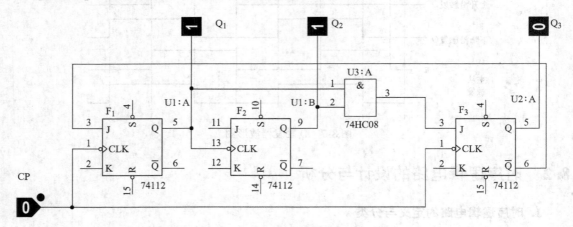

图8-9　例8-1时序逻辑电路图

解：该电路不是所有触发器的时钟输入端都连接在一起，是一个异步时序电路。

（1）写出驱动方程、时钟方程（注意：在 TTL 电路中输入端悬空，相当于接"1"）。

触发器 F_1 的驱动方程为 $J_1 = Q_3^n$，$K_1 = 1$；时钟方程为 $CP_1 = CP$。

触发器 F_2 的驱动方程为 $J_2 = 1$，$K_2 = 1$；时钟方程为 $CP_2 = Q_1^n$。

触发器 F_3 的驱动方程为 $J_3 = Q_2^n Q_1^n$，$K_3 = 1$；时钟方程为 $CP_3 = CP$。

（2）将各驱动方程代入相应特性方程，得到各触发器状态方程。

JK 触发器特性方程为 $Q^{n+1} = J \overline{Q^n} + \overline{K} Q^n$。

分别把 J_1、K_1，J_2、K_2 和 J_3、K_3 代入该特性方程，可得各触发器的状态方程。

触发器 F_1 的状态方程为 $Q_1^{n+1} = J_1 \overline{Q_1^n} + \overline{K_1} Q_1^n = \overline{Q_3^n}\, \overline{Q_1^n}$（$CP_1 = CP$）；

触发器 F_2 的状态方程为 $Q_2^{n+1} = J_2 \overline{Q_2^n} + \overline{K_2} Q_2^n = \overline{Q_2^n}$（$CP_2 = Q_1^n$）；

触发器 F_3 的状态方程为 $Q_3^{n+1} = J_3 \overline{Q_3^n} + \overline{K_3} Q_3^n = Q_1^n Q_2^n \overline{Q_3^n}$（$CP_3 = CP$）。

（3）进行状态和输出的计算，填入表 8-5 所示的真值表中。

表 8-5　例 8-1 真值表

初　态			时　钟　输　入	次　态		
Q_3^n	Q_2^n	Q_1^n	$CP_2 = Q_1^n$	Q_3^{n+1}	Q_2^{n+1}	Q_1^{n+1}
0	0	0	(0→1) ↑	0	0	1
0	0	1	(1→0) ↓	0	1	0
0	1	0	(0→1) ↑	0	1	1
0	1	1	(1→0) ↓	1	0	0
1	0	0	(0→0)0	0	0	0
1	0	1	(1→0) ↓	0	0	0
1	1	0	(0→0)0	0	1	0
1	1	1	(1→0) ↓	0	0	0

由于 $CP_1 = CP_3 = CP$，因此 Q_1^{n+1}、Q_3^{n+1} 可以和同步时序逻辑电路一样，直接由状态方程算出，而 $CP_2 = Q_1^n$，Q_2^{n+1} 必须在 Q_1^n 出现下降沿时才可以由状态方程算出，而其他情况保持原来的状态（初态）。

（4）根据真值表，画出图 8-10 所示的状态转换图。

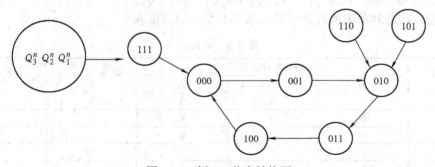

图 8-10　例 8-1 状态转换图

（5）经过以上分析，可知该电路是每来 5 个脉冲其输出状态就循环一次的异步时序逻辑电路，通常称为异步五进制计数器。又因其不管初始时处于什么状态，均可回到计数状态，又称该电路为可自启动的异步五进制计数器。

【例8-2】 分析图8-11所示时序逻辑电路的功能。

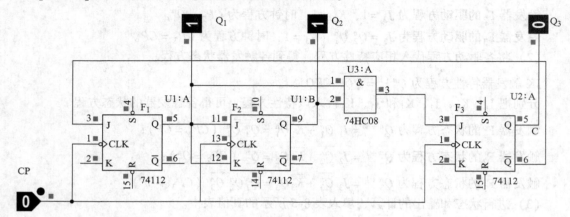

图8-11 例8-2电路图

解： 该电路所有触发器的 CP 端都连接在一起，是一个同步时序电路。

（1）写出驱动方程、输出方程。

触发器 F_1 的驱动方程为 $J_1 = \overline{Q_3^n}$，$K_1 = 1$；

触发器 F_2 的驱动方程为 $J_2 = Q_1^n$，$K_2 = Q_1^n$；

触发器 F_3 的驱动方程为 $J_3 = Q_2^n Q_1^n$，$K_3 = 1$；

触发器的输出方程为 $C = Q_3^n$。

（2）将各驱动方程代入相应特性方程得各触发器的状态方程。

本例电路中所有触发器均为 JK 触发器，JK 触发器特性方程为 $Q^{n+1} = J\overline{Q^n} + \overline{K}Q^n$。

分别把 J_1、K_1，J_2、K_2 和 J_3、K_3 代入该特性方程，可得各触发器的状态方程。

触发器 F_1 的状态方程为 $Q_1^{n+1} = J_1\overline{Q_1^n} + \overline{K_1}Q_1^n = \overline{Q_3^n}\,\overline{Q_1^n}$；

触发器 F_2 的状态方程为 $Q_2^{n+1} = J_2\overline{Q_2^n} + \overline{K_2}Q_2^n = Q_1^n\overline{Q_2^n} + \overline{Q_1^n}Q_2^n$；

触发器 F_3 的状态方程为 $Q_3^{n+1} = J_3\overline{Q_3^n} + \overline{K_3}Q_3^n = Q_1^nQ_2^n\overline{Q_3^n}$。

（3）进行状态和输出的计算，填入表8-6所示的真值表中。

表8-6 真值表

状态顺序	各触发器状态			输出	脉冲个数
	Q_3	Q_2	Q_1	C	
0	0	0	0	0	0
1	0	0	1	0	1
2	0	1	0	0	2
3	0	1	1	0	3
4	1	0	0	1	4
5	0	0	0	0	5

（4）根据真值表，画出次态卡诺图(图8-12)、时序图（图8-13）和状态转换图（图8-14）。

经过以上分析，可知该电路是每来5个脉冲其输出状态就循环一次的同步时序电路，通常称为同步五进制计数器。又因其不管初始时处于什么状态，均可回到计数状态，又称该电路为可自启动的同步五进制计数器。

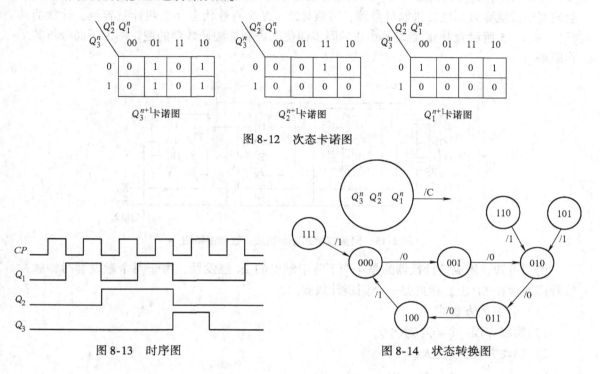

图8-12　次态卡诺图

图8-13　时序图

图8-14　状态转换图

8.3　计数器

在数字系统中，常需要对时钟脉冲的个数进行计数，以实现测量、运算和控制等运算。把具有计数功能的电路称为计数器。计数器是数字系统中应用最多的时序逻辑电路，不仅具有计数功能，且可用于定时、分频、产生序列脉冲等。

计数器种类繁多，分类方法主要有以下几种。

1）根据计数脉冲的输入方式不同，可分为同步计数器和异步计数器。如果计数器的全部触发器共用同一时钟脉冲，且这个脉冲就是计数输入脉冲，这种计数器就是同步计数器；如果计数器中只有部分触发器的时钟脉冲是计数输入脉冲，另一部分触发器的时钟脉冲由其他触发器的输出信号提供，这种计数器就是异步计数器。

2）按计数过程中计数器中的数字是递增或递减，可分为加计数器、减计数器和可逆计数器。可逆计数器也叫加减计数，既可加计数，也可减计数。

3）按计数采用的数制，可分为二进制计数器和非二进制计数器。二进制计数器是指按二进制数规律进行计数的电路。计数器能够记忆输入脉冲的数目（即有效循环中的状态个数），称为计数器的计数长度，也叫计数器的模。

4）按计数器中使用的开关元件，可分为TTL计数器和CMOS计数器。

8.3.1 同步二进制计数器

同步计数器中，时钟脉冲同时触发计数器中所有的触发器，各触发器的翻转与时钟脉冲同步，所以其工作速度快，效率高。二进制计数器就是按二进制计数进位规律的计数器，由 n 个触发器组成就称为 n 位二进制计数器，可累计 $2^n = N$ 个有效状态（也叫计数容量，计数器的模）。图 8-15 所示为由 JK 触发器组成的同步四位二进制加法计数器的逻辑图，下面分析其工作原理。

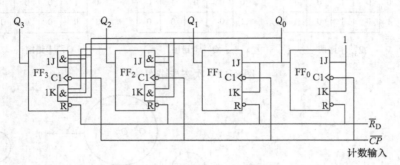

图 8-15 同步四位二进制加法计数器逻辑图

由图可知，组成该计数器的是 4 个下降沿触发的 JK 触发器，由于每个触发器时钟脉冲信号都连接在 CP 上，因此是一个同步计数器。

（1）写有关方程式。

1）输出方程：$Y = Q_3^n Q_2^n Q_1^n Q_0^n$

2）驱动方程：$J_0 = K_0 = 1$

$$J_1 = K_1 = Q_0^n$$

$$J_2 = K_2 = Q_1^n Q_0^n$$

$$J_3 = K_3 = Q_2^n Q_1^n Q_0^n$$

3）状态方程：将驱动方程代入 JK 触发器的特性方程 $Q^{n+1} = J\overline{Q^n} + \overline{K}Q^n$，得到计数器的状态方程为

$$Q_0^{n+1} = \overline{Q_0^n}$$

$$Q_1^{n+1} = Q_0^n\overline{Q_1^n} + \overline{Q_0^n}Q_1^n$$

$$Q_2^{n+1} = Q_1^n Q_0^n\overline{Q_2^n} + \overline{Q_1^n\,Q_0^n}\,Q_2^n$$

$$Q_3^{n+1} = Q_2^n Q_1^n Q_0^n\overline{Q_3^n} + \overline{Q_2^n\,Q_1^n\,Q_0^n}\,Q_3^n$$

（2）列出状态转换表。

设计数器现态 $Q_3^n Q_2^n Q_1^n Q_0^n = 0000$，代入输出方程和状态方程，计算得到 $Y = 0$，$Q_3^{n+1} Q_2^{n+1} Q_1^{n+1} Q_0^{n+1} = 0001$，说明在输入第 1 个计数脉冲 CP 作用下，电路状态由 0000 翻转到 0001，然后再将 0001 作为现态代入式中计算。依此类推，可得表 8-8 所示的状态转换表和图 8-16 所示的时序图。

表 8-8 同步二进制加法计数器状态转换表

CP 顺序	Q_3	Q_2	Q_1	Q_n	CP 顺序	Q_3	Q_2	Q_1	Q_n
0	0	0	0	0	9	1	0	0	1
1	0	0	0	1	10	1	0	1	0
2	0	0	1	0	11	1	0	1	1
3	0	0	1	1	12	1	1	0	0
4	0	1	0	0	13	1	1	0	1
5	0	1	0	1	14	1	1	1	0
6	0	1	1	0	15	1	1	1	1
7	0	1	1	1	16	0	0	0	0
8	1	0	0	0					

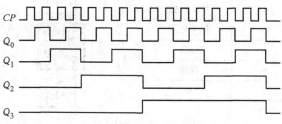

图 8-16　同步四位二进制加法计数器的时序图

（3）逻辑功能分析

由状态转换表可看出，图 8-15 所示电路在输入第 16 个计数脉冲 CP 后返回到初始的 0000 状态，该电路为十六进制计数器。

8.3.2　十进制计数器

随着集成电路技术的发展，各种不同功能的通用集成器件得以广泛应用，下面以 CD4518 为例介绍集成计数器的一般使用方法。

十进制计数器是指计数长度为 10 的计数器，CD4518 由两个完全独立的加计数器组成，具有 BCD 码计数、数据保持、数据清零和两种触发方式等功能。

1. CD4518 引脚图

如图 8-17 所示为 CD4518 引脚图。图中：

1）$1CLK$、$1E$、$2CLK$、$2E$ 既是计数时钟输入端，也是计数控制端。

2）$1MR$、$2MR$ 为清零控制端。

3）$1Q_3 \sim 1Q_0$ 为 1 号计数器输出端。

4）$2Q_3 \sim 2Q_0$ 为 2 号计数器输出端。

5）V_{CC} 为电源输入端，GND 为接地端。

2. CD4518 功能描述

表 8-9 为 CD4518 真值表。从表中可以看出：

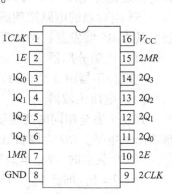

图 8-17　CD4518 引脚图

1）清零。当 MR 为 1 时，不管其他输入信号为何状态，计数器清零。

2）保持。当 $MR=0$，$E=0$ 或 $CLK=1$，输出 $Q_3 \sim Q_0$ 均保持不变。

3）同步加法计数。当 $CLK=0$，E 端每到达一个上升沿时，输出 $Q_3 \sim Q_0$ 加 1 计数。当 $E=1$，CLK 端每到达一个上升沿时，输出 $Q_3 \sim Q_0$ 加 1 计数。

CD4518 构成十进制计数器有两种接线方式，如图 8-18 所示，其中图 8-18a 为 ↓ 触发方式，图 8-18b 为 ↑ 触发方式。

表 8-9　CD4518 真值表

输　入			输　出
CLK	E	MR	$Q_3 \sim Q_0$
↑	1	0	加 1 计数
0	↓	0	加 1 计数
×	0	0	保持
1	×	0	保持
×	×	1	0

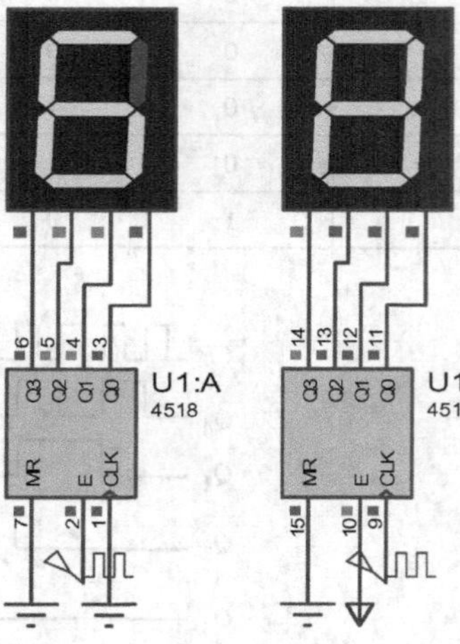

图 8-18　CD4518 构成十进制计数器的接线方式

8.4　555 定时器及其应用

8.4.1　555 定时器内部电路组成

555 定时器是一种数字、模拟混合型的中规模集成电路，广泛用于信号的产生、变换、控制与检测。它的内部电压标准使用了三个 $5k\Omega$ 的电阻，故取名 555 定时器。555 定时器最大的优点是宽电压 $4.5 \sim 18V$，可以和 TTL 及 CMOS 兼容，同时驱动电流达 200mA。

555 定时器的电路原理图及引脚图如图 8-19 所示。电路可分成电阻分压器、电压比较器、基本 RS 触发器、晶体管开关放电管和缓冲器等部分。

（1）电阻分压器

电阻分压器由 3 个 $5k\Omega$ 的电阻 R 组成，为电压比较器 C_1 和 C_2 提供基准电压。

（2）电压比较器

有 2 个完全相同的高精度电压比较器 C_1 和 C_2，当 $U+ > U-$ 时，U_C 输出高电平，反之则输出低电平。CO 为控制电压输入端。

当 CO 悬空时，$U_{R1}=2/3V_{CC}$，$U_{R2}=1/3V_{CC}$；

当 $CO=U_{CO}$ 时，$U_{R1}=U_{CO}$，$U_{R2}=1/2U_{CO}$。

TH 称为高触发端，$\overline{TR}$ 称为低触发端。

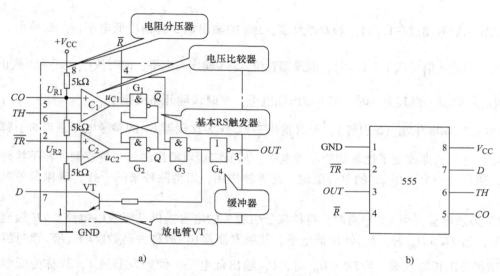

图 8-19 555 定时器的电路原理图及引脚图
a) 电路原理图 b) 引脚图

（3）基本 RS 触发器

由 2 个与非门 G_1、G_2 组成基本 RS 触发器，两个比较器的输出信号 U_{C1} 和 U_{C2} 决定触发器的输出端状态。

（4）晶体管开关放电管

VT 是集电极开路的晶体管，相当于一个受控电子开关。输出为 0 时，VT 导通；输出为 1 时，VT 截止。

（5）缓冲器

缓冲器由 G_3 和 G_4 构成，用于提高电路的负载能力。

其工作原理是：比较器的参考电压由三个 $5k\Omega$ 的电阻构成分压，它们分别使高电平比较器 C_1 同相比较端和低电平比较器 C_2 反相输入端的参考电平为 $\frac{2}{3}V_{CC}$ 和 $\frac{1}{3}V_{CC}$。C_1 和 C_2 的输出端控制 RS 触发器状态和放电管开关状态。

表 8-10 所示为 555 定时器真值表。

表 8-10 555 定时器真值表

输　　入			输　　出	
$\overline{R}$（复位）	TH（阈值）	$\overline{TR}$（触发）	OUT（输出）	D（放电端）
0	×	×	0	导通
1	$>\frac{2}{3}V_{CC}$	$>\frac{1}{3}V_{CC}$	0	导通
1	$<\frac{2}{3}V_{CC}$	$>\frac{1}{3}V_{CC}$	保持	保持
1	$<\frac{2}{3}V_{CC}$	$<\frac{1}{3}V_{CC}$	1	截止
1	$>\frac{2}{3}V_{CC}$	$<\frac{1}{3}V_{CC}$	1	截止

当输入信号超过 $\frac{2}{3}V_{CC}$ 时，触发器复位，555 的输出端 3 脚输出低电平，同时放电，开关管导通；当输入信号低于 $\frac{1}{3}V_{CC}$ 时，触发器置位，555 输出高电平，同时放电，开关管截止。

$\overline{R}$ 是复位端，当其为 0 时，555 输出低电平。平时该端开路或接 V_{CC}。

CO 是控制电压端（5 引脚），平时输出 $\frac{2}{3}V_{CC}$ 作为比较器 C_1 的参考电平，当 5 引脚外接一个输入电压，即改变了比较器的参考电平，从而实现对输出的另一种控制，在不接外加电压时，通常接一个 $0.01\mu F$ 的电容到地，起滤波作用，以消除外来的干扰，确保参考电平的稳定。

VT 为放电管，当 VT 导通时，将给接于引脚 7 的电容提供低阻放电电路。TH 接至反相输入端，当 $TH > U_{R1}$ 时，U_{C1} 输出低电平，使触发器置 0，故称为高触发端（有效时置 0）；$\overline{TR}$ 接至同相输入端，当 $\overline{TR} < U_{R2}$ 时，U_{C2} 输出低电平，使触发器置 1，故称为低触发端（有效时置 1）。

8.4.2　555 定时器的应用电路

由 555 定时器外加电阻、电容可以组成性能稳定而精确的单稳态电路、多谐振荡器、施密特触发器等。

1. 单稳态触发器

图 8-20a 是由 555 定时器和外接定时元件 R、C 构成的单稳态触发器。VD 为钳位二极管，稳态时 555 定时器输入端处于电源电平，内部放电开关管 VT 导通，输出端 V_o 输出低电平。当有一个外部负脉冲触发信号加到 V_i 端，并使 2 端电位瞬时低于 $\frac{1}{3}V_{CC}$ 时，低电平比较器动作，单稳态电路即开始一个稳态过程，电容 C 开始充电，V_C 按指数规律增长。当 V_C 充电到 $\frac{1}{3}V_{CC}$ 时，高电平比较器动作，比较器 C_1 翻转，输出 V_o 从高电平返回低电平，放电开关管 VT 重新导通，电容 C 上的电荷很快经放电开关管放电，暂态结束，恢复稳定，为下个触发脉冲的到来做好准备，波形图如图 8-20b 所示。

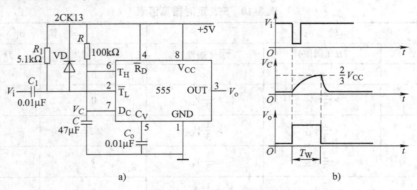

a)　b)

图 8-20　555 单稳态触发器的电路原理图及波形图

a) 电路原理图　b) 波形图

214

暂稳态的持续时间 T_w （即为延时时间）取决于外接元件 R、C 的大小。

$$T_w = 1.1RC$$

通过改变 R、C 的大小，可使延时时间在几微秒和几十分钟之间变化。当这种单稳态电路作为计时器时，可直接驱动小型继电器，并可采用复位端接地的方法来终止暂态，重新计时。此外需要用一个续流二极管与继电器线圈并接，以防继电器线圈反电动势损坏内部功率管。

2. 多谐振荡器

如图 8-21a 所示，由 555 定时器和外接元件 R_1、R_2、C 构成多谐振荡器，引脚 2 与引脚 6 直接相连。电路没有稳态，仅存在两个暂稳态。电路也不需要外接触发信号，利用电源通过 R_1、R_2 向 C 充电，以及 C 通过 R_2 向放电端 D_C 放电，使电路产生振荡。电容 C 在 $\frac{2}{3}V_{CC}$ 和 $\frac{1}{3}V_{CC}$ 之间充电和放电，从而在输出端得到一系列的矩形波，对应的波形如图 8-21b 所示。

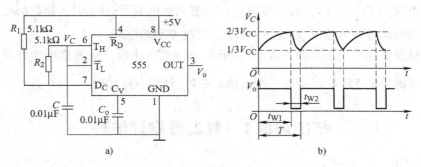

图 8-21　555 多谐振荡器的电路原理图及波形图
a）电路原理图　b）波形图

输出信号的时间参数是：
$$T = t_{W1} + t_{W2}$$
$$t_{W1} = 0.7(R_1 + R_2)C$$
$$t_{W2} = 0.7R_2C$$

其中，t_{W1} 为 V_C 由 $\frac{1}{3}V_{CC}$ 上升到 $\frac{2}{3}V_{CC}$ 所需的时间，t_{W2} 为电容 C 放电所需的时间。

555 计时器要求 R_1 与 R_2 均应不小于 $1k\Omega$，但两者之和应不大于 $3.3M\Omega$。

外接元件的稳定性决定了多谐振荡器的稳定性，555 定时器配以少量的元件即可获得较高精度的振荡频率和具有较强的功率输出能力。因此，这种形式的多谐振荡器应用很广。

3. 施密特触发器

施密特触发器（Schmidt Trigger）实质上是一种特殊的门电路，与普通门电路只有阈值电压不同。施密特触发器有两个阈值电压，分别称为正向阈值电压和负向阈值电压。

在输入信号从低电平上升到高电平的过程中使电路状态发生变化的输入电压称为正向阈值电压；在输入信号从高电平下降到低电平的过程中使电路状态发生变化的输入电压称为负向阈值电压。正向阈值电压与负向阈值电压之差称为回差电压。

图 8-22a 所示为 555 定时器构成的施密特触发器的电路原理图，只要将引脚 2 和 6 连在一起作为信号输入端，即得到施密特触发器。图 8-22b 画出了 V_s、V_i 和 V_o 的波形图。

设被整形变换的电压为正弦波 V_s，其正半波通过二极管 VD 同时加到 555 定时器的 2 引脚和 6 引脚，得到的 V_i 为半波整流波形。当 V_i 上升到 $\frac{2}{3}V_{CC}$ 时，V_o 从高电平转换为低电平；当 V_i 下降到 $\frac{1}{3}V_{CC}$ 时，V_o 又从低电平转换为高电平。

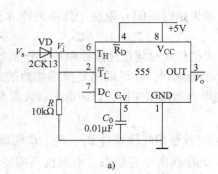
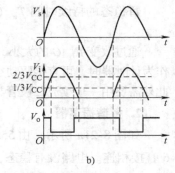

a)   b)

图 8-22 555 施密特触发器的电路原理图及波形图

a）电路原理图   b）波形图

回差电压 $\Delta U_T = \frac{2}{3}V_{CC} - \frac{1}{3}V_{CC} = \frac{1}{3}V_{CC}$。

当输入电压大于 $\frac{2}{3}V_{CC}$ 时，输出低电平；当输入电压小于 $\frac{1}{3}V_{CC}$ 时，输出高电平；在电压控制端 5 引脚外接可调电压 V_{CO}（1.5~5V），可改变回差电压。

施密特触发器主要用于对输入波形的整形，图 8-22b 中将三角波整形为方波，可以看出对应输出波形翻转的 555 定时器的两个阈值：$\frac{2}{3}V_{CC}$ 处和 $\frac{1}{3}V_{CC}$ 处。

技能训练1 触发器设计仿真

1. 任务要求

1）掌握基本 RS 触发器与单稳态触发器的设计及调试方法。

2）掌握用 7400 集成与非门构成基本 RS 触发器的方法。

3）学会使用 PROEUS 调试仿真工具 Debugging Tools。

2. 任务实施

1）在 Proteus ISIS 中编辑基本 RS 触发器。

2）在 Proteus 元器件拾取窗口中选择 Debugging Tools 类，选中"LOGICPROBE（BIG）"，并与触发器 Q 和 $\overline{Q}$ 端相连。

3）对基本 RS 触发器仿真，单击开关 K_1 及 K_2，分别看到图 8-23a 和图 8-23b 所示的触发器输出电平变化。

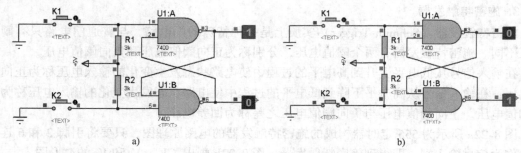

a)   b)

图 8-23 基本 RS 触发器

a）K_1 按下时的仿真结果   b）K_2 按下时的仿真结果

4）在 Proteus ISIS 中编辑如图 8-24 所示的单稳态触发器电路，其中 C_1、R_2 构成输入端微分电路，C_2、R_3 构成微分型定时电路，主要用于产生一负脉冲信号。

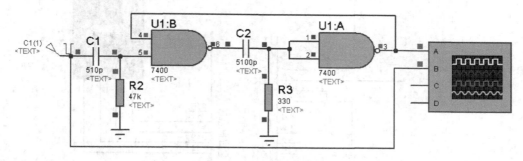

图 8-24　单稳态触发器

3. 任务小结

本模块利用 7400 集成与非门构成基本 RS 触发器与单稳态触发器，培养了学生使用 Proteus 调试仿真工具 Debugging Tools 对时序逻辑电路分析和设计的技能。

技能训练 2　计数器仿真

1. 任务实施

1）打开 Proteus 软件的 ISIS 程序，单击工具栏中的新建设计图标，新建一个文件。

2）单击左侧对象栏中的图标 ➡ 后，再单击 P 按钮，打开元器件拾取窗口。采用直接查询法，把表 8-11 中所有元器件拾取到编辑窗口的元器件列表。

表 8-11　计数器元器件清单

元器件名	含　义	所　在　库	参　　数
74160	计数器	74STD	—
7SEG – BCD	BCD 码显示器	DISPLAY	BCD 码七段显示器
BUTTON	按钮		

3）把元器件从对象选择窗口放置到编辑窗口。

4）调整元器件在编辑窗口中的位置，右击各元器件图标，在弹出的快捷菜单中选择"Edit Properties"命令修改各元器件参数，再将电路连接，如图 8-25 所示。

5）单击左侧对象栏中的图标 ◎，连接电路 U_1 第 2 引脚，设置信号源参数为 0 ~ 5V、1Hz，占空比为 50% 的脉冲信号。

6）单击仿真按钮，看到数码管从 0 ~ 9 循环闪亮，每 1s 变化一次。

7）设计如图 8-26 所示的两级十进制计数器（计数范围为 0 ~ 99）。

8）设置信号源参数为 0 ~ 5V、60Hz，占空比为 50% 的脉冲信号。

9）打开仿真开关，用鼠标单击复位开关，可以看到数码管显示的数字从 0 ~ 99 以 1Hz 速度循环递增。

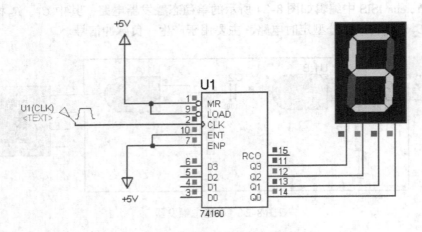

图 8-25　数码管驱动电路图

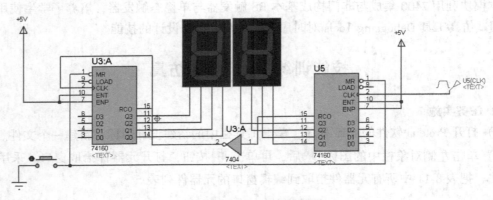

图 8-26　两级十进制计数器

2. 任务小结

本任务利用 74160 计数器芯片设计了计数电路，使学生更直观地了解计数器电路的工作原理。

技能训练 3　计时器仿真

1. 任务要求

1）掌握利用 NE555 芯片构成单稳态触发器和多谐振荡器的方法。

2）掌握计时器记录定时时间的原理。

3）掌握虚拟仪器调试电路及仿真的方法。

2. 任务实施

1）打开 Proteus 软件的 ISIS 程序，单击工具栏中的新建设计图标，新建一个文件。

2）单击左侧对象栏中的图标 ⇒ 后，再单击 P 按钮，打开元器件拾取窗口。采用直接查询法，把表 8-12 中所有元器件拾取到编辑窗口的元器件列表。

表 8-12　计时器元器件清单

元器件名	含　义	所　在　库	参　　数
RES	电阻	DEVICE	10kΩ，2MΩ，72kΩ
NE555	比较器	ANALOG	1kΩ
POT－LIN	滑动变阻器	ACTIVE	500kΩ，100kΩ，200kΩ
BUTTON	按钮	DIODE	
SPEAKER	扬声器	ACTIVE	
CAP	电容	DEVICE	0.01μF，0.1μF
GENELECT	极性电容	CAPACITORS	10μF，100μF

3）把元器件从对象选择窗口放置到编辑窗口。

4）调整元器件在编辑窗口中的位置，右击各元器件图标，在弹出的快捷菜单中选择"Edit Properties"命令修改各元器件参数，再将电路连接为图 8-27 所示的多谐振荡器。

5）将定时器 NE555 的 3 引脚接入示波器 A 通道，调节 RV_1，使输出波形为 50Hz。根据 555 多谐振荡器信号周期 $T=0.7（RV_1+2R_1）C_1$ 进行验证。

6）扩展 NE555 为图 8-28 所示的计时器测量电路。

7）单击左侧工具栏中的图标 ，并与 U_1 第 6 引脚相连，观测电容上充电电压的变化。

8）单击左侧工具栏中的虚拟仪器图标 ，选取计时器（COUNTER TIMER），放置到编辑窗口中，把计时器 RST 和 U_1 第 2 引脚相连，CE 和 U_1 第 3 引脚相连。

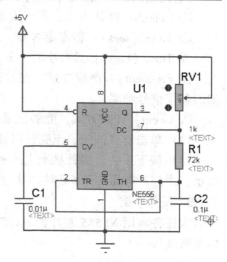

图 8-27　多谐振荡器

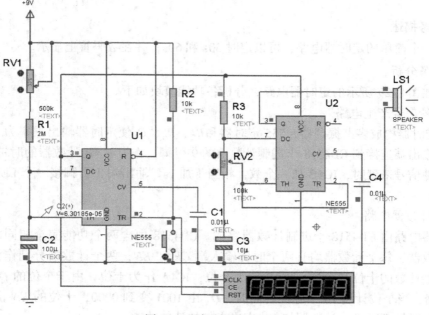

图 8-28　计时器测量电路

9）调整元器件在编辑窗口中的位置，右击各元器件图标，在弹出的快捷菜单中选择"Edit Properties"命令修改各元器件参数，再将电路连接。

10）单击左侧工具栏中的图标 ，并与 U_1 第 6 引脚相连，观测电容上充电电压的变化。

11）单击左侧工具栏中的虚拟仪器图标 ，选取计时器（COUNTER TIMER），放置到编辑窗口中，把计时器 RST 和 U_1 第 2 引脚相连，CE 和 U_1 第 3 引脚相连。

双击计时器，可对计时器进行设置。

选择操作模式下拉菜单，其中有以下 5 种操作模式。

① Default：默认方式，系统设置为计数方式。

② Time（secs）：秒表定时器，最多可计 100s，精确到 $1\mu F$。

③ Time（hms）：具有小时、分、秒的时钟，最多可计 10h，精确到 1ms。

④ Frequency：测频方式，在 CE 有效和 RST 没有复位的情况下，能稳定显示 CLK 端外加的数字信号频率。

⑤ Count：计数方式，能够记录外加时钟信号 CLK 的周期数。

12）单击仿真按钮，点亮计时器。

13）按下按钮，探针显示电压逐渐增加，扬声器发声，计时器开始计数。如图 8-28 中所示，当探针电压达到 6V 时，计时到 343s。

3. 任务小结

本任务利用 NE555 芯片构成计时器电路，利用计时器记录定时时间，通过仿真软件观察电路效果。

任务实现　定时器电路的设计与制作

1. 任务描述

设计一个简单的定时器电路，可以定时 30s 和 60s，并在数码管上显示。

2. 任务分析

设计如图 8-29 所示的定时器电路，分析各功能模块如下。

（1）秒信号产生电路

555 定时器构成多谐振荡器，555 定时器和 R_5、R_6、C_1 使定时器输出频率为 1Hz 的矩形波，通过输出端连接到 CD4518 十进制计数器的 9 引脚，作为 IC4B 计数器的时钟脉冲信号。当一个时钟信号来到时，IC4B 加一个数，相当于加 1s。输出端 3 引脚接一个 LED 作为秒信号指示灯。

（2）计数器电路

计数器电路由 CD4518 十进制计数器完成。CD4518 内含两个功能完全相同的同步十进制加法计数器，每个计数器均有两个时钟输入端 CP 和 EN，两个计数器分别作为定时器的计数电路秒计数的十位和个位。IC4B 作为个位，IC4A 作为十位，由于个位的 Q_3 端连接十位的 EN 端，当个位计满 10 个脉冲的同时，Q_3 由 1001 变到 0000，十位的 EN 由 0 变到 1，相当于一个时钟下降沿，计数器加 1，完成十位的计数功能。

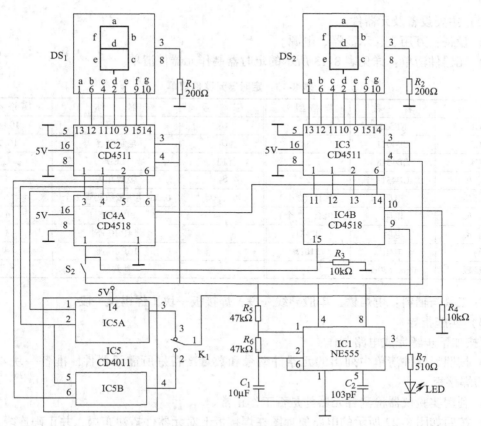

图 8-29　定时器电路图

（3）译码显示单元

数码管 DS$_1$ 和 DS$_2$ 均为共阴极数码管，采用 CD4511 七段数码管驱动，将输入的二进制编码译成适用于七段数码管显示的代码，输出高电平有效。

（4）数据保持

CD4011 是一个双输入的与非门芯片，IC5A 接 IC4A 的 Q_0 和 Q_1 输出端，IC5B 接 IC4A 的 Q_2 和 Q_1 输出端，当开关 S$_1$ 拨到 3 端口时，且 IC4A 计数到 0011（对应十进制数 3）时，通过与非门输出低电平，由于和 IC4B 的 10 引脚相连，则个位计数器的 EN 为低电平，计数器为保持功能，此时，定时器计时 30s。若 S$_1$ 拨到 2 端口时，则当 IC4A 计数到 0110（对应十进制数 6）时，定时器计时 60s。

（5）清零

CD4518 两个计数器的 CR 端连在一起，S$_2$ 断开时正常计数，CD4518 的 CR 端为低电平，当 S$_2$ 按下时，CD4518 的 CR 端为高电平，计数器输出 0000，同时数码管显示 0，计时重新开始。

3. 任务实施

（1）工作任务

按照图 8-29 所示的设计原理图，在焊接板上搭建电路，完成本项目中定时器电路的制作。

（2）主要设备及元器件

1）设备：万用表、示波器、电源。

2）元器件清单：详见表 8-13 所示的定时器制作元器件清单。

表 8-13　定时器元器件清单

标　号	名　称	规格型号	标　号	名　称	规格型号
IC1	NE555	1	C_2	电容	103pF
IC5	CD4011	1	C_1	电解电容	10μF
IC4	CD4518	2	LED	LED	红
IC2、IC3	CD4511	2	S_2	轻触开关	1
R_1、R_2	电阻	200Ω（2个）	DS_1、DS_2	0.56 共阴极数码管 2 个	6
R_3、R_4	电阻	10kΩ（2个）		8P IC 座	1
R_5、R_6	电阻	47kΩ		14P IC 座	1
R_7	电阻	510Ω		16P IC 座	4
焊接板	40cm×30cm	1		杜邦线	若干

3）工具与辅料：电烙铁，单股导线一段，焊接板一块，焊锡丝一段。

（3）实施指导

可按如下步骤完成电路制作：

1）按照元器件清单中列出的元器件型号和数量准备好所需元器件，准备一块 40cm×30cm 的焊接板。

2）利用实验仪器检测各元器件是否工作正常。

3）按照如图 8-29 所示的电路原理图在焊接板上对元器件搭建布局，并正确连线。

4）将搭建完成的电路接上 +5V 电源和地，并测试其是否工作正常。

4. 检测评价

（1）时钟脉冲的测试

将 555 定时器的输出端接到示波器，观察是否有矩形脉冲信号输出。若有矩形脉冲信号输出，再用频率计测量其频率，使输出矩形波频率为 1Hz。若没有波形输出，检查 555 定时器的接线是否良好。

（2）计数器和译码显示单元的测试

先检查译码器、数码管工作是否正常，使译码器 $LT = 0$，检查数码管是否显示 8。若显示 8，则译码器和数码管工作正常，否则要检测数码管与译码器的连线是否良好。

（3）清零功能测试

在数码管有数码显示状态下，按下按钮开关 S_2，观察数码管显示的数字是否变为零。若不清零，则要检查计数器的清零端、按钮开关的接线是否正确并接触良好。

（4）定时器电路的整体测试

各单元电路测试正常后，进行定时器电路的总体测试，先将开关 S_1 接到 3 端，打开电源，观察数码管的计数是否正常，是否计时 30s 停止，但数码管仍显示计数的值，然后按下按钮开关 S_2，将计数器清零，数码管均显示 0；再将开关接至 2 端，计数器开始计数，观察数码管显示的计数情况是否正常，是否计时 60s 后停止，但数码管仍显示计数的值，然后再按下 S_2，将计数器清零。

习 题 八

一、填空题

1. 555 计时器由_____、_____、_____、_____和_____五个部分组成，其功能是_____。

2. 555 计时器的比较电压由_____个_____kΩ 的电阻分压提供，因此得名。

3. 555 集成时基电路的三种基本应用电路分别为_____、_____和_____。

4. 触发器有_____个稳态，存储 32 位二进制信息共需要_____个触发器。

5. 时序逻辑电路的输出状态不仅取决于当时的_____，而且还与电路的_____有关。

6. 当输入信号 $\bar{R}=0$，$\bar{S}=1$ 时，RS 触发器被置为_____态。

7. 触发器是受_____控制而达到同步工作的，也称为钟控触发器。

二、分析计算题

1. 在 555 定时器构成的施密特触发器电路中，当 $V_{CC}=9V$，且无外接控制电压时，U_+、U_- 及 ΔU 的值。

2. D 触发器的输入波形如图 8-30 所示，试画出高电平触发、下降沿触发、上升沿触发方式下 Q 和 $\bar{Q}$ 的波形。(设触发器初态 $Q^n=0$)

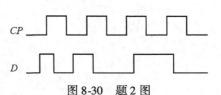

图 8-30　题 2 图

3. 试用维持阻塞 D 触发器设计一个如图 8-31 所示的状态转换图变化的同步时序逻辑电路。

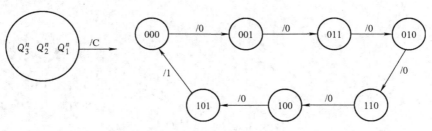

图 8-31　题 3 图

4. 请用边沿 JK 触发器设计一个满足图 8-32 所示波形要求的同步时序电路。

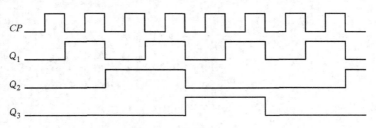

图 8-32　题 4 图

参 考 文 献

[1] 秦曾煌 . 电工学 ［M］. 北京：高等教育出版社，2004.

[2] 康华光 . 电子技术基础 ［M］. 北京：高等教育出版社，2006.

[3] 童诗白，华成英 . 模拟电子技术基础 ［M］. 北京：高等教育出版社，2006.

[4] 雷建龙 . 数字电子技术 ［M］. 北京：高等教育出版社，2017.

[5] 宗云 . 电路与电子技术基础项目化教程 ［M］. 北京：中国电力出版社，2014.

[6] 张文涛 . PROTEUS 仿真软件应用 ［M］. 武汉：华中科技大学出版社，2010.

[7] 陶洪 . 数字电路设计与项目实践 ［M］. 北京：清华大学出版社，2016.